Otto Taschenberg, Adolf Bernhard Meyer

Die Mallophagen

mit besonderer Berücksichtigung der von Dr. Meyer gesammelten Arten

Otto Taschenberg, Adolf Bernhard Meyer

Die Mallophagen
mit besonderer Berucksichtigung der von Dr. Meyer gesammelten Arten

ISBN/EAN: 9783743656994

Hergestellt in Europa, USA, Kanada, Australien, Japan

Cover: Foto ©berggeist007 / pixelio.de

Weitere Bücher finden Sie auf **www.hansebooks.com**

NOVA ACTA
der Ksl. Leop.-Carol.-Deutschen Akademie der Naturforscher
Band XLIV. Nr. 1.

Die Mallophagen

mit

besonderer Berücksichtigung der von Dr. Meyer gesammelten Arten

systematisch bearbeitet

von

Dr. O. Taschenberg,

Privatdocent in Halle.

Mit 7 Tafeln Nr. I—VII.

Eingegangen bei der Akademie den 9. December 1881.

HALLE.

1882

Druck von E. Blochmann & Sohn in Dresden.
Für die Akademie in Commission bei Wilh. Engelmann in Leipzig.

Die Gattungen Goniodes, Goniocotes, Lipeurus, Ornithobius, Akidoproctus und Trichodectes.

Herr A. B. Meyer hatte auf seinen Reisen in den Jahren 1870—1873 eine grössere Anzahl von Mallophagen gesammelt und dieselben vor längerer Zeit Herrn Professor Giebel in Halle zur Bearbeitung übergeben. Da letzterer jedoch bei geschwächter Gesundheit die Musse hierzu nicht finden konnte, so übernahm ich die Bearbeitung, ohne vorher die Tragweite meines Unternehmens übersehen zu können. Denn bei eingehender Beschäftigung mit der bisher massgebenden Monographie der Epizoen von C. G. Giebel gelangt man sehr bald zu der Ueberzeugung, dass dieselbe nicht ausreicht. Man vermisst vor Allem eine Uebersichtlichkeit der zahlreichen Arten und die Möglichkeit zur Bestimmung derselben, namentlich dann, wenn das Wohnthier nicht sicher bekannt ist. Da man schnell die Gewissheit erlangt, dass eine und dieselbe Art der Epizoen auf mehreren, allerdings nahe verwandten Wohnthieren schmarotzen kann, dass mithin die Annahme, eine Art, welche von einem Wirthe herrührt, der bisher keinen solchen Bewohner geliefert, müsse darum eine unbeschriebene sein, recht oft irrig ist, so musste die erste Aufgabe eines neuen Bearbeiters dieser kleinen interessanten Insectengruppe darauf gerichtet sein, die Arten nach ihrer näheren Verwandtschaft, nicht blos nach der ihrer Wirthe zu ordnen und sie mit einander auf ihre Aehnlichkeit hin zu vergleichen.

Mit einer derartigen allgemeinen Untersuchung der bisher bekannten Formen war ich noch beschäftigt, als das treffliche Werk von Piaget, „Les Pediculines, essai monographique, Leyde 1881" erschien und mir die angestrebte Grundlage zu einer weiteren Bearbeitung in ausgezeichnetster Weise lieferte.

1*

Piaget musste jedoch mehrfach Lücken in seiner Monographie bestehen lassen, weil ihm nicht alle bisher beschriebenen Arten vorlagen, und die Beschreibungen anderer Autoren kein sicheres Urtheil darüber zuliessen. Es schien mir deshalb nicht unangebracht, nicht nur die neuen Arten, welche Herr Dr. Meyer gesammelt, zu behandeln, sondern auch nach Möglichkeit die bestehenden Lücken durch genaue Charakterisirung und Abbildung auszufüllen. Die Gelegenheit dazu war mir in mehrfacher Beziehung in gewünschter Weise geboten, da ich die Nitzsch'schen und Giebel'schen Typen aus dem Hallischen Museum vergleichen konnte und mir auch eine Anzahl der zuerst von Rudow veröffentlichten Arten durch gütige Vermittelung des Herrn A. Poppe in Bremen aus der Sammlung des Hamburger Museums vorlagen. Dazu kamen eine Reihe von Formen aus der Sammlung der k. Thierarzneischule in Berlin, welche mir Herr Geheimrath Roloff zur Bearbeitung gütigst überliess, und ferner solche, welche ich selbst gesammelt, beziehungsweise durch die Freundlichkeit der Herren Naturalienhändler Schlüter in Halle und Dr. Rey in Leipzig von trockenen Bälgen erhalten hatte. Ausserdem verdanke ich es der grossen Liebenswürdigkeit des Herrn E. Piaget, dass ich in zweifelhaften Fällen seine Typen einer Vergleichung unterziehen konnte. Und endlich will ich nicht unerwähnt lassen, dass Herr Dr. Rudow mir die Handzeichnungen der ohne Abbildungen von ihm veröffentlichten neuen Arten freundlichst zusandte und mir dadurch auch in einzelnen Fällen die Möglichkeit gab, ungefähr zu erkennen, welche Art er mit seinen Beschreibungen gemeint haben könnte.

So war ich wenigstens theilweise in den Stand gesetzt, eine Ergänzung der Piaget'schen Monographie zu liefern, sowohl durch Ermittelung von Synonymen, wie durch Beschreibung und Abbildung bisher ungenügend bekannter Formen. Freilich muss ich dabei ohne Hehl bekennen, dass es mir kaum gelungen sein wird, die Exactheit des niederländischen Monographen in Wort und Bild erreicht zu haben.

Ich spreche an dieser Stelle allen Denjenigen meinen besten Dank aus, welche mich durch Lieferung von Material bei meiner Bearbeitung unterstützt haben.

Was nun diese letztere anlangt, so mögen einige Vorbemerkungen hier Platz finden.

Ich habe mich dabei im Grossen und Ganzen der Piaget'schen Gruppen-eintheilung angeschlossen, in einigen Fällen solche jedoch zum Werthe eigener Gattungen erhoben. Ich habe alle Arten der Dresdener Sammlung nicht nur beschrieben, sondern auch abgebildet, selbst dann, wenn schon von Piaget eine Abbildung vorlag, weil die Monographie dieses Forschers nur geringe Verbreitung haben dürfte. Auch sind fast alle diejenigen Arten abgebildet, welche mir von bisher ungenügend gekannten Giebel'schen oder Rudow'schen Typen vorlagen. Fast alle, sage ich, weil mehrere davon in einem zu schlechten Erhaltungszustande sich befinden, um sicher wiedergegeben werden zu können. Dies mag es auch entschuldigen, wenn ich in meinen Zeichnungen hie und da Ungenauigkeiten begangen habe; wenn z. B. Borsten weggelassen sind, wo solche bei gut erhaltenen Exemplaren zu erkennen sein werden, wenn Unklarheiten über Randzeichnungen oder nicht ganz genaue Verhältnisse in den Beinen vorkommen sollten, weil letztere theilweise ergänzt werden mussten.

Immerhin glaube ich mich der Zuversicht hingeben zu können, dass durch meine Beschreibungen und Abbildungen die Möglichkeit gegeben ist, die betreffenden Arten zu erkennen und mit verwandten zu vergleichen.

In vielen Fällen habe ich Vermuthungen, welche bereits Piaget aus-gesprochen, bestätigen können, namentlich in Bezug auf Zusammenziehung und Einziehung Giebel'scher Arten. Denn dieser Autor hat häufig gar keinen Anstoss genommen, unausgebildete, womöglich in einem einzigen Exemplare vorliegende Individuen zur Artbegründung zu verwerthen. In anderen Fällen konnte ich kleine Irrthümer corrigiren, in welche Piaget lediglich in Folge der Oberflächlichkeit seiner Vorgänger verfallen ist.

Ich kann auch nicht unerwähnt lassen, dass ich in Bezug auf die Nomenclatur nicht streng der Priorität entsprechend verfahren bin. Denn ich bin der Meinung, dass ein Autor, welcher neue Arten so beschreibt, resp. abbildet, dass einem Anderen die Erkennung der Art unmöglich ist, keinen Anspruch auf Berücksichtigung seiner Nomenclatur erheben darf. Ich habe in solchen Fällen denjenigen Namen als massgebend angenommen, unter welchem eine Art zum ersten Male kenntlich beschrieben und wieder-gegeben ist. Daher sind meist die Piaget'schen Namen bevorzugt gegenüber denen von Giebel und Rudow.

Nach Charakterisirung einer jeden Gattung habe ich sämmtliche bisher
beschriebene Arten nebst ihren Wohnthieren namhaft gemacht und Bestimmungs-
tabellen hinzugefügt, für welche diejenigen Piaget's mehr oder weniger die
Grundlage gebildet haben. Ich verfolgte dabei den Zweck, eine allgemeinere
Kenntniss der „Thierinsecten" anzustreben, weil sich, wie schon einmal hervorgehoben, das theuere Werk Piaget's nicht in der Hand jedes Interessenten
befinden kann.

Unter dem Begriffe der „Läuse" fasst man seit längerer Zeit zwei
Gruppen von Insecten zusammen, welche nach der verschiedenen Ausbildung
ihrer Mundwerkzeuge gewöhnlich im Systeme getrennt worden sind. Die
einen rechnete man als ächte Blutsauger zu den *Rhynchota*, die anderen,
welche mit Hülfe ihrer beissenden Mundtheile von den Epidermisgebilden
leben, zu den *Orthoptera*. Die ersteren stehen als *Pediculidae* den letzteren,
den *Mallophaga*, gegenüber. Ich schliesse mich dem Vorgange mehrerer
Zoologen an und vereinige beide Formenkreise zu einer grösseren Gruppe,
die als Unterordnung der *Rhynchota* angesehen werden mag, und nenne dieselbe mit Piaget *Pediculini*. Dieselbe zerfällt in die beiden Gruppen
Pediculidae — mit saugenden und stechenden Mundwerkzeugen, mit fleischiger
Rüsselscheide und ausstülpbarer Stechröhre: Thorax undeutlich gegliedert: die
Klammerfüsse endigen mit einer Klaue — und *Mallophaga* — mit beis-
senden Mundtheilen, ohne fleischigen Rüssel, aber mit einer Art Saugröhre,
mit deutlich abgesetztem Prothorax und ein- bis zweiklauigen Füssen.
Wir haben es hier nur mit der Gruppe der *Mallophaga* zu thun, unter
welcher man seit Nitzsch zwei Familien unterscheidet: *Philopteridae* und
Liotheidae. Davon sind zunächst nur die ersteren von mir behandelt und
zwar in diesem Hefte die alten Gattungen *Goniodes, Goniocotes, Lipeurus,
Ornithobius, Akidoproctus, Trichodectes*: in einem zweiten werden *Docophorus,
Nirmus, Oncophorus* folgen. Später sollen in gleicher Weise die *Liotheidae*
bearbeitet werden.

1. Familie. Philopteridae Nitzsch.

Die verschiedenen Gattungen, welche im Einzelnen vielfach von einander abweichen, haben in der abgeplatteten bald mehr breiten und kurzen, bald langgestreckten und schmalen Körperform ein gemeinsames Merkmal. Ohne Berücksichtigung mehrfacher Ausnahmen kann man im Allgemeinen die Gattungen *Goniodes, Goniocotes, Docophorus* und *Trichodectes* breit und gedrungen, dagegen *Nirmus, Akidoproctus, Lipeurus* schlank und schmal nennen. Am Kopfe, welchem die conische Gestalt in mehr oder weniger ausgeprägter Form zu Grunde liegt, kann man Vorder- und Hinterkopf unterscheiden. Die Grenze zwischen beiden wird durch die Insertion der Fühler bestimmt, welch' letztere gewöhnlich ungefähr in der Mitte, oft aber auch weiter nach vorn eingelenkt sind. Wir wollen die vorderste Umgrenzung des Kopfes Stirn, die entgegengesetzte Basis des Hinterkopfes oder einfach Hinterhaupt nennen. Wenn der Vorderkopf langgestreckt ist, seine Seiten gerade und nur der Vorderrand abgerundet oder zugespitzt, so unterscheiden wir die ersteren noch als „Seiten des Vorderkopfes", denen dagegen bei vollständiger Abrundung die Bezeichnung Stirn auf die ganze Umgrenzung des Vorderkopfes bis zu den Fühlern aus (so bei *Goniodes* u. A.). Die Ausdehnung von den Fühlern bis zum Hinterhaupte nennen wir Schläfe. Wenn die Ränder des Kopfes seitlich vom Hinterhaupte winklig vortreten, so sprechen wir von Hinterhaupts- (Occipital-) Ecken, und wenn ausserdem am Schläfenrande noch eine Ecke vorspringt, so heissen wir sie Schläfenecke (wie es für *Goniodes* charakteristisch ist).

Die Stirn kann abgerundet, gerade abgestutzt, mehr oder weniger zugespitzt sein, wonach natürlich die Länge der Seiten des Vorderkopfes sehr variiren kann; sie kann ferner schwach ausgerandet oder mit einem tiefen Ausschnitte versehen sein (*Akidoproctus*). Nicht selten setzt sich der vorderste Theil des Kopfes vom übrigen Theile des Vorderkopfes durch eine mehr oder weniger deutliche Naht und Randeinkerbung ab und wird dann als Kopfschild oder Clypeus bezeichnet. Derselbe ist zuweilen an der Unterseite durch einen Fleck (Signatur) bezeichnet. Die Fühler sind in einer bald flachen, bald tieferen Einsenkung des Kopfrandes angebracht, so dass man meist von einer Antennengrube sprechen kann. Der obere Rand derselben kann sich zum Schutze der Fühler verlängern. Sehr gewöhnlich tritt die Vorderecke der Fühlergrube als ein kürzeres oder längeres Spitzchen hervor, welches meist rechtwinklig vom Kopfe absteht, manchmal aber auch — und dann ist dieselbe besonders lang — etwas nach hinten und unten ragt und in seinem Endtheile vom Fühler bedeckt wird. Für die Gattung *Docophorus* ist es charakteristisch, dass die Vorderecke der Fühlerbucht beweglich ist; dann wird dieselbe als Bälkchen (trabeculus) bezeichnet, worauf sich der Gattungsname bezieht. Freilich ist die Grenze zwischen einem beweglichen und festen Bälkchen bei todten Exemplaren, wie sie allermeist zur Untersuchung vorliegen, oft schwer zu bestimmen. Die Fühler selbst bestehen fast überall aus fünf Gliedern, nur die Gattung *Trichodectes* ist durch drei Glieder ausgezeichnet. Die Fühler sind im Allgemeinen fadenförmig, niemals mit einem Endknopfe versehen. Bei mehreren Gattungen zeigen sie mehr oder weniger erhebliche geschlechtliche Unterschiede, indem beim Männchen gewöhnlich das erste Glied durch bedeutende Länge und Dicke, das dritte durch einen Fortsatz ausgezeichnet ist. Derselbe kann hakenförmig gebogen sein und die beiden Endglieder als blosse Anhänge und aus der Längsachse der Antennen herausgerückt tragen, kann aber auch bloss auf ein etwas vorgezogenes oberes Aussenende reducirt sein. Uebrigens kommen auch am ersten Gliede zuweilen Fortsätze vor. Hinter der Fühlerbucht tritt meist das einfache Auge als eine kuglige oder uhrglasförmige Wölbung hervor und ist durch schwarzes Pigment gekennzeichnet, nicht selten auch mit einer Borste versehen.

Die Schläfe ist meist abgerundet, kann aber auch, wie erwähnt, eine Ecke bilden, sogar griffelartig nach hinten verlängert sein. Wenn der von der Schläfenecke bis zum Hinterhaupte verlaufende Theil der Schläfe erwähnenswerthe Besonderheiten bietet, werden wir vom hinteren Schläfenrande sprechen.

Das Hinterhaupt hat die Breite wie die Basis des Thorax, welcher es immer etwas aufliegt: es ist gerade, concav oder convex und liegt mit den Schläfen entweder in gleicher Linie oder tritt gegen dieselben zurück. Häufig ist der Hinterhauptsrand durch eine Chitinschiene verstärkt, welche sich seitlich fleckenartig erweitern kann. Man darf sich übrigens nicht durch die durchscheinenden Ecken des Prothorax täuschen lassen und diese für Flecken des Hinterhauptes halten. Solche Chitinschienen (von Piaget „bandes" genannt) verstärken gewöhnlich auch die übrigen Kopfränder und müssen wegen ihrer Bedeutung für die Unterscheidung der Arten mit besonderen Namen belegt werden. Wir nennen diejenige, welche den Vorderkopf umsäumt, Stirnschiene (bande antennale — Piaget). Dieselbe kann ununterbrochen von den Fühlern um den Vorderkopf herumlaufen oder aber an der Sutur des Clypeus aufhören. An der Fühlerbucht biegt sie nach innen auf die Kopffläche um und erscheint an dieser Stelle bald als langer schmaler Fortsatz, bald kurz und abgerundet wie ein Fleck. Die Schiene, welche den Schläfenrand verstärkt, heisst Schläfenschiene, und die des Hinterhaupts Hinterhauptsschiene. Von dem letzteren aus ziehen ventralwärts zwei Chitinstreifen parallel oder divergirend zu den Mundtheilen (von Piaget „bandes occipitales" genannt); diese wollen wir Verbindungsschienen heissen. An der Wurzel der Mandibeln treffen sie mit den übrigen Schienen zusammen und bilden wie diese ein Chitingerüst zum Ansatze der Muskeln. Wie auf dem Clypeus, so kann auch auf dem Hinterkopfe zwischen den beiden Verbindungsschienen ein Fleck (Signatur) auftreten.

Die Mundtheile bestehen aus den auf der Höhe der Antennen ganz an der Unterseite des Kopfes gelegenen Mandibeln, welche in Form einer starken Zange entwickelt sind und mit den gezähnelten Spitzen in der Ruhelage übereinander greifen: ferner aus dem darunter gelegenen ersten Maxillenpaare, welches der Taster entbehrt, und dem zu einer Unterlippe verwachsenen, mit zweigliedrigen Tastern ausgestatteten zweiten Maxillenpaare.

Vom vorderen Kopfende geht bei mehreren Gattungen eine Rinne zu den Mundtheilen hin, welche vor den Mandibeln zur Aufnahme zweier Muskelpolster erweitert ist. Bei denjenigen Formen, wo die Stirnschiene ununterbrochen um den Vorderkopf herumläuft, ist diese Einsenkung in Form einer nach vorn deutlich abgegrenzten halbkreisförmigen Vertiefung ausgebildet.

Der Thorax besteht anscheinend aus nur zwei Segmenten, zwischen welchen nicht immer eine deutliche Naht zu erkennen ist. Der Prothorax ist gewöhnlich trapezförmig, nach dem Kopfe zu verschmälert und hier von dessen Hinterrande bedeckt, aber auch mehr oder weniger quadratisch oder mit gewölbten Seiten versehen. Die letzteren werden durch Chitinschienen verstärkt. Der als Metathorax bezeichnete zweite Brustring ist breiter als der Prothorax und in seiner Form vielfachen Schwankungen unterworfen. Die Seiten sind gerade und divergiren nach hinten oder sie sind abgerundet oder treten winklig, zuweilen flügelartig in der Mitte vor; im vorderen Drittel sind sie nicht selten durch eine Randeinbuchtung, in welcher die Zusammensetzung aus zwei Segmenten erkannt werden dürfte, unterbrochen. Ebenso verhält sich der Hinterrand verschieden: er kann gerade sein oder abgerundet oder in der Mitte winklig, in welchem Falle er mehr oder weniger weit auf das erste Hinterleibssegment übergreift; selten ist die Naht zwischen Metathorax und dem letzteren undeutlich. An den Hinterecken, zuweilen auch am ganzen Seitenrande, stehen Borsten, welche an ersteren häufig ein wenig nach innen auf farblose Stellen rücken und sich dann durch ihre Länge und dichte Aneinanderlagerung auszeichnen.

An der Unterseite des Thorax gelenken die Beine. Zwischen den Hüften des ersten und zweiten, sowie denen des zweiten und dritten Paares bemerkt man quere Chitinschienen, welche sich in der Mittellinie nicht zu erreichen pflegen. Letztere ist häufig durch einen braunen Fleck ausgezeichnet. Die Beine bestehen aus einer rundlichen, selten (*Lipeurus*) über die Körperseiten hervorragenden Hüfte, einem sehr kurzen Schenkelringe, einem kräftigen, meist langen Schenkel und einer am Ende meist etwas verbreiterten Schiene. Der zweigliedrige kurze Fuss endigt mit zwei, bei *Trichodectes* bloss mit einer Klaue. Diese wird durch zwei am distalen Ende der Schiene stehende Dornen in ihrer Function zum Umfassen der Haare oder Federn unterstützt. Die Innen- und Aussenseite der Beine sind mit einer Anzahl feinerer oder stärkerer Haare und Borsten besetzt; dieselben sind ferner mit Chitinschienen zum Muskelansatze verstärkt.

Das Abdomen ist der breiteste Theil des Körpers, plattgedrückt, breit und kurz oder langgestreckt und schmal, nach hinten in der Regel verbreitert, um wieder zugespitzt zu enden, also im Allgemeinen eiförmig. Es setzt sich normal aus neun Segmenten zusammen, von denen häufig die beiden letzten in eins verschmelzen. Meist sind die Ringe durch Nähte auf den Flächen getrennt, doch brauchen dieselben nicht zwischen allen Segmenten deutlich zu sein. Meist setzen sich dieselben auch an den Rändern durch Einkerbungen oder vorspringende Ecken von einander ab. Die sieben ersten Segmente haben sehr verschieden gestaltete Seitenschienen, welche häufig an den Nähten mit einem Fortsatze auf die Fläche umbiegen. Meist sind die Segmente durch Randflecke, die wiederum durch Querflecke verbunden sein können, gezeichnet. An den Ecken stehen eine bis mehrere und zwar nach hinten an Anzahl zunehmende Borsten, wie solche auch sehr gewöhnlich in verschiedener Anzahl und Anordnung auf der dorsalen und ventralen Fläche stehen.

Auf Segment 2—7 bemerkt man jederseits nahe am Rande ein Stigma, umgeben von einer etwas helleren Färbung. Der männliche Geschlechtsapparat besteht in seinen chitinigen Stützen aus zwei mehr oder weniger langen, stabförmigen Gebilden, an welche sich Muskeln ansetzen, und aus einem verschieden gestalteten zangenförmigen Endabschnitte, welcher hervorgestreckt werden kann und zum Festhalten des bei der Copulation oben befindlichen Weibchens dient, während in der Mitte zwischen den Zangen der Penis hervorragt. Das Endsegment des männlichen Hinterleibes kann abgerundet, abgestutzt, ausgeschnitten oder zweispitzig sein. Ein Ausschnitt, welcher bei bedeutenderer Tiefe ebenfalls zu einem zweispitzigen oder zweilappigen Endabschnitte führen kann, ist die gewöhnliche Form der weiblichen Hinterleibsspitze. An der Ventralseite des achten Segments befindet sich die weibliche Geschlechtsöffnung, die nackt oder von Borsten umstellt ist, zuweilen auch von dicht beborsteten Vorsprüngen umgeben ist. Davor bemerkt man sehr verschiedenartige und deshalb für die Artunterscheidung nicht unwichtige Flecke (taches génitales — Piaget), während sich im Uebrigen die Zeichnung der dorsalen Seite auf der ventralen wiederholt.

Die Grundfarbe der chitinösen Körperhülle erscheint vom Schmutzig-Weissen oder Gelben bis zum Kastanienbraunen, fast Schwarzen in den verschiedensten Nüancirungen, natürlich dunkler an den stärkeren Partien und stets hell an der dünnen Verbindungshaut der einzelnen Segmente. Im Jugendalter ist die Färbung stets eine hellere, die Flecke fehlen anfangs ganz, legen sich dann vielfach in Form zweier getrennter an, welche erst im Laufe der verschiedenen (wie vielen?) Häutungen verschmelzen.

2*

Darin bestehen indessen nicht die einzigen Unterschiede zwischen jugendlichen und erwachsenen Individuen. Anfangs sind auch die Körperproportionen noch nicht die normalen; die Fühler sind kürzer, in den einzelnen Gliedern plumper, noch ohne geschlechtliche Differenzirungen; die Beine sind ebenfalls kürzer und schwächer. Alles dies muss bei Beschreibung einer Art berücksichtigt werden, sofern man nicht in den Fehler verfallen will, welchen Giebel gar nicht selten begangen hat, dass man jugendliche Individuen wegen Mangels der Flecken u. dergl. als neue Arten beschreibt. Dass nur ausgebildete Individuen zur Artbegründung verwendet werden dürfen, bedarf keiner besonderen Rechtfertigung, darum auch nicht unser Verfahren, dass wir mehrfach Giebel'sche Arten eingezogen haben.

Die Philopteriden leben von dem Horne der Federn (Federlinge) und der Haare (Haarlinge), nur ausnahmsweise vom Blute ihrer Wirthe. Zu den Haarlingen gehört eine einzige Gattung: *Trichodectes*, wohingegen die *Pediculidae* auf Säugethiere beschränkt sind. In Folge der Nahrung der Mallophagen verursachen dieselben ihren Wohnthieren bei weitem nicht den Schaden, wie die ächten blutsaugenden Läuse, mit welchen sie sonst die Lebensweise theilen. Dennoch können sie bei massenhaftem Auftreten das Gefieder der von ihnen bewohnten Vögel in einen hässlichen und auch für das Wohlbefinden der letzteren nicht eben förderlichen Zustand versetzen. Wir möchten daher der Auffassung van Beneden's nicht so ohne Weiteres beipflichten, wenn er von Federlingen und Haarlingen sagt: „Indem sie so für die Toilette ihres Wirthes sorgen, leisten sie ihm gleichzeitig einen grossen Dienst in hygienischer Hinsicht", indem sie nämlich nur „die herumliegenden Hautschuppen und Epidermisreste auflesen" sollen. Die Mallophagen sind allerdings nicht Schmarotzer in des Wortes schlimmster Bedeutung, aber doch mehr als Friseure und Aerzte ihrer Wirthe! Wir dürfen sie vielleicht als Thiere im Uebergange vom freien Leben zum ächten Parasitismus ansehen und können dann in ihnen phylogenetisch die Vorläufer der Pediculiden erkennen, mit welchen wir sie trotz der anderen Ausbildung der Mundtheile in eine Gruppe vereinigen.

Erst seit Nitzsch sind die ausserordentlich zahlreichen Arten der hierher gehörigen Insecten einigermassen bekannt und namentlich zum ersten Male näher classificirt worden. Wir halten uns entschieden für berechtigt, erst seit Nitzsch die Kenntniss dieser Thiere zu datiren und seiner Nomenclatur zu folgen: früher gegebene Namen (von Redi, Linné, Fabricius), welche dem Wohnthiere entlehnt und unter *Pediculus* oder *Ricinus* untergebracht sind, wieder hervorzusuchen, scheint durchaus unzweckmässig. Erst in neuester Zeit haben diese Insecten durch E. Piaget eine gründliche, von zahlreichen trefflichen Abbildungen begleitete Bearbeitung erfahren, welche gleichzeitig die früheren Arbeiten darüber annullirt und zum ersten Male die Möglichkeit einer sicheren Bestimmung liefert. In diesem „Essai monographique" sind 747 Mallophagen, darunter 501 zur Familie der *Philopteridae* gehörig, aufgeführt. Leider musste eine nicht unbedeutende Anzahl davon mit kurzen Bemerkungen abgethan werden, weil die vorliegenden Beschreibungen, meist von Giebel und Rudow, zu ungenügend sind, um die Arten mit der Piaget eigenen Genauigkeit zu charakterisiren oder überhaupt nur zu erkennen.

Die Anzahl der bisher aufgestellten Gattungen ist im Verhältniss zu den zahlreichen Arten eine sehr beschränkte zu nennen. Nitzsch unterschied unter den Philopteriden nur *Trichodectes* und *Philopterus*, stellte aber innerhalb der letzteren einige Untergattungen auf, welchen von späteren Autoren der Werth selbstständiger Gattungen beigelegt worden ist. Diese waren *Docophorus, Nirmus, Goniodes, Lipeurus.* Burmeister fügte *Goniocotes,* Denny *Ornithobius,* Rudow *Ouophorus* (*Trabeculus* olim) hinzu und neuerdings stellte Piaget die Gattung *Akidoproctus* auf.

Trotz dieser geringen Anzahl sind die einzelnen Gattungen zum Theil schwer von einander abzugrenzen; denn, wie Piaget sehr richtig bemerkt, es nehmen sich die angegebenen Unterscheidungsmerkmale auf dem Papiere besser aus, als sie sich in Wirklichkeit anwenden und durchführen lassen.

Ich habe mich veranlasst gesehen, mehrere neue Gattungen den bisherigen hinzuzufügen, gebe aber hier zunächst nur eine Bestimmungstabelle der von Piaget angenommenen Gattungen und folge dabei dessen Uebersicht (p. 7).

a. Fühler dreigliedrig, Füsse mit einer Klaue. . . . . . *Trichodectes* N.
aa. Fühler fünfgliedrig, Füsse mit zwei Klauen.
b. Fühler in beiden Geschlechtern gleich.
c. Vorderkopf tief ausgeschnitten, letztes Hinterleibssegment conisch oder sogar zugespitzt. . . . . *Akidoproctus* Piag.
cc. Vorderkopf abgestutzt, ausgeschweift, meist abgerundet, niemals ausgeschnitten. Letztes Hinterleibssegment ausgeschnitten oder abgerundet.

d. Körper breit. An den Vorderecken der Antennengrube starke bewegliche
   Trabekeln. . . . . *Docophorus* N.
dd. Körper schmal, langgestreckt, Trabekeln schwach oder fehlend. *Nirmus* N.
bb. Fühler in beiden Geschlechtern verschieden.
  c. Körper breit, abgerundet oder langeiförmig. Schläfen in der Regel eckig.
    Letztes Hinterleibssegment beim ♂ abgerundet, in seltenen Fällen zweispitzig.
    f. Erstes Fühlerglied beim ♂ stark entwickelt, zuweilen mit Fortsatz, drittes
      immer mit Fortsatz. . . . . *Goniodes* N.
    ff. Erstes Fühlerglied verdickt, aber ebenso wie das dritte ohne Fortsatz. Letztes
      Hinterleibssegment stets abgerundet. . . . . *Goniocotes* Burm.
  cc. Körper gewöhnlich schmal, langgestreckt, fast parallelseitig. Letztes Hinter-
    leibssegment beim ♂ ausgeschnitten.
    g. Drittes Fühlerglied ohne Fortsatz. Die Schläfenschiene bildet hinter dem
      Auge eine Falte. Dem Rande der Hinterleibssegmente parallel verläuft weiter
      nach innen eine zweite Chitinschiene. . . . . *Ornithobius* D.
    gg. Drittes Fühlerglied mit Fortsatz. Schläfenschiene ohne Falte. Eine zweite
      Chitinschiene auf den Hinterleibssegmenten fehlt.
    h. Fühler und Füsse stark ausgebildet; vor den Mandibeln eine halbkreisförmige
      Grube. *Lipeurus* N.
    hh. Fühler und Füsse kurz; statt der Grube vor den Mandibeln eine Rinne oder
      ein Eindruck, welcher bis zum Stirnrande reicht. . . *Oncophorus* Rud.

——— · · ———

Von den angeführten Gattungen behandeln wir hier zunächst folgende:
Goniodes N., *Goniocotes* Burm., *Lipeurus* N., *Ornithobius* Denny, *Akidoproctus* Piag.
und *Tricholectes* N. Davon sind die beiden ersten von Nitzsch als Eckköpfe
(*Gonocephali*) bezeichnet; über dieselben schicken wir einige allgemeine Bemerkungen voraus.

Diese den „Schmalköpfen" gegenüber gestellten Formen sind von Nitzsch
nach der Fühlerbildung in *homocerati* und *heterocerati* getheilt worden, eine
Unterscheidung, welcher später Burmeister durch die beiden Gattungen *Goniodes* (*heterocerati*) und *Goniocotes* (*homocerati*) Ausdruck gab. Diese Gattungen
sind auch in der Folge nicht vermehrt worden, wenngleich sowohl Giebel
als besonders Piaget gewisse Gruppen innerhalb derselben als so eigenthümlich
hervorheben, dass sie genetisch abgetrennt oder als ebensoviele Untergattungen
angesehen werden könnten. Und in der That, wenn man die verschiedenen

Arten, welche man unter der Gattung *Goniodes* zusammenfasst, näher mit einander vergleicht, so stellen sich Verschiedenheiten heraus, welche die Vereinigung in einer Gattung unmöglich erscheinen lassen. So gerechtfertigt es auch im Allgemeinen ist, die Aufstellung zahlreicher, auf geringfügigen Unterschieden basirender Gattungen zu verwerfen, weil dadurch die Nomenclatur unnöthig vermehrt, die Erkennung und Bestimmung der Arten erschwert und das Gedächtniss übermässig belastet wird, so giebt es doch auf der anderen Seite Fälle, wo gerade umgekehrt durch Vereinigung heterogener Formen unter einer Gattung die Kenntniss nothwendig leiden muss. Dieser letztere Fall scheint mir bei den in Rede stehenden Eckköpfen Geltung zu haben. Nach den bisher üblichen Definitionen und Diagnosen dieser Formen würde man manche Art nimmermehr darunter suchen können, die dazu gerechnet wird. Wie der Name besagt, liegt das Hauptmoment, welches den verschiedenen Formen gemeinsam ist, in den winklig vortretenden Schläfen- und Hinterhauptsecken. Und wenn dies ein den beiden Gattungen *Goniodes* und *Goniocotes* gemeinsames Merkmal ist, so wird als charakteristisch für erstere die geschlechtliche Differenzirung in Form eines Fortsatzes am dritten Fühlergliede des Männchens, angegeben. Wie sehr sich beide Genera nahe stehen, geht schon aus der Thatsache hervor, dass ohne Kenntniss des männlichen Geschlechts Arten zu *Goniodes* gestellt sind, welche zu *Goniocotes* gehören, und umgekehrt.

Was nun besonders die Gattung *Goniodes* anlangt, so sind darunter Arten vereinigt, welche gar keine vortretenden Schläfen- und Hinterhauptsecken besitzen, sondern hier völlig abgerundet sind, wie *Nirmus* und *Docophorus* oder *Lipeurus*, mit den ersten namentlich auch die langausgezogenen Vorderecken der Fühlerbucht gemeinsam haben. Ferner fehlt der Fortsatz am dritten Fühlergliede oder ist nur andeutungsweise vorhanden. Es scheint mir geboten, derartige Verschiedenheiten zur Begründung einer besonderen Gattung zu benutzen, und ich nenne diese Formen *Stronggylocotes*.

Bei einigen anderen Arten ist umgekehrt die Schläfenecke in ganz besonderer Weise entwickelt, indem sie entweder als griffelförmige, nach hinten gerichtete Verlängerung hervortritt oder zu einem breiten, flügelartigen Lappen geworden ist. Dazu kommt beim Männchen der Mangel eines eigentlichen Fortsatzes am dritten Fühlergliede; es tritt höchstens die obere Ecke desselben ein wenig hervor, während die Form der Antennen bezeichnend ist: sie sind keulenförmig, indem die einzelnen Glieder vom dicken und langen Grundgliede an nach oben hin dünner werden. Diese Formen mögen als Untergattung zu *Goniodes* nach letzterer Eigenthümlichkeit den Namen *Rhopaloceras* führen. Noch andere endlich weichen von den typischen *Goniodes* dadurch ab, dass beim Männchen die beiden letzten Fühlerglieder stummelförmig verkürzt sind und leicht für ein einziges kurzes Glied angesehen werden können. Darauf bezieht sich der Name einer zweiten Untergattung *Coloceras*.

Ich beginne mit der typischen Gattung *Goniodes* und übergehe bei Charakterisirung derselben die für die Untergattungen bezeichnenden Eigenthümlichkeiten.

Goniodes N. s. str.

Die hierher gehörigen Formen haben meist eine beträchtliche Körpergrösse, einen platten breiten Körper und eine deutliche geschlechtliche Differenzirung der Antennen, wozu sich weitere sexuelle Verschiedenheiten in der Kopfbildung und in anderen Verhältnissen gesellen.

Der breite Kopf erreicht fast überall in den deutlich vorspringenden Schläfenecken seine grösste Breite, welche die Länge übertrifft; nur bei *parviceps* Piag. ist er ziemlich viereckig. Im Uebrigen zeigen sich gerade in den Schläfenecken nicht unerhebliche geschlechtliche Unterschiede, derart, dass dieselben beim Weibchen spitzer sind und seitlich stärker hervorragen als beim Männchen. Bei letzterem ist die Fühlerbucht, entsprechend der bedeutenderen Entwickelung der Antennen, tiefer als beim Weibchen. Die Vorderecke derselben tritt bei den verschiedenen Arten mehr oder minder hervor und dient zuweilen zu einer Unterstützung der Antennen (*falcicornis*), indem sie sich nach hinten und unten biegt. In einigen Fällen (*parviceps, spinicornis*) verlängert sich der obere Rand der Fühlerbucht zu einem medianen Höcker. Die Stirn ist stets gewölbt, beim Männchen sehr gewöhnlich flacher als beim Weibchen. Die Wölbung ist im günstigsten Falle halbkuglig, da sich die Fühler überall vor der Mitte des Kopfes inseriren. Die letzteren sind in beiden Geschlechtern sehr verschieden; beim Männchen ist das erste Glied sehr lang und dick, zuweilen in der Fühlerbucht verborgen, meist weit daraus hervorragend

und zuweilen allen übrigen an Länge gleich oder dieselben noch übertreffend.
Bei manchen Arten trägt dasselbe an der Innenseite einen einfachen *(falcicornis, parviceps, spinicornis)* oder an der Spitze gegabelten *(cervicornis)*
Fortsatz (ein Verhältniss, welches auch bei einigen *Lipeurus* vorkommt). Das
zweite Fühlerglied ist kürzer als das erste, aber länger als eines der folgenden:
das dritte zeichnet sich durch einen Fortsatz aus, welcher indess einen sehr
verschiedenen Grad der Ausbildung zeigen kann. Da wo er am mächtigsten
entwickelt ist (z. B. bei *falcicornis*), ist es ein grosser, nach innen gebogener
Haken, welcher auf seinem Aussenrande die Endglieder trägt, dieselben an
Länge bedeutend überragend. Diese Endglieder kommen dadurch ganz ausserhalb der Längsachse der Fühler zu liegen. In anderen Fällen ist der Fortsatz
sehr unbedeutend und wird nur durch die etwas vorgezogene obere Ecke
repräsentirt *(longipes)*. Beim Weibchen sind die Antennen einfach fadenförmig, das erste Glied ist das dickste, das zweite das längste. In beiden
Geschlechtern sind die einzelnen Fühlerglieder mit Borstchen besetzt, welche
sich auf der Spitze des fünften zu einem kleinen Büschel gruppiren.

Das Auge tritt deutlich hervor, namentlich beim Männchen, und trägt
eine Borste.

Die Schläfen divergiren in der Regel und sind meist mit zwei ziemlich
langen Borsten und einigen kleinen Dornspitzchen besetzt; sie sind fast überall
spitz- oder stumpfwinklig und springen beim Weibchen mehr vor als beim
Männchen. Durch eine deutliche Hinterhauptsecke setzen sich die Schläfen
gegen das Hinterhaupt ab, welches etwas zurücktritt.

Die Stirnschiene biegt sich an der Vorderecke der Fühlerbucht zu
einem mehr oder weniger langen, bald dickeren, bald schlankeren Fortsatze
um in der Richtung nach den Mundtheilen hin. Bei manchen Arten *(dissimilis)* ist sie in der Mitte der Stirn bedeutend verbreitert. Vor dem Auge
befindet sich ein brauner Fleck. Die Schläfen und das Hinterhaupt werden
von den gleichnamigen Schienen verstärkt; die des letzteren bilden an beiden
Seiten rundliche Verdickungen. Die Schienen sind überall, wo Borsten stehen,
durch diese unterbrochen. Solche finden sich in verschiedener, für die einzelnen Arten zum Theil charakteristischer Anzahl auch an der Stirn.

Der Prothorax ist trapezförmig, meist mit stark divergirenden geraden
Seiten; die zuweilen spitz vortretenden Hinterecken tragen je eine Borste.

Der Vorderrand ist etwas vom Hinterkopfe bedeckt. Der stets breitere Metathorax hat abgerundete Seiten, sehr selten vortretende Hinterecken *(longipes)*
und endet auf dem Abdomen entweder spitz- oder stumpfwinklig oder mit
völlig abgerundetem Hinterrande. An den Seiten und meist auch am Hinterrande ist er mit einer Anzahl von Borsten besetzt. Pro- und Metathorax
haben breite Chitinschienen an den Seiten; an letzterem biegen sich dieselben
an den Vorderecken meist etwas auf die Fläche um.

An den Beinen tritt die Hüfte niemals über den Seitenrand des Thorax
hervor. Die Schenkel sind kräftig und dick, die Schienen lang und schlank,
beide am Aussenrande mit einer Chitinschiene belegt, hier und an der Innenseite mit einzelnen Borsten besetzt. Die Klauen sind schlank und wenig
gekrümmt.

Das Abdomen ist fast überall breiteiförmig, mit der grössten Breite
gewöhnlich in der Mitte, also an den Seiten gleichmässig gerundet. Das erste
Segment ist meist etwas länger als die folgenden, diese bis zum achten unter
einander gleich. Das Endsegment ist beim Männchen meist sehr schmal und
ragt als abgerundeter, längerer oder kürzerer Fortsatz nach hinten vor; es ist
mit zahlreichen langen und dünnen Borsten besetzt. Beim Weibchen ist es
breit, meist abgestutzt mit medianem Ausschnitte oder auch zweilappig, selten
(longipes) abgerundet und tief ausgeschnitten. Zuweilen ist es an den Seiten
vom achten Segmente eingeschlossen *(cervinicornis)*.

Die Seitenschienen der Abdominalsegmente sind breit, an den Suturen
auf die Fläche umgebogen und hier zuweilen mit einem Fortsatze versehen.
Die Seiten des Hinterleibes sind entweder ganzrandig oder schwach gekerbt,
indem die Segmentecken fast stets abgerundet sind. Auf den Flächen können
Flecke fehlen oder in verschiedener Form vorkommen. An den Segmentecken
stehen Borsten und zwar so, dass sie in der Anzahl vom ersten Segmente,
welches oft gar keine besitzt, nach hinten (bis zu 4 oder 5) zunehmen, zuweilen tragen auch die dorsale und ventrale Fläche vor den Suturen eine
Anzahl von Borsten.

Der männliche Copulationsapparat ist fast überall bedeutend entwickelt,
indem er sich ziemlich durch die ganze Länge des Abdomens erstreckt. Die
weibliche Geschlechtsöffnung ist zuweilen von Borsten umstellt, bei manchen
auch von „Genitalflecken" umgeben *(dissimilis, cervinicornis)*. Auch sonst

kommen zuweilen auf der ventralen Fläche des Hinterleibes besondere Flecke
vor (falcicornis).

Die allgemeine Färbung ist ein helleres oder dunkleres Gelbbraun,
welches sich an den Seitenschienen bedeutend verdunkelt. Die Flecke sind
bräunlich.

Die Arten der Gattung *Goniodes* schwanken in der Länge zwischen
1.07 mm (*parvulus* m.) und 4—5 mm (*spinicornis* N. ♂ und ♀).

Sie sind mit Sicherheit nur von Hühnervögeln und Tauben bekannt.
Nach Rudow[1] leben zwar einige auf Wasservögeln, nämlich *G. mamillatus*[2]
auf *Pelecanus ruficollis* und *G. cornutus* auf *Tribonyx ventralis*; ebenso beschreibt
Giebel[3] eine Art (*brevipes*) von *Aptenodytes longirostris*. Die Angabe
Packard's, dass eine Art sogar auf einem Säugethiere lebe: *Gd. mephitidis*,
darf wohl sicher als irrthümlich angesehen werden.

Piaget beschreibt ausführlich 18 Arten, welche nach der von uns
angenommenen Fassung der Gattung *Goniodes* s. str. hierher gehören. Es sind
folgende: 1) *Gd. dispar* N. (*Perdix cinerea, Tinamus variegatus*) nebst var.
minor (*Perdix californica*); 2) *assimiles* Piag. (*Francolinus capensis*); 3) *trun-*
catus N. (*Perdix rubra*); 4) *cupido* Gbl. (*Tetrao cupido*); 5) *heteroceros* N.
(*Tetrao tetrix*); 6) *chelicornis* N. (*Tetrao urogallus*); 7) *orrea* Piag. (*Mega-*
podium rubripes); 8) *longipes* Piag. (*Crax galeata*); 9) *dissimilis* N. (*Gallus*
domesticus) mit var. *bankiva* Piag. (*G. bankiva*); 10) *latifasciatus* Piag. (*Eupla-*
camus ignitus); 11) *colchicus* Denny (*Phasianus colchicus*); 12) *cervicicornis* Gbl.
(*Tragopan satyrus* u. *Phasianus nycthemerus*); 13) *major* Piag. (*Crossoptilon*
auritum); 14) *falcicornis* N. (*Pavo cristatus*); 15) *parviceps* Piag. (*Pavo cri-*
status); 16) *bicuspidatus* Piag. (*Tragopan satyrus*); 17) *lucis* Piag. (*Craptonyx*
coronatus); 18) *ortygis* Denny (*Ortyx virginianus*).

---

[1] Rudow, Zeitschrift f. ges. Naturwissensch. XXXV. (1870) p. 483 u. 485.

[2] Dass diese Art sich nur auf den Pelikan verirrt hat, werden wir später sehen;
wahrscheinlich verhält es sich ebenso mit *cornutus*.

[3] Giebel, Ann. and Magaz. Nat. Hist. XVII. (1876) p. 389 (Zeitschr. f. ges. Natur-
wiss. I.l. 1878, p. 71) und Zoology of Kerguelen Island Pl. XIV. Fig. 19. Da ein einziges
Weibchen der Beschreibung dieser Art zu Grunde liegt, so ist die Zugehörigkeit zur Gattung
Goniodes durchaus nicht sichergestellt.

Davon sind neun ganz neu; mehrere der als neu beschriebenen Arten sind bereits früher diagnosirt worden, aber so unzureichend, dass danach keine Bestimmung möglich war, wesshalb ich auch die meisten der von Piaget gewählten Namen beibehalte.

Eine Anzahl bisher ungenügend beschriebener Formen, welche dem niederländischen Monographen nicht zu Gebote standen, werden nur kurz erwähnt, nämlich Gd. *securiger Gbl., *isogenos N., flaviceps Rud., bituberculatus Rud., merriamanus Pack., Numidianus D., *eximius Rud., *curvicornis N., brevipes Gbl., *bicolor Rud., *diversus Rud., cornutus Rud., *mamillatus Rud., ignitus Rud., mephitidis Pack. Von diesen haben mir die mit einem * bezeichneten Arten in typischen Exemplaren vorgelegen und werden im Nachstehenden beschrieben werden. Hier sei im Voraus bemerkt, dass isogenos kein Goniodes, sondern ein Goniocotes ist. Ausserdem habe ich noch eine neue Art hinzuzufügen (parvulus).

Die Gruppirung, welche Piaget innerhalb seiner Gattung Goniodes vornimmt, stützt sich zum Theil auf dieselben Verschiedenheiten, welche uns zur Begründung besonderer Gattungen resp. Untergattungen veranlasst haben. Die von uns zu Goniodes gestellten Arten ordnet Piaget nach den beiden Gesichtspunkten: Stirnschienen parallelseitig oder in der Mitte stark verbreitert.

Ich schlage zur Bestimmung der Goniodes-Arten folgende Tabellen vor, in welchen die beiden Geschlechter besonders behandelt werden, was mir bei dem oft weitgehenden Dimorphismus zweckmässig erschien.

I. Bestimmungstabelle für die Männchen von Goniodes s. str.

a. Körper langgestreckt, verkehrt eiförmig, Schienen des Hinterleibes spatelförmig mit einem ungefärbten Augenfleck am Ende. . . . . . ortygis D.

aa. Körper breit eiförmig.

b. Erstes Fühlerglied mit einem Fortsatze.

c. Der Fortsatz des ersten Fühlergliedes ist einfach, zapfenförmig.

d. Schläfen parallelseitig, Schläfenecken nicht hervortretend. Metathorax breiter als der Kopf. Abdomen mit Flecken. . . . . parviceps Piag.

dd. Schläfen divergirend, Ecken mit deutlichem Winkel vortretend.

e. Fortsatz des dritten Fühlergliedes so lang wie die beiden folgenden Glieder zusammen. Stirn flach gewölbt. . . . . falcicornis N.

ee. Fortsatz des dritten Fühlergliedes länger als die beiden folgenden Glieder zusammen, Fortsatz des ersten Gliedes sehr lang. Stirn höher gewölbt.

spinicornis N.

eee. Fortsatz des dritten Fühlergliedes kürzer als die beiden Endglieder, nur eine vorgezogene Ecke vorstellend. Fortsatz des ersten Gliedes sehr klein, zahnartig. Hinterecken des Metathorax spitz vortretend. . . . *eximius* Rud.

ddd. Schläfen nach hinten convergirend. Erstes Fühlerglied enorm lang und dick, mit langem, an der Basis breitem Fortsatze. Stirn ziemlich flach gewölbt.

maior Piag.

ee. Der Fortsatz des ersten Fühlergliedes ist an der Spitze gegabelt. Fortsatz des dritten so lang wie die beiden Endglieder zusammen. Stirnschiene in der Mitte verbreitert. . . . . *errinicornis* N.

eee. Der Fortsatz des ersten Fühlergliedes ist auf einen kleinen zahn- oder höckerartigen Vorsprung reducirt.

f. Kopf an den Vorderecken der Fühlerbucht am schmalsten. Stirn sehr flach gewölbt, Stirnschiene sehr schmal. Fortsatz des ersten Fühlergliedes ein kurzes, aber deutlich vortretendes Zähnchen. . . . . . . *curvicornis* N.

ff. Kopf an den Vorderecken der Fühlerbucht ebenso breit wie an den Schläfen. Die Schläfenecken deutlich vortretend. Stirn hoch gewölbt, Stirnschiene in der Mitte sehr verbreitert. Fortsatz des ersten Fühlergliedes eine sehr schwache Erhebung. . . . . *colchicus* D.

fff. Kopf an den Vorderecken der Fühlerbucht sogar etwas breiter als an den abgerundeten, gar nicht vorspringenden Schläfenecken. Stirn ziemlich flach gewölbt, Stirnschiene schmal und parallelseitig. Fortsatz des ersten Fühlergliedes eine flache rundliche Erhebung. . . . . *chelicornis* N.

bb. Erstes Fühlerglied ohne Fortsatz.

g. Zweites Fühlerglied länger als die übrigen vier zusammen. Stirnschiene in der Mitte sehr verbreitert. Seitenschienen des Hinterleibes an den Suturen nach hinten umgebogen. . . . . *laevis* Piag.

gg. Zweites Fühlerglied kürzer als die übrigen zusammen.

h. Das erste Fühlerglied ragt weit aus der Fühlerbucht heraus und ist meist so lang wie die beiden folgenden zusammen.

i. Der Fortsatz des dritten Fühlergliedes besteht nur in der etwas vorgezogenen oberen Ecke.

k. Auch am zweiten Fühlergliede eine vorgezogene Ecke. Erstes Fühlerglied sehr dick. Vorderecken der Fühlerbucht nach unten gebogen. Abdomen breit, scheibenförmig. . . . . *latus* Piag.

kk. Zweites Fühlerglied einfach ohne vortretende Ecke.

l. Stirnschiene schmal mit sechs kleinen nach innen gerichteten Fortsätzen.
Schläfenecke stumpf, Hinterhauptsecke fehlt. Hinterecken des über das Ab-
domen vorragenden Metathorax stumpfwinklig. Abdomen mit Flecken.
Kleine Art. . . . . *parvulus* m.

ll. Stirnschiene ohne Fortsätze. Schläfenecken spitz, Hinterhauptsecken deutlich.
Hinterecken des Metathorax spitzwinklig. Die Seitenschienen des Abdomens
biegen an den Suturen nach hinten um. Abdomen ohne Flecke. Grössere Art.

longipes Piag.

ii. Fortsatz des dritten Fühlergliedes stark entwickelt.

m. Stirn sehr flach gewölbt, Stirnschiene sehr breit. Kopf fast viereckig, breiter
als lang. Erstes Fühlerglied kürzer als die beiden folgenden zusammen.
Seitenschienen des Abdomens ohne Fortsatz. . . . *latifasciatus* Piag.

mm. Stirn mehr oder weniger hoch gewölbt.

n. Stirnschiene sehr breit, namentlich in der Mitte. Seitenschienen des Abdomens
mit nach vorn gerichtetem rundlichen Fortsatze. . . . . *dissimilis* N.

nn. Stirnschiene schmaler, parallelseitig.

o. Seitenschienen des Abdomens enden in einem undeutlich begrenzten bräun-
lichen Flecke. Kopf länger als breit. Stirnschiene sehr schmal.

mamillatus Rud.

oo. Seitenschienen des Abdomens enden in keinem Flecke.

p. Auge kaum vorspringend. Hinterhauptsschienen schmal, kaum gewellt.

heteroceros N.

pp. Auge halbkuglig. Hinterhauptsschienen breit, stark wellig. Kleinere Form.

heteroceros var. *cupido* Gbl.

hh. Das erste Fühlerglied ragt nicht oder kaum aus der Fühlerbucht hervor und
ist kürzer als die beiden folgenden zusammen.

q. Seitenschienen des Hinterleibes ohne Fortsatz; keine medianen Borsten auf
demselben.

r. Metathorax an den Seiten von vorn nach hinten allmählich abgerundet, vom
Abdomen kaum abgesetzt. Stirn hoch gewölbt. Endsegment des Abdomens
breit gewölbt. . . . . *dispar* N.

rr. Metathorax an den Seiten gleichmässig gerundet, breiter als die Basis des
Abdomens. Endsegment schmäler und spitzer. . . . . *oerea* Piag.

qq. Seitenschienen des Hinterleibes sämmtlich oder theilweise mit Fortsatz. Mediane Borsten auf den Abdominalsegmenten vorhanden.

s. Alle Seitenschienen des Hinterleibes mit Fortsatz. Dieselben enden in einem
braunen Flecke. Stirn mit fünf Borsten. . . . . *truncatus* N.

ss. Nur die letzten Seitenschienen haben einen Fortsatz. Stirn mit sieben Borsten.

assimilis Piag.

II. Bestimmungstabelle für die Weibchen von Goniodes.

a. Hinterhauptsecken fehlen.

b. Schläfen völlig abgerundet. Kopf länger als breit. Abdomen mit doppelten Seitenschienen, von denen die innere breiter ist als die des Randes. *curvicornis* N.

bb. Schläfenecken stumpf, etwas weiter nach hinten gelegen als das Hinterhaupt. Kopf breiter als lang. Stirnschiene mit sechs kleinen nach innen gerichteten Fortsätzen . . . . *parvulus* m.

aa. Hinterhauptsecken deutlich.

c. Schläfenecken mit den Hinterhauptsecken in gleicher Linie gelegen, erstere ziemlich abgerundet. . . . . *spinicornis* N.

cc. Schläfenecken vor den Hinterhauptsecken gelegen.

d. Körper langgestreckt, ziemlich schmal.

e. Zweites Fühlerglied so lang wie die drei folgenden zusammen. Stirnschiene in der Mitte sehr verbreitert. Das letzte Abdominalsegment mit dem achten völlig verschmolzen, am Hinterrande mit dreieckigem Ausschnitte. *falcis* Piag.

ee. Zweites Fühlerglied kürzer als die folgenden zusammen. Stirnschiene parallelseitig. Die beiden letzten Abdominalsegmente getrennt. Das neunte wird an den Seiten vom achten umgeben. . . . . *ortygis* D.

dd. Körper breit, mehr oder weniger eiförmig.

f. Stirnschiene schmal, parallelseitig oder in der Mitte nur sehr wenig verbreitert.

g. Schläfenecken abgestumpft.

h. Vorderecken der Fühlerbucht abgerundet mit nach unten gerichtetem Fortsatze. Abdomen breit, scheibenförmig. . . . . *latus* Piag.

hh. Vorderecken der Fühlerbucht einfach zugespitzt, ohne Fortsatz nach unten.

i. Kopf vor den Fühlern schmaler als dahinter. Augen nicht vortretend. Hinterhaupt schmal. *parviceps* Piag.

ii. Kopf vor und hinter den Fühlern gleichbreit. Augen vorspringend. Hinterhaupt sehr breit. . . . . *falcicornis* N.

gg. Schläfenecken scharf, meist spitzwinklig.

k. Schläfenecken ziemlich rechtwinklig. Augen oval, vorspringend. *major* Piag.

kk. Schläfenecken spitz vortretend.

l. Metathorax an den Hinterecken am breitesten.

m. Hinterecken des Metathorax spitzwinklig vorragend. Hinterrand desselben in der Mitte ebenso. Endsegment abgerundet mit tiefem medianen Einschnitte.

n. Stirnschiene als langer schmaler Fortsatz an den Vorderecken der Fühlerbucht nach den Mandibeln zu umgebogen. Die Seitenschienen des Hinterleibes gehen von den Segmentecken schräg nach innen auf die Flächen und biegen an den Suturen mit einem Fortsatz nach hinten um. *longipes* Piag.

nn. Der auf der Dorsalseite nach den Mandibeln hin gerichtete Fortsatz der Stirnschiene ist kurz, etwa dreieckig. Die Seitenschienen des Abdomens verlassen die Ränder nicht und biegen an den Suturen nur wenig nach innen um.
eximius Rud.

mm. Hinterecken des Metathorax abgerundet.

  o. Seitenschienen des Hinterleibes ohne Fortsatz. Keine medianen Borsten.
dispar N.

  oo. Seitenschienen des Hinterleibes auf den letzten Segmenten mit Fortsatz. Mediane Borsten vorhanden. . . . . *assimilis* Piag.

  ooo. Seitenschienen des Hinterleibes auf allen Segmenten mit Fortsatz, in einem braunen Flecke endigend. Mediane Borsten vorhanden. *mamillatus* Rud.

 ll. Metathorax in der Mitte am breitesten.

  p. Das neunte Abdominalsegment ragt über das achte hervor und ist zweilappig.
chelicornis N.

  pp. Das neunte Segment ragt nicht über das achte hervor.

   q. Seitenschienen des Hinterleibes mit Fortsatz und in einem braunen Flecke endigend. Zahlreiche mediane Borsten. . . . . *truncatus* N.

   qq. Seitenschienen des Hinterleibes ohne Fortsatz.

    r. Der auf die Fläche umgebogene Theil der Abdominalschienen sehr kurz. Mediane Borsten fehlen. . . . . *aerea* Piag.

    rr. Der auf die Fläche umgebogene Theil der Abdominalschienen lang. Mediane Borsten vorhanden.

     s. Auge kaum vortretend. Occipitalschienen schmal, kaum wellig. *heteroceros* N.

     ss. Auge halbkuglig vorragend. Occipitalschienen breit, stark wellig.
heteroceros var. *cupido* Gbl.

 k'. Stirnschiene in der Mitte sehr verbreitert.

  t. Das neunte Segment ragt über das achte hinaus.

  u. Seitenschienen des Hinterleibes mit Fortsatz; in der Umgebung der Geschlechtsöffnung vier dreieckige Genitalflecke. . . . . *cervicornis* N.

  uu. Die breiten Seitenschienen ohne Fortsatz. Die Genitalflecke fehlen.
latifasciatus Piag.

  tt. Das achte Segment überragt das neunte, oder endet mit demselben in gleicher Flucht. Zwei Genitalflecke von der Form eines liegenden *T*.

   v. Metathorax mit fünf Borsten am Hinterrande. Zwei mediane Borsten auf den Abdominalsegmenten. Die Seitenschienen derselben mit Fortsatz. *dissimilis* N.

   vv. Metathorax mit drei Borsten am Hinterrande. Mehr als zwei mediane Borsten auf den Abdominalsegmenten. Seitenschienen derselben wie bei voriger Art.
colchicus P.

Bemerkungen zu den auf **Perdicidae** lebenden Formen.

Gd. truncatus N., welcher bisher nur von *Perdix rubra* bekannt war, habe ich auch von *Phasianus colchicus* erhalten.

Gd. securiger N. ist in einem einzigen weiblichen Exemplare, welches noch eine Jugendform ist, in der Hallischen Sammlung vertreten. Dasselbe ist natürlich für einen Vergleich mit anderen Arten und für eine Beschreibung untauglich. Vermuthlich ist diese auf *Perdix petrosa* gesammelte Art identisch mit einer der anderen von Rebhühnern beschriebenen Formen. So dürfte es sich vielleicht auch mit

Gd. flaviceps Rud. verhalten, eine auf *Perdix rubra* gesammelte und mir leider nur in der Handzeichnung des Autors vorliegende Art. Ich vermuthe, dass dieselbe identisch ist mit *Gd. truncatus* N.

Gd. mamillatus Rud. (Taf. I. Fig. 1, 1a, 1b).

Zeitschrift f. d. ges. Naturwiss. XXXV. (1870) p. 283.

Diese Art ist bisher nur von Rudow beschrieben und als Wohnthier war *Pelecanus ruficollis* angegeben. Die im Hamburger Museum befindlichen Typen liessen mich eine Form erkennen, welche ich in einer Anzahl von Exemplaren auf *Ortyx californica* gesammelt habe.

Der Kopf ist in beiden Geschlechtern ziemlich verschieden. Beim Männchen ein wenig länger als breit, mit sehr tiefen Fühlerbuchten, stark vortretendem, etwas eckigem Auge und sehr winkligen Schläfenecken, zwischen denen der Kopf etwas schmäler ist als zwischen den spitzen Vorderecken der Fühlergruben. Die Fühler haben ein sehr grosses dickes Grundglied mit etwas convexem Aussenrande, ein viel dünneres und beträchtlich kürzeres zweites, ein mit starkem Fortsatz versehenes drittes Glied, welchem sich die beiden Endglieder anfügen, deren letztes etwas länger als das vorletzte ist. Die einzelnen Glieder sind mit Börstchen besetzt, von welchen eine stärkere an der Innenseite des Grundgliedes steht. Beim Weibchen ist der Kopf breiter als lang, die Stirn etwas stärker gewölbt, die Antennengrube viel flacher. Das Auge tritt halbkuglig hervor; die spitzwinklige, aber nicht sehr scharfe Schläfenecke bezeichnet den breitesten Theil des Kopfes. An den Fühlern ist das zweite Glied länger als das erste, die drei letzten untereinander etwa gleichlang und je halb so lang wie das zweite. Gemeinsam beiden

Geschlechtern ist Folgendes. Die Stirnschiene ist schmal und parallelseitig, von zweimal fünf Borsten durchsetzt, von denen die der Mittellinie am nächsten stehenden und die auf den Vorderecken der Fühlergruben angebrachten die längsten sind. Eine sehr lange straffe Borste steht etwas unterhalb der Ecken am oberen Innenrande der Antennengruben. Die nach innen gerichteten Fortsätze der Stirnschiene sind beim Männchen etwas schmaler als beim Weibchen. Das Auge ist mit einer ziemlich langen Borste besetzt, die Schläfenecken mit zwei sehr langen, die Hinterhauptsecken mit je einem Dornspitzchen. Vor den Augen steht ein brauner Chitinfleck. Die Schläfen- und Hinterhauptsschienen sind nach innen zu dunkler, fast schwärzlich; an den Seiten des Hinterhauptes bilden sie je eine fleckartige Verbreiterung, die beim Weibchen grösser und etwas zugespitzt ist. Auf der Fläche stehen noch vor der halbkreisförmigen Einsenkung oberhalb der Mandibeln zwei Borsten und je eine solche seitlich vom Auge. Das Hinterhaupt tritt wenig gegen die Hinterhauptsecken zurück und ist ziemlich geradlinig.

Der kurze Prothorax ist trapezförmig, an den Hinterecken mit je einer Borste besetzt. Die braunen Seitenschienen biegen an den Hinterecken auf beide Flächen um, ohne sich in der Mittellinie zu berühren. Der etwas breitere, aber nicht längere Metathorax hat abgerundete Seiten, deren grösste Breite an den ebenfalls abgerundeten, mit zwei Borsten besetzten Hinterecken liegt. Ein wenig nach innen davon stehen jederseits zwei weitere Borsten dicht nebeneinander, und an dem ziemlich undeutlich vom Abdomen abgegrenzten, in der Mitte zugespitzten Hinterrande finden sich nochmals vier kürzere Borsten, die beiden mittleren etwas tiefer als die seitlichen. Die braunen Chitinschienen biegen an den Vorderecken nach innen um und legen sich an die in gleicher Weise umgebogenen des Prothorax an.

Die Beine haben kräftige Schenkel und schlanke Schienen, beide mit braunen Aussenrändern, die Klauen sind schwach und wenig gekrümmt. Das Abdomen ist verkehrt eiförmig, d. h. nach hinten verbreitert, die einzelnen Segmente an den Seiten nur durch sehr schwache Einkerbungen getrennt. Die Chitinschienen sind dunkelbraun, schmal, an den Suturen ziemlich lang auf die Fläche fortgesetzt und an der Stelle der Umbiegung mit einem kleinen, rundlichen Fortsatze versehen. Sie endigen in einem hellbraunen, nicht scharf umgrenzten Flecke. Auf dem ersten Segmente läuft dicht neben der eigent-

lichen Randschiene innen eine etwas kürzere zweite. Beim Männchen ist das
achte Segment sehr klein und neben das Endsegment an den Hinterrand des
Körpers gerückt. Das letztere ist breit, seitlich schwach convex, hinten abgestutzt und braun gesäumt, an den Ecken mit je drei langen Borsten besetzt.
Der Copulationsapparat zeichnet sich durch seine Länge und Breite aus und
endigt im vorgestreckten Zustande mit zwei stachelartigen Spitzchen. Beim
Weibchen ist das achte Segment mit dem neunten verschmolzen, am schwach
gewölbten Hinterrande mit einem seichten Einschnitte versehen, die beiden
Seitenschienen sind durch einen bogenförmigen braunen Fleck verbunden. An
der Ventralseite steht in der Umgebung der Geschlechtsöffnung eine Reihe
sehr kleiner Borstchen und seitlich je ein langgestreckter, nach vorn hin zugespitzter brauner Fleck (Taf. I. Fig. 1b). An den Segmentecken stehen ein
bis vier, auf den Flächen vor den Suturen vier mediane und jederseits zwei
seitliche Borsten.

Die Grundfarbe ist schmutzigweiss, die Abdominalflecke hell-, die
Chitinschienen dunkelbraun.

	♂	♀
Länge	1,92 mm,	2,29 mm.
Kopf	0,50 „	0,63 „
Thorax	0,36 „	0,31 „
Abdomen	1,06 „	1,35 „
3. Femur	0,31 „	0,34 „
3. Tibia	0,31 „	0,34 „
Breite:		
Kopf	0,53 „	0,73 „
Thorax	0,53 „	0,57 „
Abdomen	1,04 „	1,19 „

Als Wohnthier darf wohl mit Sicherheit *Ortyx californica* angesehen
werden; wenn die Art wirklich, wie Rudow angiebt, auf *Pelecanus ruficollis*
angetroffen ist, so ist es in Folge zufälliger Uebertragung geschehen.

In meiner und der Dresdener Sammlung, sowie im Hamburger Museum.

Bemerkungen zu den auf **Tetraonidae** lebenden Formen.

Wenn Piaget die beiden Arten *Gd. heteroceros* N. und *cupido* Gbl.
in eine zu vereinigen vorschlägt, so stimme ich ihm vollständig bei; ich

4*

würde die erstere als die Hauptform, die andere wegen geringer Abweichungen
(cfr. Bestimmungstabelle) als Varietät ansehen.

Soweit sich nach dem einzigen aus der Hamburger Sammlung vorliegenden Exemplare, einem Weibchen, urtheilen lässt, scheint *Gd. bituberculatus* Rud. von *Tetrao medius* identisch zu sein mit *Gd. chelicornis* N.

Bemerkungen zu den auf Phasianidae lebenden Formen.

Exemplare eines *Goniodes* von *Gallus furcatus* im Hamburger Museum
gehören zu *Gd. dissimilis* N., und zwar erinnern die Weibchen wenigstens
durch die schwärzliche Chitinschiene des achten Abdominalsegments an var.
bankiva Piag. von *Gallus bankiva* (Piaget p. 269, Pl. XXII, f. 3c).

Gd. colchicus Denny sammelte ich auch auf *Phasianus pictus.*

Gd. pallidus Gbl. Giebel beschreibt in seiner Zeitschrift XLIX.
(1877) p. 529 einen neuen Federling von *Euplocamus erythrophthalmus* als
Gd. pallidus. Das einzige, noch dazu weibliche Exemplar, auf welches er
diese Art stützt, ist vollständig unausgebildet, daher „blass". Diese Art
ist mithin zunächst zu streichen.

Gd. longus Rud. (Beiträge p. 26 u. Zeitschr. f. ges. Naturwiss. XXXV,
1866, p. 481) ist identisch mit *Gd. latifasciatus* Piag., wie Piaget richtig
vermuthet. Es liegen mir einige Exemplare beiderlei Geschlechts aus dem
Hamburger Museum vor, welche die Erkennung dieser Art erlauben. Da
letzteres nach der Beschreibung Rudow's unmöglich ist, so nehme ich auch
seinen Namen nicht an, sondern denjenigen Piaget's. Beide Autoren fanden
den Parasiten auf *Euplocamus ignitus*, von welchem Wirthe mir auch aus der
Sammlung der Kgl. Thierarzneischule in Berlin Exemplare vorliegen.

Einige unbedeutende Differenzen zwischen der Beschreibung Piaget's
und meinen Beobachtungen sollen jedoch nicht unerwähnt bleiben. Ich finde
an den Schläfenecken neben den zwei langen Borsten nur eine Dornspitze,
während Piaget deren zwei beschreibt. Nach letzterem fehlen beim Männchen
die medianen Borsten des Hinterleibes ganz, beim Weibchen sind sie in der
Sechszahl vorhanden, aber nur auf den vorderen Segmenten bemerkbar. An
den mir vorliegenden Exemplaren zeigt auch das männliche Abdomen mediane
Borsten auf jedem Segmente, und beim Weibchen lassen sich dieselben auch
auf den hinteren Segmenten erkennen.

Der von Piaget als *Gd. bicuspidatus* beschriebene Federling von *Tragopan satyrus* ist identisch mit der von Nitzsch und Burmeister als *Gd. spinicornis* aufgeführten Art. Giebel giebt bei Gelegenheit der Aufzählung der im zoologischen Museum in Halle befindlichen Epizoen (Zeitschr. f. ges. Naturwiss. XXVIII (1866) p. 389) folgende Beschreibung davon. „Aehnelt zumeist dem *G. falcicornis* auf dem Pfau, unterscheidet sich aber sicher. Sein Kopf ist nämlich in beiden Geschlechtern länglicher, besonders die Stirn sehr vorgezogen, die hinteren Schläfenecken stumpfer, die männlichen Fühler noch kräftiger, länger, grösser, besonders der Dorn am enorm dicken ersten Gliede viel länger und scharfspitzig, die Zeichnung auf dem Kopfe sparsamer, die Hinterleibsflecken nicht einfarbig dunkel, sondern blassgelb mit dunkeln Säumen am oberen äusseren Rande." In seinen Insecta epizoa hat Giebel diese Art merkwürdiger Weise nicht aufgeführt; er erwähnt sie nur bei *Goniocotes diplogonus*, in dessen Gesellschaft sie auf *Tragopan satyrus* gefunden sei. Da sich die Nitzsch'schen Typen noch in der Hallischen Sammlung befinden, so bin ich in der Lage, die Identität mit der von Piaget beschriebenen Form zu constatiren, und lasse den älteren Namen in Geltung treten. Ich gebe nachstehend eine Beschreibung dieser Art, um die Uebereinstimmung mit der Piaget'schen unzweifelhaft zu machen.

Gd. spinicornis N.

Goniocotes spinicornis N. Burmeister, Handbuch d. Entomolog. II, p. 433. Giebel, Zeitschrift f. ges. Naturwiss. XXVIII (1866) p. 389

Goniodes bicuspidatus Piag. p. 275, Pl. XXIII, Fig. 3.

Kopf an der Stirn wohl gewölbt, beim Weibchen höher als beim Männchen, mit spitz vortretenden Vorderecken der Fühlerbucht. Die Stirnschiene ist schmal und parallelseitig; die nach innen gerichteten Fortsätze sind auf der Dorsalseite sehr kurz, während sie sich ventral bis zu den Mandibeln erstrecken. Die Fühlerbucht ist beim Männchen weit, aber nicht sehr tief, der obere Rand in der Mitte vorspringend; beim Weibchen ist sie nur eine flache Ausrandung. Die Fühler sind beim Männchen colossal entwickelt: das erste Glied ist lang und dick, der Aussenrand im ersten Drittel etwas convex, dann geradlinig, mit breitem Chitinsaume. Der Innenrand trägt ungefähr in seiner Mitte einen langen, dünnen, cylindrischen Fortsatz, welcher

braun gefärbt ist und von dessen Basis aus eine ebenso gefärbte Chitinleiste
sich nach dem zweiten Gliede hin erstreckt. Am Ende des ersten Gliedes
sitzt auf dem Innenrande eine kurze Borste. Das bei weitem kürzere zweite
Glied ist an der Basis breiter und verschmälert sich ein wenig nach oben, an
der Innenseite trägt es zwei, an der Aussenseite ein Borstchen. Das grosse
dritte Glied ist hakenartig gekrümmt, länger als bei allen verwandten Arten,
mit zwei inneren und zwei äusseren Borsten. Auf ihm erheben sich etwas
vor der Mitte des Aussenrandes die beiden ausserhalb der Längsachse des
Fühlers gelegenen Endglieder, von denen das vierte vom fünften etwas an
Länge übertroffen wird. Beim Weibchen haben die Antennen die gewöhnliche
Bildung, sie erreichen, angelegt, nicht die Schläfenecken. Das breite Auge
ragt beim Männchen mehr hervor als beim Weibchen und ist bei beiden mit
einer Borste besetzt.

Die Schläfen sind beim Männchen ziemlich parallel, beim Weibchen
stark divergent; ebenso weichen die Schläfenecken bei beiden Geschlechtern
erheblich ab. Beim Männchen sind Schläfen- und Hinterhauptsecken abgerundet; beim Weibchen ist die Schläfenecke zugespitzt, aber mit abgerundeter
Spitze, etwas nach hinten gezogen, so dass sie mit der scharfen Hinterhauptsecke in gleicher Linie liegt. Der zwischen beiden gelegene Schläfenrand ist
ausgebuchtet. An den Ecken stehen zwei lange Borsten und vier Dornspitzchen. Das geradlinige Hinterhaupt ist stark zurückgezogen und seine
Chitinschiene ist sehr schmal.

Der Prothorax ist länger als der Metathorax, mit geraden, stark
divergirenden Seiten und deutlich vortretenden, abgerundeten und mit langer
Borste besetzten Hinterecken und convexem Hinterrande. Die Seiten sind
durch breite, braune Schienen verstärkt. Der Metathorax ist etwas breiter
als der Prothorax, mit beinahe halbkuglig gewölbten Seiten, welche zwei lange
Borsten tragen. Zwei andere stehen jederseits etwas einwärts davon am
Hinterrande, welcher nahe der beim Männchen zweispitzig vortretenden Mitte
noch zwei kürzere trägt. Beim Weibchen ist der Hinterrand mehr abgerundet.

Die Beine sind kräftig und lang, an den Aussenrändern mit breiten
Chitinschienen belegt. Die Schenkel sind dick, innen im letzten Drittel ein
wenig ausgerandet, aussen mit vier Borstchen besetzt. Die schlanken Schienen

sind beim Weibchen ein wenig gekrümmt, aussen mit zwei, innen mit vier oder fünf Borsten besetzt; die Klauen lang und dünn.

Das Abdomen ist beim Männchen eiförmig, doch nicht so breit und an den Seiten viel weniger gerundet als bei *falcicornis;* die grösste Breite liegt hinter der Mitte. Beim Weibchen ist es lang oval. Das erste Segment ist fast doppelt so lang wie die folgenden, das achte sehr klein, auf zwei kurze Protuberanzen zu den Seiten des neunten reducirt. Das neunte bildet beim Männchen eine kurze, aber breite, hinten beinahe abgestutzte Hervorragung und ist jederseits von der Mittellinie mit einem Schopfe von Borsten besetzt. Am weiblichen Abdomen ist das achte Segment vollständig mit dem neunten vereinigt, dasselbe abgerundet, in der Mitte mit breiter, aber flacher Vertiefung, jederseits davon mit vier langen, feinen Borsten besetzt. An der Unterseite stehen in der Umgebung der Geschlechtsöffnung zahlreiche kurze Borstchen dicht nebeneinander, seitlich zwei schmale Längsschienen. Auf den Flächen stehen auf jedem Segmente eine Anzahl (beim Männchen sechs, beim Weibchen acht) mediane Borsten und jederseits zwei bis vier nahe dem Rande. Die abgerundeten Segmentecken sind mit 0—4 solchen besetzt.

Die Seitenschienen des Hinterleibes sind breit, braun, an den Suturen wenig auf die Flächen umgebogen, und beim Weibchen etwas mehr als beim Männchen nach unten gekrümmt. Der Copulationsapparat ist stark ausgebildet, indem er bis zum Metathorax hinaufragt, und endet mit zwei Spitzen.

Die Grundfarbe ist schmutziggelb. Die an meinen Spiritusexemplaren unkenntlichen Flecke des Hinterleibes sind nach Piaget langgestreckt, ziemlich viereckig und wenig gefärbt; die Chitinschienen dunkler, namentlich am Hinterhaupte und Thorax.

Länge	♂ 3,28	mm,	♀ 4,40	mm.
Kopf	0,88	„	1,00	„
Thorax	0,70	„	0,80	„
Abdomen	1,70	„	2,60	„
3. Femur	0,63	„	0,65	„
3. Tibia	0,54	„	0,50	„
Breite:				
Kopf	0,97	„	1,52	„
Thorax	1,20	„	1,20	„
Abdomen	1,60	„	1,82	„

Auf *Tragopan satyrus* von Nitzsch und Piaget, von letzterem auch
noch auf *T. Temminki* gesammelt. In der Hamburger Sammlung von *Tragopan
Hastingi*.

Gd. curvicornis N. (Taf. I. Fig. 2, 2a).

Giebel, Zeitschr. f. ges. Naturwiss. XXVIII. (1866) p. 388, Ins. epiz. p. 298.

Männchen und Weibchen dieser Art weichen so sehr von einander ab,
dass man kaum ihre Zusammengehörigkeit vermuthen würde, wenn man sie
nicht zusammen auf demselben Wohnthiere einsammelte.

Beim Männchen ist der Kopf breiter als lang, im Ganzen etwa viereckig. Die flach gewölbte Stirn ist schmäler als der Kopf hinter der Fühlergrube; die Stirnschiene sehr schmal und parallelseitig, die nach innen gerichteten Fortsätze sind dorsal etwas keulenförmig verdickt und bedeutend dunkler
als die Umgebung gefärbt; an der Ventralseite reichen sie bis zu den Mundtheilen. Die Stirn trägt zweimal fünf sehr feine Borstchen. Die Fühlergrube
ist ziemlich weit und tief; das erste Fühlerglied lang und dick, walzenförmig,
mit einem kleinen, zahnartigen Fortsatze der Innenseite; das zweite Glied nur
halb so lang, das dritte hakenförmig einwärts gebogen; von den beiden Endgliedern ist das fünfte doppelt so lang wie das vierte. Hinter der Antennengrube verbreitert sich der Kopf ziemlich plötzlich und die Schläfen verlaufen
fast parallel bis zu den stumpfwinkligen Schläfenecken, an welchen zwei starke
Borsten stehen. Die Hinterhauptsecken sind abgerundet, mit einem Dornspitzchen besetzt, das Hinterhaupt tritt bedeutend zurück, ist schmal und
geradlinig und wird durch einen schmalen, dunkeln Chitinstreif verstärkt. Die
Schläfenschienen sind schwach entwickelt und ziemlich hell gefärbt; sie beginnen
hinter dem Auge mit einer abgerundeten Verbreiterung; auf ersterem, welches
wenig hervortritt, sowie bald nach der letzteren steht je ein feines Borstchen.
Auf der Fläche finden sich ausserdem noch hinter der Stirn zwei und seitlich
von den Mundtheilen je eine Borste. Beim Weibchen ist der Kopf länger als
breit, ziemlich oblong. Die Stirn hochgewölbt mit abgerundeten Vorderecken
der flachen Fühlerbucht, und mit derselben Anzahl von Borstchen wie beim
Männchen. Die inneren Fortsätze der etwas breiteren Stirnschiene sind sehr
kurz. Die Augen treten wenig hervor, die Schläfen sind ziemlich parallel,
etwas gewölbt, Schläfenecken und Hinterhauptsecken völlig abgerundet, mit

den auch beim Männchen vorhandenen, zwei langen Borsten und dem Dornspitzchen besetzt; das Hinterhaupt flach concav.

Die Fühler sind fadenförmig; erstes und zweites Glied ziemlich gleich
lang, von den kürzeren folgenden ist das fünfte am längsten.

Der Prothorax ist trapezoidal mit stark divergenten Seiten, namentlich
beim Weibchen, und ziemlich spitzen, mit einer langen Borste besetzten
Hinterecken. Der Metathorax ist an den Seiten kürzer, beim Männchen etwas,
beim Weibchen kaum breiter als der Prothorax. Die Seiten sind abgerundet,
beim Weibchen stärker als beim Männchen, daher bei ersterem die grösste
Breite in der Mitte, bei letzterem dicht am Abdomen. An dieser Stelle stehen
bei beiden zwei lange Borsten. Der Hinterrand greift weit auf das erste
Abdominalsegment über und ist in der zugespitzten Mitte abgerundet; der
Metathorax hat also im Ganzen etwa die Form eines Dreiecks, dessen Basis
dem Prothorax anliegt.

Die Beine sind kurz, Schenkel mit vier, Schienen mit zwei Borsten
auf der Aussenseite.

Der Hinterleib ist beim Männchen breit eiförmig, beim Weibchen ein
langgezogenes Oval; bei beiden an den Segmentecken sehr schwach gekerbt.
Das erste Segment ist das längste, 2—7 unter einander gleich, das achte in
beiden Geschlechtern sehr klein, beim Weibchen kaum vom vorhergehenden
abgesetzt. Das Endsegment ist beim Männchen breit und fast halbkuglig
vorragend, beim Weibchen noch breiter, nur unbedeutend gegen die vorhergehenden vorragend, am Hinterrande fast abgestutzt und in der Mitte sehr
unbedeutend eingeschnitten. Seitlich von dem Einschnitte stehen je zwei
lange Borsten dicht nebeneinander, während das männliche Endsegment mit
vier Borsten in gleichen Abständen besetzt ist. Der Copulationsapparat ist
stark entwickelt.

Die Seitenschienen des Abdomens sind schmal, ziemlich licht gefärbt,
und setzen sich beim Männchen an den Suturen fast rechtwinklig in lange,
am Ende schwach gebogene und abgerundete Streifen fort. Den Seitenschienen
parallel verläuft etwas nach innen eine viel breitere, dunkler gefärbte zweite
Schiene, die auf jedem Segmente deutlich abgesetzt ist. An den Segmentecken
stehen keine bis mehrere Borsten; auf der Fläche ganz nahe dem Rande je
ein sehr feines Borstchen und zwei ebensolche sich leicht abnutzende mediane.

Die allgemeine Färbung ist ein schmutziges Gelbbraun, an den Chitinschienen nur wenig dunkler als auf Kopf und Thorax, die Mitte des Hinterleibes erscheint schmutzigweiss.

		♂ 1,75 mm,		♀ 1,97 mm.
Länge				
Kopf		0,45 „		0,51 „
Thorax		0,29 „		0,28 „
Abdomen		1,01 „		1,18 „
3. Femur		0,25 „		0,26 „
3. Tibia		0,20 „		0,20 „
Breite:				
Kopf		0,56 „		0,48 „
Thorax		0,66 „		0,52 „
Abdomen		1,04 „		0,75 „

Diese Art ist von Nitzsch in einem Pärchen auf *Argus giganteus*
gesammelt und in sehr schlechtem Erhaltungszustande noch in der Hallischen
Sammlung vorhanden. Ich habe durch die Freundlichkeit des Herrn Dr. Rey
von einem trockenen Balge desselben Wirthes ein Männchen und fünf Weibchen bekommen und danach Beschreibung und Abbildung geliefert. Die Art
steht am nächsten *Gd. parviceps* Piag. vom Pfau.

Bemerkungen zu den auf **Penelopidae** lebenden Formen.

Gd. bicolor Rud. (Beiträge p. 26, Zeitschr. f. ges. Naturwiss. XXXV,
(1870) p. 483) ist identisch mit *Gd. longipes* Piag. (p. 253, Pl. XX, f. 7).

Es liegen mir von dieser Art zwei Exemplare aus dem Hamburger
zoologischen Museum vor. Das Weibchen ist ganz unentwickelt, das Männchen
eben ausgebildet. Nach den mir von Piaget freundlichst mitgetheilten Typen
seines *Gd. longipes* kann ich *bicolor* als identisch damit erklären, und nehme
den ersteren Namen dafür an, weil Rudow's Beschreibung keine Möglichkeit
zur Erkennung der Art bietet.

Gleichzeitig muss ich einen kleinen Irrthum Piaget's berichtigen; er
beschreibt das letzte Hinterleibssegment des Männchens als abgerundet, während es in ganz ähnlicher Weise wie bei *Gd. crinius* Rud. in zwei Chitinspitzen ausgeht, zwischen denen der Penis hervorgesteckt wird, und welche

nicht zangenartig einander entgegengebogen (wie bei jenem), sondern gerade sind. Wie Piaget zu diesem Irrthume gelangen konnte, erklärt sich leicht aus seinen Worten: „Les trois exemplaires ♂ que je possède, avaient la partie postérieure de l'abdomen repliée sur le dos exactement de la même manière." Eins dieser Exemplare liegt mir durch Piaget's Güte vor, und da ich an dem Rudow'schen Männchen die Bildung der Hinterleibsspitze in normaler Weise kenne, so war es mir ermöglicht, auch an ersterem dieselbe Bildung im umgeschlagenen Zustande wiederzufinden.

Rudow sammelte seine Exemplare auf *Penelope marail*. Piaget auf *Crax galeata*.

Gd. eximius Rud. (Taf. III. Fig. 1, 1a, 1b).

Beiträge p. 25. Zeitschr. f. ges. Naturwiss. XXXV. (1870) p. 447.

Der Kopf ist etwas breiter als lang, die Stirn beim Männchen flacher gewölbt als beim Weibchen, die Stirnschiene auffallend schmal parallelseitig, der nach innen gerichtete Fortsatz an der Dorsalseite sehr kurz und dick (etwa dreieckig), ventral ziemlich noch einmal so lang. Die Stirn ist mit zweimal fünf Borstchen besetzt, welche bis auf die beiden mittelsten sehr kurz und fein sind. Die Fühlerbucht, beim Weibchen kaum angedeutet, ist beim Männchen mässig tief mit deutlicher Vorderecke der Stirn. Die Fühler sind beim Männchen keulenförmig; das dicke Grundglied so lang wie die übrigen Glieder zusammen, an der Unterseite mit einem zahnartigen Fortsatze versehen; das zweite ist weniger als halb so lang, das dritte noch etwas kürzer, mit schwach vorgezogener oberer Ecke; die beiden ziemlich gleichlangen Endglieder sind schlank und zusammen länger als das dritte Glied. Die weiblichen Fühler haben die gewöhnliche Form: ein dickeres Grundglied, ein ebenso langes zweites, das dritte wenig kürzer, das vierte nur halb so lang und das fünfte wieder länger. Die Schläfen divergiren nach hinten und sind etwas ausgeschweift, weil die abgestumpften Schläfenecken namentlich beim Männchen weit vorragen. Das wenig vortretende Auge trägt eine lange Borste; mit einer sehr langen Borste und drei Dornspitzchen sind die Schläfenecken besetzt. Die Hinterhauptsecken sind scharf, mit einer Borste; das Hinterhaupt tritt ziemlich bedeutend zurück, namentlich beim Männchen. Die Seitenschienen bieten nichts Besonderes dar.

Der Prothorax ist trapezförmig mit deutlich vortretenden, ziemlich spitzen und mit einer Borste besetzten Hinterecken. Der Metathorax hat dieselbe Form, aber stärker divergirende Seiten und weiter vorragende spitzwinklige, vom Abdomen deutlich abgesetzte Hinterecken. Letztere tragen zwei lange Borsten, auf welche etwas nach einwärts jederseits noch zwei andere folgen. Der Hinterrand bildet in der Mitte einen Winkel und ist hier nochmals mit zwei kurzen Borsten besetzt. Beide Thoraxringe haben breite braune Chitinschienen. Die Beine sind ziemlich lang, der Schenkel aussen mit fünf, die Schiene mit zwei Borstchen; die Klauen sind lang und dünn.

Das Abdomen ist eiförmig, breit, nach hinten verschmälert, die Segmentecken sind abgerundet und treten im Allgemeinen wenig hervor; beim Weibchen sind die letzten Segmentecken etwas deutlicher und beim Männchen bilden die des achten Segments einen beinahe rechten Winkel. Sie sind mit langen Borsten besetzt. Das erste Segment ist bedeutend kürzer als die folgenden, namentlich nur halb so lang wie das die übrigen übertreffende zweite. Das achte ist beim Weibchen mit dem neunten verschmolzen, dieses an den Seiten abgerundet, und endigt mit zwei Spitzen, welche einen tiefen Ausschnitt begrenzen. Die Seiten sind kurz beborstet. Beim Männchen ist das achte Segment stark entwickelt, das viel schmälere neunte endigt mit zwei starken zangenartig nach einwärts gebogenen Chitinspitzen, zwischen welchen der keulenförmige, mit zahlreichen Borstchen besetzte Penis hervorragt. Diese Bildung der männlichen Hinterleibsspitze erinnert am meisten an *stylifer* (von *Meleagris galloparo*).

Die Seitenschienen des Abdomens sind breit, hellbraun, an den Suturen etwas schmäler und mit einem kurzen, etwas dunkler gefärbten Haken auf die Fläche umgebogen. Auf der Ventralseite ist die Sutur im Bereiche der Seitenschiene durch einen kurzen, breiten, braunen Streif markirt, den man auch dorsalwärts durchscheinen sieht.

Ausser den Borsten an den Ecken trägt jedes Segment vier (bis sechs?) mediane und je eine nahe dem Rande stehende; alle sind von beträchtlicher Länge. In der Umgebung der weiblichen Geschlechtsöffnung stehen zwei birnförmige braune Genitalflecke (Fig. 1b).

Die Grundfarbe ist gelbbraun.

	♂		♀	
Länge	2,93	mm,	2,85	mm.
Kopf	0,68	„	0,70	„
Thorax	0,50	„	0,47	„
Abdomen	1,75	„	1,68	„
3. Femur	0,50	„	0,50	„
3. Tibia	0,56	„	0,50	„
Breite:				
Kopf	0,95	„	0,97	„
Thorax	0,82	„	0,80	„
Abdomen	1,20	„	1,19	„

Auf *Oreophasis derbyana*; im Hamburger zoologischen Museum.

Rudow, welcher bisher allein Beschreibungen dieser Art geliefert hat, stellt dieselbe unter die Ueberschrift „Metathorax vom Abdomen nicht deutlich abgetrennt", und hebt von ihr noch ganz besonders hervor „Metathorax nur ein Drittel so lang wie Prothorax und nur durch die Farbe vom Abdomen geschieden". In Wirklichkeit ist der Metathorax durch seine scharfen und seitlich vorragenden Hinterecken deutlich vom Abdomen abgesetzt und auch durchaus nicht um ein Drittel kürzer als der Prothorax. Rudow scheint das erste Abdominalsegment als Metathorax angesehen zu haben. In dieser Weise sind fast alle seine Angaben ungenau.

Das einzige Exemplar, welches mir aus der Hamburger Sammlung als *Gd. diversus* Rud. von *Penelope nigra* vorliegt, gehört zu der soeben beschriebenen Art, so dass also *diversus* als Synonym zu *eximius* anzusehen ist, sofern nicht die Vergleichung zahlreicherer Exemplare ein Gegentheiliges ergeben sollte.

Bemerkungen zu den auf **Crypturidae** lebenden Formen.

Gd. laevis Piag. (p. 673, Pl. LVI, f. 2) ist identisch mit *Goniocotes coronatus* Gbl. *Got. obscurus* Gbl. olim. (Ins. epiz. p. 191), eine Art, welche Giebel nur nach zwei weiblichen Exemplaren kannte. Dieselben stimmen vollständig überein mit den typischen Exemplaren Piaget's, welche ich durch die Freundlichkeit dieses Autors selbst vergleichen konnte. Piaget giebt übrigens die Länge des ersten Antennengliedes beim Weibchen nicht ganz richtig an („depasse de moitié l'angle du sinus"). Dasselbe überragt die Vorderecke der Fühlerbucht nicht.

Sowohl Nitzsch wie Piaget sammelten diese Art auf *Tinamus* (*Cryptonyx*) *coronatus*.

Gd. parvulus m. (Taf. I. Fig. 4, 4a, 4b).

Der Kopf des Männchens ist trapezoidisch, die Stirn flach gewölbt mit äusserst schmaler Stirnschiene, welche jederseits von der Mittellinie nach innen drei kleine conische Anhänge trägt, von denen der äusserste kürzer als die beiden anderen ist. Die Vorderecke der Fühlerbucht ist abgerundet und etwas nach hinten und unten gerichtet. Letztere ist auf der Oberseite nur durch eine seichte Einbuchtung angedeutet. Die nach innen gerichteten Fortsätze der Stirnschiene sind kurz, dick und abgerundet. Die Schläfen sind gerade und verlaufen mit geringer Divergenz zu den fast abgerundeten Schläfenecken, welche eine kurze und eine lange Borste tragen. Die Hinterhauptsecken sind nur durch ein kurzes Borstchen markirt, das Hinterhaupt tritt ein wenig zurück, da es flach concav erscheint. Das Auge ist nur eine sehr flache, mit einem Härchen besetzte Wölbung hinter den Fühlern; vor ersterem ein Chitinfleck; dahinter beginnt mit einer rundlichen Verbreiterung die Schläfenschiene, welche innen etwas unregelmässige Conturen zeigt. Die Hinterhauptsschiene ist sehr schmal, aber etwas dunkler als die Schläfenschiene. Die Fühler haben ein dickes und langes Grundglied, ein viel kleineres, nach oben verschmälertes zweites, ein noch kleineres drittes Glied mit vorgezogener oberer Ecke und zwei zu Gunsten des fünften ungleiche Endglieder.

Beim Weibchen ist der Kopf parabolisch, die Stirn etwas mehr gewölbt, die Fühlerbucht noch seichter, die Schläfen gleichsam die Fortsetzung der Stirncurve. Die Schläfenecken sind weiter nach aussen und unten gezogen als beim Männchen, abgerundet spitzwinklig. Die Fühler einfach fadenförmig mit kurzen Gliedern. Das Uebrige wie beim Männchen.

Der Prothorax ist trapezisch, mit abgerundeten, eine Borste tragenden Hinterecken und breiten Seitenschienen. Der Metathorax bedeutend breiter, an den Seiten flügelartig vortretend; diese gewölbt mit grösster Breite an den abgerundeten, mit drei Borsten besetzten Hinterecken. Der von letzteren etwas abgesetzte Hinterrand ist convex. Die Beine sind kurz, die Schenkel des dritten Paares ragen kaum über die Körperseiten hervor.

Das Abdomen ist eiförmig, beim Weibchen etwas langgestreckter als beim Männchen, die Seiten gleichmässig gerundet, da die Segmentecken nur durch Borsten gekennzeichnet sind. Das erste Segment ist ziemlich doppelt so lang wie die folgenden, von denen man bloss sechs beim Weibchen, sieben beim Männchen zählt. Fünf davon sind bei letzterem wohl ausgebildet, entsprechend den gleichwerthigen des Weibchens, das sechste kaum angedeutet, das letzte halbkuglig vorgewölbt. Beim Weibchen ist vom sechsten gar keine Andeutung vorhanden, das Endsegment, welches den eiförmigen Körper durch seine Wölbung regelmässig abschliesst, in der Mitte des Hinterrandes seicht eingeschnitten. Es dürfte demnach das erste Abdominalsegment als zusammengesetzt aus zwei Segmenten anzusehen sein. Die Nähte zwischen den fünf ersten Segmenten sind geradlinig, zwischen dem fünften und letzten beim Männchen convex, beim Weibchen winklig mit nach vorn gerichteter mittlerer Spitze (Fig. 4b). Die Seitenschienen sind breite braune Platten, an den Nähten hakenförmig umgebogen. Auf den Flächen finden sich gelbbraune, schmale Querflecke, welche auf Segment 2—5 die Nähte frei lassen, die übrigen Segmente ganz einnehmen. Jedes Segment trägt vier mediane und eine seitliche Borste.

Die Grundfarbe ist gelbbraun, die Seitenschienen ein wenig dunkler.

	♂		♀	
Länge	1,06	mm,	1,25	mm.
Kopf	0,28	„	0,30	„
Thorax	0,20	„	0,25	„
Abdomen	0,58	„	0,70	„
3. Femur	0,16	„	0,16	„
3. Tibia	0,13	„	0,13	„
Breite:				
Kopf	0,38	„	0,48	„
Prothorax	0,30	„	0,31	„
Metathorax	0,46	,	0,47	„
Abdomen	0,55	„	0,61	„

Diese Art sammelte ich in mehreren Exemplaren auf einem trockenen Balge von *Tinamus robustus* aus Costa Rica.

Bemerkungen zu den auf **Columbidae** lebenden Formen.

Hierher gehört von den ächten *Goniodes* nur folgende Art:

Gd. latus Piag. (Taf. I. Fig. 3, 3a, 3b).

Goniocotes latus Piag. p. 672. Pl. LV, f. 9.

Kopf an der Stirn parabolisch gewölbt mit parallelseitiger Stirnschiene, deren nach innen gerichtete Fortsätze lang sind, und mit deutlicher Ecke vor der Fühlerbucht, welche an der Unterseite einen breiten zapfenförmigen Fortsatz zur Stütze der Antennen entsendet. Fühlerbucht beim Männchen sehr weit und tief; darin ist das grosse, dicke Grundglied der Antennen bis zur Hälfte gelegen. Das zweite ziemlich ebenso lange, aber viel schmälere Glied hat ebenso wie das kürzere dritte eine vorgezogene obere Ecke, die beiden Endglieder etwa gleichlang. Beim Weibchen ist die Fühlerbucht viel flacher, die Antennen fadenförmig, von gewöhnlicher Bildung. Hinter der Fühlerbucht wölbt sich das Auge flach vor und ist mit einem Borstchen besetzt. Die Schläfen sind geradlinig und stark divergent. Die Schläfenecke tritt spitzwinklig hervor, ist aber an der Spitze abgerundet, mit zwei langen Borsten besetzt. Die stumpfwinkligen Hinterhauptsecken tragen je ein Dornspitzchen; das Hinterhaupt ist davon durch eine Einbuchtung abgesetzt, aber in der Mitte convex. An der Stirn stehen zweimal fünf Borstchen. Die Hinterhauptsschiene ist schwärzlich, namentlich an den fleckenartig verbreiterten Seiten; die übrigen Kopfschienen braun.

Der breite, aber kurze Prothorax ist trapezisch mit stark divergirenden Seiten; die gerundet spitzwinkligen Hinterecken mit einer Borste besetzt. Der breitere Metathorax hat gewölbte Seiten, die mit zwei Borsten besetzt sind, und einen in der Mitte winklig abgerundeten Hinterrand. Beide Brustringe haben breite, braune Seitenschienen; von derjenigen des Metathorax geht ein Längsstreif auf das erste Hinterleibssegment. Die Beine sind kurz und dick, zwischen ihnen finden sich an der Sternalseite starke Chitinleisten.

Das Abdomen ist scheibenförmig rund, besonders beim Männchen; die Segmentecken nur schwach angedeutet, in der gewöhnlichen Weise mit Borsten besetzt; die Flächen nackt. Die Suturen sind in der Mitte undeutlich. Beim Weibchen ist das achte mit dem neunten Segmente vereinigt, die Rundung des Körpers abschliessend, in der Mitte des Hinterrandes mit einem breiten

Einschnitte versehen; jederseits davon vier Borsten. Beim Männchen ist das
achte Segment als schwache Protuberanz zwischen dem siebenten und neunten
entwickelt; das letzte breit vorgewölbt, am Hinterrande mit einer Reihe feiner
Borsten besetzt. Der Copulationsapparat reicht mit seinen parallelen Chitinleisten bis zum Thorax hinauf. Die Abdominalschienen sind schmal und
biegen auf den Suturen rechtwinklig um. Die Segmente haben langgestreckte
conische Randflecke von blassgelblicher Färbung, das Endsegment ist einfarbig.

Kopf und Thorax haben eine bräunliche, der Hinterleib eine schmutzig-
weisse Grundfarbe.

		♂ 1,75 mm,		♀ 1,44 mm.
Länge:				
Kopf	0,48	„	0,48	„
Thorax	0,33	„	0,25	„
Abdomen	0,94	„	0,71	„
3. Femur	0,21	„	0,21	„
3. Tibia	0,21	„	0,22	„
Breite:				
Kopf	0,70	„	0,66	„
Prothorax	0,48	„	0,44	„
Metathorax	0,70	„	0,63	„
Abdomen	1,21	„	0,85	„

Diese durch ihre breite Körperform ausgezeichnete Art ist zuerst von
Piaget beschrieben, aber zu *Goniocotes* gestellt worden. Da er auch des
Männchens Erwähnung thut, muss wohl in Bezug auf das letztere eine kleine
Täuschung vorliegen. Piaget's Exemplare stammen von *Goura coronata* her;
auf demselben Wirthe, sowie auf *Goura Victoriae* und auf *Myristicivora bicolor*
sammelte Herr Dr. Meyer eine Anzahl von Exemplaren (Dresdener Museum).

Anmerkung. Giebel erwähnt gelegentlich (Zeitschr. f. ges. Naturwiss.
LII, 1879, p. 475) einen *Gd. longipilosus* n. sp. von *Seleucides alba* unter
den von Meyer gesammelten Arten und fügt hinzu: „Diese durch ihre lange
und dichte Behaarung ausgezeichnete Art ist die erste auf Singvögeln schma-
rotzende". Die in Rede stehende Form gehört jedoch zu — *Colpocephalum*.

Subgenus **Coloceras** m.

Die wenigen hierher gehörigen Arten schmarotzen wie die zuletzt beschriebene Art *(latus)* auf Tauben; sie sind vom Habitus der ächten *Goniodes* und haben in der Verkümmerung der beiden letzten Fühlerglieder beim Männchen ein gemeinsames Merkmal. Dieselben sitzen dem Aussenrande des dritten Gliedes, welches an dieser Stelle etwas ausgerandet ist, auf; das dritte Glied ist entweder in der Längsrichtung der Fühler gestreckt oder etwas nach innen gekrümmt. Das erste Glied ist dick, wenn auch nicht gerade durch besondere Länge ausgezeichnet; dagegen ist das zweite ziemlich lang und schlank, mit dem dritten etwa gleich, zuweilen an der oberen Innenecke mit einem kleinen Fortsatze versehen. Beim Weibchen sind die Fühler normal entwickelt, wie bei *Goniodes*. Die Schläfen- und Hinterhauptsecken treten meist sehr schwach hervor, und dadurch erinnern erstere an viele *Goniocotes*; die letzteren können aber auch abgerundet sein *(C. menadense)*. Die Kopfform ist bei beiden Geschlechtern wenig verschieden. Die Stirnschiene ist stets parallelseitig. Das männliche Hinterleibsende ragt zapfenförmig hervor, wie bei *Goniodes; das* mit dem achten verschmolzene weibliche Endsegment ist abgerundet, am Hinterrande gewöhnlich mit medianem Ausschnitte.

Zu dieser Untergattung gehört die schon von Nitzsch als *damicornis* beschriebene Art von *Columba Palumbus,* welche ich, beiläufig bemerkt, auch einmal von der Haustaube erhalten habe; ferner drei von Piaget beschriebene Formen: *minus (Columba tigrina, risoria, bitorquata* und *domestica),* fasciatum *(Treron vernans)* und *menadense (Macropygia menadensis),* welche Art Piaget, weil ihm das Männchen unbekannt war, zu *Goniocotes* gestellt hat. Diese Arten lassen sich nach folgender Tabelle leicht unterscheiden.

a. Die Hinterhauptsecken abgerundet, das Hinterhaupt tritt nicht zurück.
menadense Piag.

aa. Die Hinterhauptsecken sind scharfwinklig, das Hinterhaupt tritt dagegen zurück.

b. Die Stirn ist ziemlich flach gewölbt; die spitz vorragenden Schläfenecken sind wenig schmäler als das Abdomen. . . . . *fasciatum* Piag.

bb. Die Stirn ist hoch gewölbt; das Abdomen ist bedeutend breiter als der Kopf an den Schläfenecken, welche weniger spitz sind.

c. Kleine Art, Metathorax auf dem Abdomen abgerundet. . . *minus* Piag.

cc. Grosse Art, Metathorax bildet in der Mitte seines Hinterrandes einen Winkel.
damicorne N.

Unter den von Herrn Dr. Meyer gesammelten Arten finden sich zwei hierher gehörige, welche deshalb näher beschrieben werden sollen.

C. fasciatum Piag. ♂ (Taf. II. Fig. 8).

Gonioides fasciatum Piag. p. 673, Pl. LVI, f. 3.

Kopf viel breiter als lang, an der Stirn ziemlich flach gewölbt, mit zweimal sechs Borstchen besetzt. Stirnschiene breit, mit langen schmalen, bis zu den Mundtheilen reichenden inneren Fortsätzen. Vorderecken der Fühlerbucht spitz; die letztere tief. Das dicke Grundglied der Fühler ragt nur wenig daraus hervor, das zweite Glied ist länger und besitzt an der oberen Innenecke keinen Fortsatz (wie bei *damicorae*), sondern zwei kurze Borsten (wie bei *minus*); das dritte ist ein wenig gekrümmt und oben ausgerandet zur Aufnahme der rudimentären Endglieder. Hinter der Fühlerbucht steht ein länglicher, brauner Chitinfleck; das Auge ist flach gewölbt. Die Schläfen sind bis zu den sehr spitzwinkligen und weit vorragenden Schläfenecken etwas ausgeschweift. Letztere ist mit einem Dornspitzchen und einer langen Borste, auf welche nach den Hinterhauptsecken sehr bald eine zweite folgt, besetzt. Von den Schläfenecken verlaufen die Schläfen unter starker Convergenz zu den ebenfalls spitzen und nach hinten vorragenden Hinterhauptsecken, welche ein Dornspitzchen tragen. Das Hinterhaupt ist an den Seiten durch eine Einbuchtung von den Hinterhauptsecken abgesetzt, in der Mitte convex, durch eine rothbraune Chitinschiene verstärkt, welche an der Seite nur schwach gewölbt ist. Der Prothorax ist trapezförmig mit geraden, nicht sehr divergenten Seiten, und einem Borstchen an den Hinterecken. Der breitere Metathorax hat abgerundete Seiten, welche in der Mitte zwei lange Borsten tragen; etwas nach einwärts am Hinterrande stehen jederseits weitere zwei Borsten. Der Hinterrand ist convex.

Die Beine sind lang, namentlich die Schienen, diese sowohl wie die Schenkel mit einzelnen Borsten besetzt; die Klauen lang und dünn.

Das Abdomen ist verkehrt eiförmig, nach hinten verbreitet. Mit Ausnahme derjenigen des ersten Segments treten die abgerundeten Ecken deutlich hervor und sind mit einer oder zwei Borsten besetzt.

Die Seiten der fünf ersten Segmente sind schwach, die des sechsten stärker gewölbt; das siebente und sehr kleine achte sind mit dem neunten

an den Hinterrand gedrängt. Letzteres ist halbkuglig vorgewölbt. Die Seitenschienen sind breit, am oberen Ende etwas nach einwärts gekrümmt und nach
hinten umgebogen, an diesem Theile etwas dunkler gefärbt. Die Schienen
des siebenten Segments haben die Form eines hebräischen Kaph (כ). Vor
den Suturen der Segmente steht eine Reihe sehr feiner Borstchen, nahe den
Seitenschienen ein etwas längeres. Die Färbung ist hell-gelblich, die Kopf-
und Thoraxschienen röthlichbraun, die Seitenschienen des Hinterleibes gelblichbraun.

	Länge		Breite.	
	♂ 1,71	nm.		
Kopf	0,52	„	0,73	nm.
Thorax	0,30	„	0,50	„
Abdomen	0,89	„	0,76	„
3. Femur	0,30	„		
3. Tibia	0,35	„		

Ein Männchen und ein unausgebildetes Weibchen von Herrn Dr. Meyer
auf *Eutryyon terrestris* gesammelt. Piaget's Exemplare stammen von *Treron
vernans* her.

C. menadense Piag. (Taf. II. Fig. 9, 9a, 9b).

Goniocotes menadensis Piag. p. 672, Pl. LV, f. 1.

Kopf länger als breit, vorn halbmondförmig gerundet mit deutlichen
Vorderecken der Fühlerbucht. Stirnschiene sehr breit, aber in Folge der sehr
lichten Färbung wenig deutlich, mit drei oder vier sehr feinen kurzen Härchen
jederseits der Mittellinie. Fühlerbucht tief, ganz besonders beim Männchen.
Bei diesem ist das erste Fühlerglied dick und so lang wie die Bucht, das
zweite wenig länger, aber schlanker, oben schräg abgeschnitten, innen und
aussen mit einigen Härchen besetzt, das dritte ist am Aussenrande convex,
nach innen gekrümmt und am Ende abgestutzt; von den Endgliedern ist das
vierte sehr niedrig und breit, das fünfte schmäler und länger. Die weiblichen
Fühler sind kurz; das zweite Glied ist am längsten, das fünfte ein wenig
länger als das vierte.

Die Schläfen sind ziemlich parallel, namentlich beim Männchen, wo die
Schläfenecken unter einem stumpfen Winkel wenig, wenngleich scharf, vortreten; beim Weibchen sind sie spitzer und ragen bedeutender hervor; in

beiden Geschlechtern mit einem Dornspitzchen und zwei Borsten besetzt. Das Auge tritt nicht vor und ist nur durch ein Borstchen markirt. Von den Schläfenecken gehen die stark convergirenden Schläfen mittelst einer sanften, die Occipitalecken vertretenden Rundung in das schmale, ein wenig concave und weit auf den Prothorax übergreifende Hinterhaupt über. Die Hinterhauptsschiene ist in der Mitte abgerundet und an den Seiten etwas nach vorn gebogen, von brauner Farbe, während die übrigen Kopfschienen sehr hell erscheinen.

Der Prothorax ist trapezisch mit stark divergenten Seiten, die abgerundeten Hinterecken mit einer Borste besetzt. Der breitere Metathorax hat vollständig gewölbte Seiten mit zwei Borsten in der Mitte, und einen schwach convexen Hinterrand, welcher in der Mitte nicht deutlich ist und jederseits näher dem Rande als der Mittellinie noch zwei dicht bei einander stehende Borsten trägt. Der Prothorax hat etwas nach innen von den Seitenrändern eine braune Chitinschiene, welche sich auf den Metathorax fortsetzt. Die Beine sind kurz und dick, die Schienen am distalen Ende verbreitert.

Das Abdomen ist beim Männchen scheibenförmig rund, beim Weibchen eiförmig, an den Seiten schwach gewellt, indem die flach gewölbten Seiten der Segmente durch feine Einkerbungen getrennt sind, ohne Andeutung einer Segmentecke. An den Seiten stehen die gewöhnlichen Borsten. Auf der Fläche stehen zwei mediane und je eine seitliche Borste, die sehr fein sind und leicht abgenutzt werden, daher von Piaget übersehen wurden. Das erste Segment ist nicht länger als die folgenden, das achte beim Weibchen völlig mit dem abgerundeten, an dem ganzrandigen Hinterrande mit vier Borsten besetzten neunten verschmolzen, beim Männchen als schwache Protuberanz zwischen dem siebenten und neunten vorhanden. Das männliche Endsegment ragt halbkuglig hervor und ist am Hinterrande mit vier Borsten besetzt. Der Copulationsapparat steigt mit seinen parallelseitigen Chitinschienen weit nach vorn im Abdomen hinauf. Die Seitenschienen des Hinterleibes sind breite, dünne, hellfarbige Platten, welche an den Innenrändern etwas dicker werden und an den Suturen umbiegen, an letzterer Stelle auch etwas dunkler erscheinen. Beim Weibchen trägt das achte Segment auf der Ventralseite nahe den Seitenschienen jederseits eine schmale im vorderen Theile gerade, im hinteren Theile gebogene Chitinleiste, an welcher zwei lange krallenartige Gebilde ansitzen (Fig. 9b). Die Grundfarbe des Körpers ist ein schmutziges Gelblichweiss.

Länge	♂ 1,69 mm,	♀ 1,87 mm.
Kopf	0,52 „	0,59 „
Thorax	0,26 „	0,26 „
Abdomen	0,91 „	1,02 „
3. Femur	0,25 „	0,25 „
3. Tibia	0,21 „	0,21 „
Breite:		
Kopf	0,51 „	0,58 „
Thorax	0,55 „	0,51 „
Abdomen	0,99 „	0,89 „

Diese höchst charakteristische Form wurde zuerst von Piaget nach einem Weibchen von *Macropygia menadensis* beschrieben und zu *Goniocotes* gestellt. Mir liegen zwei Weibchen und ein Männchen vor, welche Herr Dr. Meyer auf *Macropygia Reinwardti* gesammelt hat. Eine Anzahl von Exemplaren erhielt ich auch von *Macropygia menadensis* durch die Freundlichkeit der Herren Schlüter und Rey; darunter befindet sich ein Weibchen, bei welchem die Vorderecken der Fühlerbucht breit abgerundet sind.

Subgenus **Rhopaloceras** m.

Der Kopf ist mehr oder weniger conisch, die Fühler inseriren sich sehr weit nach vorn und sind in beiden Geschlechtern verschieden; beim Männchen keulenförmig, indem die Glieder von dem langen und dicken Grundgliede an nach dem distalen Ende allmählich dünner werden. Am dritten Gliede ist an Stelle eines eigentlichen Fortsatzes die obere Ecke etwas nach aussen gezogen. Die weiblichen Fühler sind von gewöhnlichem Baue, ziemlich lang mit schlanken Gliedern. Die Schläfenecke liegt stets weiter hinten als die Hinterhauptsecke, ist entweder stilartig verlängert oder unter gänzlichem Verschwinden der Hinterhauptsecke flügelartig ausgebreitet. Die Kopfbildung ist in beiden Geschlechtern wenig verschieden.

Der Metathorax ist bei einigen Arten kaum vom Abdomen abgesetzt und dann fast parallelseitig, viereckig *(aliceps, laticeps)*, bei anderen tritt er mit spitzwinkligen Seiten mehr oder weniger weit seitlich über das Abdomen vor und grenzt sich auch mit dem Hinterrande deutlich von demselben ab. Das erste Abdominalsegment kann sehr kurz sein *(dilatatus, subdilatatus)*.

Die Körperform ist im Allgemeinen langgestreckt, hinten niemals so verbreitert, wie es für *Goniodes* die Regel ist. Das männliche Hinterleibsende ist entweder abgerundet und das letzte Segment wenig vom vorletzten abgesetzt *(dilatatus, subdilatatus)* oder tritt gegen das achte halbkuglig vor *(laticeps, aliceps)* oder ist zweispitzig *(stylifer)*; das weibliche entweder auch zweispitzig *(stylifer, aculeatus, aliceps)* oder breit abgerundet mit seichtem Medianeinschnitte *(dilatatus)*.

Zu dieser Untergattung stelle ich den schon länger bekannten Eckkopf des Pfaues, *stylifer*, ferner *Gd. aculeatus* ♀ Piag. von *Momotus Lessoni* (einem zu den *Picariae* gehörigen Vogel), den zuerst von Rudow, dann genauer von Piaget beschriebenen *Gd. dilatatus (Tinamus variegatus, T. obsoletus, Tetrao cupido)* und den von Letzterem hinzugefügten *Gd. subdilatatus (Tinamus variegatus)*, endlich *Gd. laticeps* Piag. und *aliceps* Gbl., ebenfalls von *Tinamus*-Arten.

Diese wenigen Formen, welche also mit einer Ausnahme (und hier handelt es sich vielleicht auch nur um ein zufälliges Vorkommniss) auf Hühnervögeln leben, werden sich nach folgender Tabelle leicht bestimmen lassen.

a. Hinterhauptsecken deutlich von den Schläfenecken getrennt, letztere reichen aber weit nach hinten.

b. Hinterleibsende in beiden Geschlechtern abgerundet. Drittes Fühlerglied beim Männchen mit etwas vorgezogener oberer Aussenecke. Schläfenecken nur wenig nach hinten verlängert.

c. An der Stirnschiene sechs kleine nach innen gerichtete Fortsätze von gleicher Länge. Kleine Art . . . . *subdilatatum* Piag.

cc. An der Stirnschiene ebenfalls sechs Fortsätze, davon sind die der Mittellinie näher stehenden vier länger und einander mehr genähert als die übrigen. *dilatatum* Gbl.

bb. Hinterleibsende in beiden Geschlechtern zweispitzig. Drittes Fühlerglied beim Männchen ohne Fortsatz. Schläfenecken stilförmig verlängert, bis über die Hälfte oder bis ans Ende des Prothorax nach hinten reichend.

d. Metathorax mit fünf Borsten an den spitzen Hinterecken und in der Mitte spitzwinkligem Hinterrande. Abdomen mit Querflecken. . *styliferum* N.

dd. Metathorax ohne Borsten an dem abgerundeten Hinterrande und zwei Borsten

an den nicht scharfen Ecken. Flecke auf dem Abdomen undeutlich; vor den
Suturen stehen nahe dem Seitenrande jederseits eine Reihe von Stacheln.

aculeatum Piag.

aa. Hinterhauptsecken mit den Schläfenecken zu grossen flügelartigen Fortsätzen
vereinigt. Auf den Seitenschienen der Abdominalsegmente stehen ventral
kammartige Chitinleisten.

e. Am männlichen Hinterleibe tritt das achte Segment gegen das neunte zurück.
letzteres ist hoch gewölbt. . . . . *aliceps* N.

ee. Das achte Segment tritt nicht zurück, das neunte ist breiter und flacher
gewölbt. *laticeps* Piag.

Bemerkungen zu Rh. dilatatum.

Den Artnamen *dilatatum* gab zuerst Rudow (Zeitschr. f. ges. Naturwissensch. XXXV, 1870, p. 479) einem *Goniocotes* von *Tinamus (Rhynchotus)
rufescens*. Von ihm an Giebel gesandte Exemplare wurden von diesem (Ins.
epiz. p. 192) als *Goniodes* beschrieben. Solche und nahe verwandte Formen
lagen auch Piaget vor, welcher die einen davon mit *Gd. dilatatus* identificirt,
die anderen als *Gd. subdilatatus* neu beschreibt. Mehrere mikroskopische Präparate aus dem Hamburger zoologischen Museum (welche offenbar von Rudow
benutzt worden sind), sowie die Handzeichnung Rudow's haben mich gelehrt,
dass in dieser Nomenclatur eine eigenthümliche Verwirrung vorliegt. Rudow
hat nämlich zwei ganz verschiedene Arten vor sich gehabt, scheint dieselben
aber irrthümlicher Weise identificirt zu haben. Was er als *Goniocotes dilatatus*
beschrieben hat, ist wirklich ein *Goniocotes* und kein *Goniodes*, was er aber
an Giebel eingesandt hat, ist kein *Goniocotes*, sondern ein *Goniodes*, und
zwar der nämliche, welchen auch Piaget als *dilatatus* aufführt. Demnach ist
dieser Art nicht Rudow, sondern Giebel als Autor beizusetzen.

Das eine der Hamburger Präparate enthält zwei weibliche Exemplare
dieser Art; der Name ist auf der Etikette nicht angegeben, sondern nur das
Wohnthier *Rhynchotus rufescens*. Das andere Präparat schliesst drei Individuen
ein, welche laut Etikette von *Tinamus rufescens* stammen. Eins davon ist
Gd. dilatatus ♀, die beiden anderen sind männlichen Geschlechts und erweisen
sich dadurch auf den ersten Blick als *Goniocotes*, und zwar als diejenige Art,
welche Rudow als *Gct. dilatatus* beschrieben und auf der mir freundlichst
mitgetheilten Handzeichnung wiedergegeben hat. Da diese beiden *dilatatus*

demnach verschiedenen Gattungen angehören, so könnte der Artname für beide bleiben. Nun hat aber Rudow in seiner Inauguraldissertation (Beitrag zur Kenntniss der Mallophagen oder Pelzfresser, Leipzig 1869, p. 22) einen *Goniocotes rotundatus* beschrieben, welcher gleichfalls auf *Tinamus rufescens* gefunden ist und nach der Beschreibung sich als identisch erweist mit der von ihm später als *dilatatus* beschriebenen Art. Dieselbe muss also den Namen *rotundatus* beibehalten und die Synonymie dieser beiden verwechselten Thiere würde folgende sein.

Goniocotes rotundatus Rud. Diss. inaug. (1869) p. 22. *Gct. dilatatus* Rud. Zeitschrift f. ges. Naturwiss. XXXV. (1870) p. 479.

Goniodes dilatatus Gbl. (non Rud.) Ins. epiz. p. 192 — Piaget. p 258. Pl. XXI. f. 5.

Rhopaloceras dilatatum Tschb.

Die ausführliche Beschreibung nebst Abbildung von *Gct. rotundatus* wird an der betreffenden Stelle folgen.

Diejenigen höchst interessanten Formen unserer Untergattung, welche durch die flügelartig entwickelte Schläfenpartie einen ganz eigenthümlichen Typus repräsentiren und eine Verwechslung mit anderen Formen nicht zulassen, sind bisher nur nach einigen wenigen Exemplaren bekannt.

Nitzsch hat eine Art als *aliceps*, eine andere als *oniscus* aufgeführt und Giebel beschreibt dieselben in seinen Insecta epizoa. Eine dritte Form charakterisirt Piaget als *laticeps*. Derselbe weist auch auf die nahe Verwandtschaft dieser letzteren mit den von Giebel beschriebenen Arten hin, ist aber in Folge der von keiner Abbildung begleiteten ungenügenden Beschreibung nicht im Stande, eine eingehendere Vergleichung anzustellen. Von jeder dieser Formen liegt ein einzelnes Exemplar vor. Nach sorgfältiger Vergleichung der beiden Nitzsch'schen Typen bin ich zu der Annahme gedrängt worden, dass dieselben unter sich identisch, und verschieden von der Piaget'schen Art sind. Diese letztere sowohl wie *aliceps* sind je auf ein Männchen begründet, das einzige Exemplar von *oniscus* dagegen ist ein Weibchen, welches ich für zugehörig zu *aliceps* halte.

Giebel giebt bei *oniscus* gar nicht an, um welches Geschlecht es sich handelt, doch muss man aus folgenden Worten den Schluss ziehen, dass er ein Männchen vor sich gehabt zu haben glaubt, welches er in seiner Monographie mehr als einmal mit dem anderen Geschlechte verwechselt hat. Es heisst bei ihm: „Aus der tiefen Bucht zwischen diesen Seitenlappen (nämlich des achten Segments) ragt das gar nicht abgegrenzte Endglied als langer Kegel weit hervor und endet mit zwei Chitinspitzen, die im Zustande der Ruhe tief zurückgezogen sein werden." An eine Zurückziehbarkeit jener Chitinspitzen (Taf. I. Fig. 5a) ist aber nicht im Entferntesten zu denken. Es sind die nämlichen Gebilde, welche das Hinterleibsende bei *styliferum* bilden; und das vorliegende Exemplar ist ohne jeden Zweifel ein Weibchen, worauf auch die Fühlerbildung hinweist. Jedenfalls müsste man beim Männchen das chitinige Copulationsorgan erkennen.

Was nun die hauptsächlichsten Unterschiede zwischen *aliceps* und *laticeps* anlangt, so beruhen diese auf der Bildung des Hinterleibes. Bei *laticeps* ist das erste Segment parallelseitig und ragt seitlich nicht weiter hervor als der Metathorax, als dessen Fortsetzung es erscheint. Bei *aliceps* hat dasselbe gewölbte Seiten und ist dadurch viel deutlicher vom Metathorax abgesetzt. Ferner ist bei *laticeps* das Hinterleibsende gleichmässig gerundet; es liegt in Folge dessen das achte Segment in gleicher Flucht mit den übrigen und das neunte wölbt sich in der ganzen Breite hervor, welche zwischen den Hinterecken des achten bleibt. Bei *aliceps* dagegen tritt das achte Segment gegen das siebente zurück, so dass zwischen beiden der Seitenrand eingebuchtet ist: ebenso ist das *laticeps* gegenüber schmälere und höher gewölbte neunte Segment durch eine Einbuchtung vom achten getrennt. Bei *laticeps* ist zwischen den beiden letzten Segmenten eine ebenso flache Einkerbung wie zwischen den übrigen Segmenten.

Dies sind die Unterschiede, welche eine Vergleichung zwischen *laticeps* und *aliceps* beim ersten Blicke ergiebt. Weitere geringfügigere Differenzen werden sich aus folgender genaueren Beschreibung von *aliceps* ersehen lassen.

Rhopaloceras aliceps N. (Taf. I. Fig. 5, 5a, 5b).

Goniodes aliceps N. ♂.   Giebel, Ins. epiz. p. 204.
Goniodes miscens N. ♀.   Giebel, ibid. p. 203.

Kopf kegelförmig, vorn stark gewölbt, mit zwei Borsten besetzt, an den Schläfen flügelartig verbreitert, breiter als der übrige Körper. Die Schläfen beim Männchen geradlinig, beim Weibchen schwach convex. Die Fühler sind weit nach vorn eingelenkt, die Fühlerbucht flach, namentlich beim Weibchen, wo der Vorderkopf kaum abgesetzt ist, sondern die Stirn mittelst einer leichten Einbuchtung in die Schläfen übergeht. Die Vorderecken der Fühlerbucht treten nicht spitz hervor. Die Antennen sind beim Männchen keulenförmig: das erste Glied am dicksten und so lang wie die drei folgenden zusammen, an der Basis etwas verschmälert; das schmälere zweite Glied ist fast nur ein Drittel so lang, das dritte etwa gleichlang, aber wieder etwas schmäler, am Ende etwas schräg abgeschnitten (bei *laticeps* tritt die obere Ecke viel deutlicher nach aussen vor); die beiden unter sich ziemlich gleichlangen Endglieder sind zusammen kaum länger als das dritte. Die einzelnen Glieder sind mit mehreren Borsten besetzt. Beim Weibchen sind die Fühler viel kürzer, sie reichen angelegt kaum bis zur Mitte des seitlichen Kopfrandes: das dicke erste Glied ist ein wenig kürzer als das schlankere zweite und von gleicher Länge mit dem dritten, welchem wiederum die beiden untereinander gleichen Endglieder zusammen gleichkommen. Die Augen treten gar nicht über den Kopfrand hervor, sind langgestreckt, liegen dicht hinter der Fühlerbucht und tragen am Hinterende ein kurzes Borstchen. An den Schläfen stehen ausserdem noch zwei ebensolche. Die abgerundeten Schläfenecken tragen eine kurze und eine längere Borste. Auf der Fläche finden sich ausserdem noch zwei solche hinter der Stirn und je eine seitlich von den Mundwerkzeugen. Von den Schläfenecken aus bilden die Schläfen eine abgerundete Verbreiterung bis zum Hinterhaupte, welche beim Weibchen die ganzen Seiten des Prothorax, beim Männchen nur die Vorderecken desselben bedeckt. Am hinteren Schläfenrande stehen zwei lange Borsten. Das schmale Hinterhaupt tritt in Folge der mächtigen Entwicklung der Schläfen ausserordentlich weit zurück. Die Hinterhauptsschiene ist in der Mitte abgerundet, an den Seiten nach vorn gebogen, braun und an den Enden besonders dunkel fleckenartig verbreitert. Die Schläfenschienen sind wellenförmig; die Stirnschienen schmal mit am Ende abgestutzten und hier dunkler gefärbten inneren Fortsätzen. Beim Weibchen bemerke ich gar keine Seitenschienen, ein Umstand, welchen ich aber bestimmt dem schlechten Erhaltungszustande des sehr alten, lange Zeit in schlechtem Spiritus conservirten Exemplares zuschreiben zu müssen glaube. Der Prothorax ist trapezförmig mit sehr stark divergirenden, etwas ausgeschweiften Seiten, spitzen, mit einer Borste besetzten Hinterecken und

einem schwach abgerundeten Hinterrande. Die braunen Seitenschienen sind
etwas nach innen vom Seitenrande gerückt, diesem nicht parallel, entsenden
von den Hinterecken eine Schiene schräg nach innen, welche sich mit derjenigen der anderen Seite in der Mittellinie nicht berührt. Der Metathorax
ist kürzer und an den Vorderecken nicht breiter als der Prothorax; die geraden
Seiten divergiren wenig; die Hinterecken sind abgerundet und mit einer langen
Borste besetzt, zwei andere solche stehen an den Seiten des Metathorax in
der vorderen Hälfte, und je eine am Hinterrande nahe den Ecken und davor
je eine auf der dorsalen Fläche. Der Hinterrand ist nur an den Seiten
sichtbar, in der Mitte ist der Metathorax gar nicht vom ersten Hinterleibssegmente geschieden. Die Chitinschienen des Prothorax setzen sich auf den
Metathorax und sogar ein Stück auf das Abdomen fort und biegen sich an
der Grenze beider nach innen um. In der Mittellinie der Ventralseite des
Thorax stehen zwischen den Hüften des zweiten und dritten Beinpaares zahlreiche straffe Borsten. Von den Beinen sind die beiden ersten Paare verhältnissmässig kurz, das erste vom grossen Kopfe bedeckt, das dritte Paar
dagegen um so kräftiger mit besonders langen parallelseitigen Schienen. Letztere
sind innen und aussen mit Chitinschienen belegt und mit zahlreichen Borsten
besetzt. Die Klauen sind sehr lang, wenig gebogen.

Das Abdomen ist lang eiförmig, nach hinten wenig verbreitert, beim
Weibchen etwas mehr als beim Männchen. Die Ränder sind an den abgerundeten Segmentecken etwas eingebuchtet, und zwar beim Weibchen noch
schwächer als beim Männchen. An den Segmentecken stehen die gewöhnlichen
Borsten; am siebenten und beim Weibchen auch am achten ein ganzes Büschel
solcher. Die Segmente tragen ferner auf den Flächen vor den Suturen eine
ganze Reihe straffer Borsten und je eine im Bereiche der Seitenschienen.
Diese sind breite, braune Lamellen, von denen jede dorsal mit dem zweilappigen Hinterrande die Basis des nächstfolgenden überdeckt. Der innere
der beiden Lappen ist viel schmäler und zugespitzt, von dem breiteren äusseren
durch eine tiefe Einbuchtung getrennt, in letzterer steht die erwähnte Seitenborste. Auf den letzten Segmenten sind die Seitenschienen nicht so breit und
in gewöhnlicher Weise als Säume der Ränder ausgebildet. Die Schienen von
Segment 2—6 sind auf der Ventralseite vor den Suturen mit einer etwas
bogenförmigen Reihe von conischen Chitinstacheln besetzt, welche wie die

Zinken eines engen Kammes dicht nebeneinander stehen, von der Mitte nach den Seiten etwas an Länge, und auf dem sechsten Segmente bedeutend in der Anzahl abnehmen (Fig. 5b). Beim Weibchen stehen diese Kämme auf Segment 1—5, haben zahlreichere und wenigstens auf dem ersten spitzere Stacheln. Diese Gebilde erinnern am meisten an die sog. Ktenidien, welche auf dem Rücken verschiedener Flöhe vorkommen. Uebrigens kommen in der Anzahl dieser Stacheln gewisse Unregelmässigkeiten vor, indem sie auf beiden Seiten eines Segments nicht dieselbe zu sein braucht; so zähle ich beim Weibchen auf dem ersten Segmente links 29, rechts nur 25, auf den beiden folgenden Segmenten jederseits 20, auf dem vierten je 17 und auf dem fünften rechts 9, links 8, welche viel dicker und stumpfer als auf den ersten Segmenten sind.

Bei *laticeps* stehen solche Kämme auf dem zweiten bis siebenten Segmente; die grösste Anzahl von Zähnen in einem beläuft sich auf 15, die geringste auf 3; sie nehmen von vorn nach hinten an Länge zu. Die Bildung des Hinterleibsendes ist für das Männchen schon oben hervorgehoben worden; vom Weibchen ist noch zu erwähnen, dass das achte Segment mit dem neunten völlig verschmolzen ist und beide die zweispitzige Hervorragung bilden. Der männliche Copulationsapparat ist sehr lang und besteht aus zwei parallelen Chitinschienen, die bis zu den ersten Hinterleibssegmenten heraufreichen, und am anderen Ende zwei zangenförmige Gebilde tragen, zwischen denen der keulenförmige Penis hervorragt. Bei dem vorliegenden Exemplare sind dieselben nach aussen vorgestreckt und in unserer Figur wiedergegeben.

Die Grundfarbe ist schmutzigweiss, die Chitinschienen braun; ob Flecke auf dem Abdomen stehen, lässt sich nach den alten Exemplaren nicht angeben.

	♂ 5,20 mm,	♀ 5,27 mm.
Länge		
Kopf	1,27 „	1,35 „
Thorax	1,18 „	0,98 „
Abdomen	2,75 „	2,94 „
3. Femur	0,94 „	1,23 „
3. Tibia	1,30 „	1,50 „
Breite:		
Kopf	2,43 „	2,39 „
Thorax	1,75 „	1,77 „
Abdomen	2,06 „	2,13 „

54 Dr. O. Taschenberg.

Das Männchen *(aliceps)* wurde auf *Crypturus macrurus,* das Weibchen *(oniscus)* auf *Crypturus tao* gefunden. (*R. laticeps* stammt von *Tinamus julius* her.)

Der von Giebel erwähnte, auch auf *Crypturus tao* gesammelte *Goniocotes longipes* (Ins. epiz. p. 190) ist nichts Anderes, als ein zu *aliceps* gehöriges ganz jugendliches Individuum (♀). Auf dem Abdomen sind die Stachelkämme noch nicht entwickelt.

Strongylocotes m.

Während die Arten des Subgenus *Rhopaloceras* in der mächtigen Entwickelung der Schläfenecken eine gemeinsame Eigenthümlichkeit besassen, ist bei dieser Gattung gerade umgekehrt der Charakter der Eckköpfe völlig verloren gegangen, indem Schläfen- und Hinterhauptsecken abgerundet sind. Davon macht nur das Weibchen einer Art *(excavatus)* eine Ausnahme; hier sind wenigstens die Schläfenecken winklig. Die Fühler sind, wieder mit Ausnahme der letzterwähnten Art, in beiden Geschlechtern gleich, ohne Fortsatz am dritten Gliede des Männchens. Die Stirn, welche bei *Goniodes* höchstens eine halbkreisförmige Rundung besass, ist hier entweder hoch gewölbt oder stumpf kegelförmig. Die Vorderecken der Fühlerbucht springen meist weit hervor, ähnlich wie bei *Nirmus* u. a. Gattungen. Eine besondere Eigenthümlichkeit besteht in der Ausbildung des ersten Abdominalsegments. Dasselbe ist sehr wenig entwickelt und tritt niemals an den Seitenrand des Hinterleibes in gleiche Flucht mit den übrigen. Entweder ist es auf der Rückenfläche nur durch Suturen angedeutet, welche noch nicht einmal in der Mitte vollständig zu sein brauchen *(setosus)*, oder es ist vollständig mit dem zweiten verschmolzen resp. ausgefallen *(complanatus)*, oder es ist in Form von zwei Chitinplatten schuppenartig dem zweiten aufgelagert (bei Formen, welche man unter das Subgenus *Lepidophorus* zusammenfassen könnte). Das zweite Segment ist meist von bedeutender Länge, es kann ziemlich dreimal so lang wie jedes der folgenden sein. Ueber die Bildung des Endsegments lässt sich im Allgemeinen nichts Bestimmtes sagen, weil die Arten meist nur in einem Geschlechte bisher bekannt sind.

Es gehören hierher nach unseren jetzigen Kenntnissen ausschliesslich auf Arten der zu den Hühnervögeln gehörigen Familie der *Crypturidae* lebende Formen, und zwar sind bisher von Piaget vier Arten beschrieben: *spinosus* (*Tinamus julius*), *complanatus* (*T. obsoletus*), *setosus* (*T. variegatus*) und *ex-cavatus* (*T. canus*). Einige andere bereits von Nitzsch gesammelte gehören ebenfalls hierher, liegen mir aber leider meist in so unbrauchbaren Exemplaren vor, dass sie zu einer genauen Beschreibung oder gar Abbildung unmöglich verwerthbar waren, endlich werde ich eine Art hier zum ersten Male beschreiben.

Diejenigen Arten, welche genauer bekannt sind, lassen sich in folgender Bestimmungstabelle übersichtlich zusammenstellen.

    a. Erstes Abdominalsegment ganz mit dem zweiten verschmolzen oder durch Suturen auf der Rückenfläche bemerkbar, an den Seiten nicht vortretend. Zweites Segment von bedeutender Länge. *(Strongylocotes* s. str.)

    b. Stirn hoch gewölbt, Vorderecken der Fühlerbucht nicht besonders entwickelt. Seiten des Metathorax abgerundet. . . . . *setosus* Piag.

    bb. Stirn stumpf kegelförmig. Vorderecken der Fühlerbucht stark ausgebildet.

    c. Stirn vorn abgerundet. Vorderecken des Prothorax nicht vortretend. Erstes Abdominalsegment durch eine convexe Sutur auf dem zweiten angedeutet. *spinosus* Piag.

    cc. Stirn vorn abgestutzt. Vorderecken des Prothorax spitz vortretend. Erstes Abdominalsegment ganz mit dem zweiten verschmolzen. *complanatus* Piag.

    aa. Erstes Abdominalsegment in Form zweier Chitinplatten entwickelt, welche dem zweiten aufliegen. *(Lipidophorus.)*

    d. Kopf an der Stirn flach gewölbt; beim Männchen an den Schläfen gerundet, hinter den Fühlern mit tiefer Ausbuchtung; beim Weibchen trapezförmig, ganzrandig, mit deutlichen Schläfenecken. Fühler beim Männchen mit verdicktem Grundgliede und ausgezogener Ecke des dritten Gliedes, beim Weibchen kürzer, einfach fadenförmig. . . . . *excavatus* Piag.

    dd. Kopf conisch, ohne Ausbuchtung.

    e. Seiten des Metathorax in der Mitte winklig vortretend. Kopf nach vorn sehr verlängert und zugespitzt. . . . . *agonus* N.

    ee. Seiten des Metathorax flügelartig vortretend. Kopf kürzer. *coniceps* m.

1) Erstes Abdominalsegment nicht gesondert oder nur durch Suturen auf dem zweiten angedeutet; zweites sehr lang. *(Strongylocotes* s. str.)

Bemerkungen zu **Str. complanatus** Piag.

(Taf. I. Fig. 7.)

Diese Art hat Piaget nur nach weiblichen Exemplaren beschreiben können; ein in meinem Besitze befindliches Männchen giebt mir Gelegenheit, die Beschreibung zu ergänzen. Bei einer in der allgemeinen Körperform und auch sonst hervortretenden Uebereinstimmung ergeben sich einige geschlechtliche Verschiedenheiten.

An den Antennen ist das zweite Glied auffallend lang: das erste überragt etwas die lange spitze Vorderecke der Fühlergrube, das zweite ist doppelt so lang und wenig kürzer als die drei folgenden zusammen, von denen das dritte etwas länger ist als die unter sich ziemlich gleich langen Endglieder. An den Schläfen findet sich ausser den drei von Piaget beschriebenen kleinen Stachelspitzen jederseits eine lange Borste, welche zwischen der zweiten und dritten der ersteren steht.

Der Hinterrand des Metathorax ist nur an den Seiten deutlich. Die Andeutung des ersten Abdominalsegments finde ich ebenso, wie sie Piaget bei *setosus* darstellt, während er bei *complanatus* keine Andeutung eines selbstständigen ersten Segments erkannte. Man sieht nämlich auf dem sehr langen zweiten Segmente eine nur in der Mitte nicht deutliche Sutur, durch welche ein viereckiger Raum mit nach hinten convergirenden Seiten markirt ist. Die beiden letzten Abdominalsegmente sind nicht, wie beim Weibchen, verschmolzen, sondern das neunte ist selbstständig und wird vom achten vollständig eingeschlossen, dasselbe nicht überragend. Der beborstete Hinterrand ist in der Mitte sehr flach ausgebuchtet. Der Hinterrand des achten Segments ist mit zahlreichen langen Borsten besetzt. Der Copulationsapparat ist schmal und schwach entwickelt, ähnlich wie bei *spinosus*. Beim Weibchen ist das siebente und noch mehr das vereinigte achte und neunte Segment länger und an den Seiten mehr gerundet als die vier vorhergehenden.

Länge	♂ 2,79 mm.	Breite	
Kopf	0,79 „	0,66	mm.
Thorax	0,60 „	0,76	„
Abdomen	1,40 „	1,23	„
3. Femur	0,41 „		
3. Tibia	0.41 „		

Während Piaget diese Art auf *Tinamus obsoletus* fand, stammt das mir vorliegende Exemplar von *Tinamus variegatus*, von welchem Piaget *Str. setosus* sammelte.

Einen *Str. spinosus* Piag. ♂, von Piaget von *Tinamus julius* beschrieben, sammelte ich auf einem trockenen Balge von *Tinamus robustus* zusammen mit den oben beschriebenen *Goniodes parvulus* m. Einige Abweichungen von der Beschreibung Piaget's sollen nicht unerwähnt bleiben.

An den Schläfen finde ich ausser den drei von Piaget erwähnten Stacheln noch zwei lange Borsten, die eine zwischen dem ersten und zweiten, die andere zwischen dem zweiten und dritten Stachel. An der Stirn stehen jederseits fünf Borsten, die beiden der Mittellinie am nächsten befindlichen näher bei einander, als die durch gleiche Abstände getrennten übrigen. Die Hinterecken des Prothorax sind nicht so spitz, wie sie Piaget zeichnet, und vom Vorderrande des Metathorax durch eine kleine Lücke getrennt. Auch an letzterem finde ich die Hinterecken abgerundeter und nicht so weit nach hinten gelegen, wie es nach der Piaget'schen Zeichnung erscheint.

Zwischen dem einen spitzen Winkel in der Mitte bildenden Hinterrande des Metathorax und der convexen Sutur, durch welche auf dem zweiten Segmente des Abdomens das erste angedeutet wird, sind ein Paar zugespitzt eiförmige Chitinplatten bemerkbar, welche an die gleichen Gebilde bei den von mir als *Lepidophorus* zusammengefassten Formen erinnern, nur dass sie in der Mittellinie nicht aneinander stossen.

Auf jedem Hinterleibssegmente stehen zwei kleine mediane und je eine sehr straffe und lange seitliche Borste. Auch am Hinterrande des Metathorax bemerke ich ein Paar kurze Borstchen.

Die angeführten Differenzen zwischen meinen Angaben und denjenigen Piaget's dürften schwerlich auf verschiedene Arten hinweisen; sie haben wohl nur in dem Erhaltungszustande, vielleicht auch im Alter der beiden einzelnen von uns untersuchten Exemplare ihren Grund.

Die Vermuthung Piaget's, dass *complanatus* mit *Goniodes lipogonus* N. von *Crypturus rufescens* identisch sein könne, trifft nicht zu. Die von Giebel (Ins. epiz. p. 203, Taf. XIII, f. 5) beschriebene Art steht vielmehr dem *Str. setosus* sehr nahe, ist möglichenfalls sogar das zugehörige

Männchen. Leider liegen mir nur zwei Exemplare dieses Geschlechts vor
(nach Giebel sind es Weibchen), welche sich noch dazu in einem sehr
schlechten Erhaltungszustande befinden, so dass ich keine endgiltige Entscheidung
über die Zugehörigkeit zu *setosus* wagen darf. Ich gebe nachstehend eine
Beschreibung von *lipogonus*, soweit es bei dem Erhaltungszustande überhaupt
möglich ist, und habe auch auf Taf. I. Fig. 9 eine Skizze davon entworfen.

Kopf so lang wie breit, an der Stirn hoch gewölbt mit breiter,
parallelseitiger Stirnleiste, welche sich vor der Fühlerbucht ein wenig nach
innen umbiegt. Die Stirn ist mit zweimal fünf Borsten besetzt, von denen
je vier nahe der Mitte, die fünfte nahe der trabekelartig vorspringenden
Vorderecke der Fühlerbucht steht. Die letztere ist flach. Die Fühler sind
mittellang mit cylindrischen Gliedern, von denen das zweite bedeutend länger
als das erste und so lang wie die drei folgenden zusammen ist; letztere sind
untereinander gleichlang. Das vorgewölbte Auge ist mit einer Borste besetzt.
Die Schläfen divergiren sehr wenig und sind schwach convex: die Schläfenecke
vollständig abgerundet; das Hinterhaupt tritt etwas zurück. An den Schläfen
sind die Ansatzstellen für vier Borsten bemerkbar. Die Schläfenschiene ist
parallelseitig, hinter dem Auge mit einer abgerundeten geringen Verbreiterung
beginnend. Der Prothorax ist an seiner Basis von dem Hinterkopfe bedeckt,
die Seiten sind fast parallel, die Hinterecken spitz, mit einer Borste besetzt.
Der Metathorax ist bedeutend breiter, die Seiten sind gewölbt und erreichen
ihre grösste Breite etwas hinter der Mitte, wo zwei Borsten ansitzen. Den
Hinterrand kann ich in der Mitte nicht deutlich erkennen. Die Beine sind
mässig lang, die Schienen etwas länger als die Schenkel und am Innenrande
etwas convex. Der Hinterleib ist eiförmig; die Segmentecken sind deutlich,
mit Borsten besetzt. Das erste Segment ist ebenso entwickelt wie bei *setosus*,
d. h. auf dem sehr langen zweiten Segmente ist durch eine in der Mitte nicht
deutliche Naht ein viereckiger Raum mit nach hinten convergirenden Seiten
abgegrenzt. Die Seiten der ersten Segmente sind fast gerade, die der letzten
etwas gewölbt. Das neunte Segment ist vom achten eingeschlossen, ohne dasselbe zu überragen, ist am Hinterrande abgerundet und mit zahlreichen Borsten
besetzt. Der Copulationsapparat ist wie bei den verwandten Arten schmal,
reicht aber bis zum zweiten Segmente hinauf. Die Seitenschienen sind ziemlich
breit und verbreitern sich an den Suturen, wo sie auch etwas dunkler gefärbt

sind. Die Grundfarbe des Abdomens ist gelbbraun, die Schienen dunkler, Kopf und Thorax rothbraun. Flecke lassen sich bei dem schlechten Erhaltungszustande nicht erkennen.

Länge	3,65 mm.	Breite
Kopf	0,96 „	1,01 mm.
Thorax	0,63 „	1,06 „
Abdomen	2,06 „	1,56 „
3. Femur	0,44 „	
3. Tibia	0,50 „	

Das einzige Exemplar von der als *Goniocotes alienus* Gbl. (Ins. epiz. p. 191) beschriebenen Art ist leider in einem so schlechten Erhaltungszustande (es ist in drei Stücke zerbrochen), dass eine genaue Beschreibung davon zu geben unmöglich ist. Nur das eine will ich hervorheben, dass dieselbe nicht zu *Goniocotes*, sondern zu dem in Rede stehenden Formenkreise gehört. Die Stirn ist hochgewölbt, die Schläfenecken völlig abgerundet, die Vorderecken der Fühlerbucht lang und spitz. Der Prothorax ist lang mit deutlich vortretenden Hinterecken, der Metathorax flügelartig verbreitert (ähnlich wie bei *setosus*), seine Vorderecken ragen weit vor und die Seiten convergiren nach hinten.

Länge	♂ 2,68 mm.	Breite
Kopf	0,75 „	0,78 mm.
Thorax	0,56 „	0,87 „
Abdomen	1,37 „	?

Das vorliegende Exemplar ist ein Männchen und stammt von *Crypturus macrorus* her.

Hier reiht sich wahrscheinlich noch eine andere Art, welche ebenfalls auf einem *Crypturus* gefunden ist, nämlich der von Giebel als *Goniocotes elopeiceps* Gbl. (Ins. epiz. p. 190) beschriebene Federling an. Leider gilt von dem Erhaltungszustande des einzigen Exemplars dasselbe wie von voriger Art: es ist in zwei Stücke zerfallen und auch sonst sehr mitgenommen. Wenn ich es mit einigen Worten zu charakterisiren versuche, so kann es selbstverständlich nur in der Absicht geschehen, auf diese Form aufmerksam zu machen und, falls sie sich einmal wieder finden sollte, den alten Namen für sie zu bewahren.

Der Kopf ist breiter als lang, die Stirn flach gewölbt, in der Mitte mit einer sehr flachen Einsenkung, in welcher sich die sonst sehr schmale Stirnschiene etwas verbreitert. Die inneren Fortsätze derselben sind sehr kurz, schmal und nach hinten gerichtet. Die Vorderecken der Fühlerbucht spitz. Die Fühler sind sehr weit vorn eingelenkt und bestehen aus cylindrischen Gliedern, von denen das zweite das längste, das vierte das kürzeste ist; das fünfte ist doppelt so lang wie das vierte. Die Fühlerbucht ist sehr seicht. Das Auge ist schwach vorgewölbt. Die Schläfen sind geradlinig und divergirend, die Schläfenecken stumpfspitzig und liegen mit dem geraden Hinterhaupte fast in einer Linie, während eine Hinterhauptsecke nicht einmal angedeutet ist. Von der Behaarung ist nichts erhalten.

Diese Bildung des Kopfes erinnert ausserordentlich an das Weibchen von *excavatus* Piag., auf welchen wir bei der Beschreibung von *agonus* zurückkommen.

Der Prothorax ist trapezförmig mit schwach divergirenden Seiten und abgerundeten Hinterecken; der Metathorax bedeutend breiter. Er tritt mit seinen sanft gewölbten divergirenden Seiten und abgerundeten Ecken flügelartig über Prothorax und Abdomen vor (ähnlich wie es bei voriger Art, sowie bei *Str. spinosus* und *Rhopaloceras dilatatus* der Fall ist). An den Ecken sind die Ansatzstellen für zwei Borsten bemerkbar. Die Form des Hinterrandes entzieht sich der Beobachtung. Das erste Abdominalsegment ist wiederum nur auf der dorsalen Fläche durch Nähte umgrenzt, das zweite dagegen ausserordentlich entwickelt. Das Abdomen bildet ein Oval, die Ränder sind gekerbt, die Segmentecken treten deutlich hervor und zeigen Ansatzstellen von Borsten. Das Hinterleibsende ist zweispitzig und deutet ebenso wie die Bildung der Fühler ein weibliches Exemplar an. Giebel hält es für männlich und beschreibt: „aus dem letzten abgerundeten Segmente ragt der Penis hervor".

An den Beinen sind die Schienen so lang wie die Schenkel, aber viel schlanker und parallelseitig, die Klauen lang und dünn.

Länge	1,76 mm.	Breite
Kopf	0,52 „	0,87 mm.
Thorax	0,37 „	0,62 „
Abdomen	0,87 „	0,77 „

Auf *Crypturus cinereus* im Hallischen Museum.

2) Das erste Abdominalsegment ist in Form von zwei Chitinplatten dem zweiten aufgelagert. (*Lepidophorus*).

Die zu dieser Abtheilung gehörigen Formen schliessen sich aufs Engste an
die zuletzt besprochenen an. Sie haben mit denselben den abgerundeten Hinterkopf und die schwache Ausbildung des ersten Abdominalsegments gemeinsam.
Das letztere nimmt jedoch hier einen ganz besonderen Charakter an. Es liegen
nämlich zu beiden Seiten des in der Mitte winklig vortretenden Hinterrandes
des Metathorax zwei Chitinplatten, welche das erste Abdominalsegment repräsentiren. Es sind dieselben Gebilde, welche Giebel mit rudimentären Flügeln
vergleicht, und die auch Piaget beschreibt, ohne ihnen die von uns gegebene
Deutung beizulegen. Beide Autoren lassen das erste Hinterleibssegment sehr
klein sein und erhalten so die gewöhnliche Anzahl von Abdominalringen. Was
Giebel zweites Segment nennt, ist entschieden nichts Anderes, als die hintere
Partie seines ersten Segments, welches vom folgenden etwas gedeckt wird,
und Piaget hat sich in ähnlicher Weise täuschen lassen. Er beschreibt auf
den Suturen braune Querschienen, welche jedoch zwischen Segment 1 und 2
fehlen sollen. Dies wäre ein sehr eigenthümliches Verhalten, welches sich
meiner Ansicht nach vielmehr so erklärt, dass die von Piaget als zwei
Segmente beschriebenen Abschnitte einem einzigen und zwar dem von ihm
als ersten bezeichneten angehören. Auf diese Weise würden wir aber nur
acht Segmente erhalten. Ich glaube nicht irre zu gehen, wenn ich die erwähnten Chitinplatten als Repräsentanten des ersten Segments in Anspruch
nehme. Wir haben dann eine vollkommenere Ausbildung desselben vor uns
als bei den zuletzt beschriebenen Arten, wo das erste Segment nur unvoll-
kommen durch eine Naht vom zweiten abgetrennt war.

Str. agonus N. ♀ (Taf. I. Fig. 6).

Goniocotes agonus N., Gbl. Ins. epiz. p. 190.

Die Form des Kopfes ist conisch; die Stirn hoch gewölbt und schmal,
die Stirnschiene schmal und parallelseitig mit sehr kurzen, schmalen inneren
Fortsätzen. An der Stirn stehen zweimal drei feine Borsten. Die Fühler
inseriren sehr weit vorn, an der Unterseite des Kopfes, der Seitenrand darüber
ist sehr schwach ausgebuchtet. Die Fühler sind sehr kurz, nur ein Drittel
so lang wie der Kopf; die beiden ersten Glieder sind gleich lang, das dritte

wenig kürzer und gleichlang mit dem fünften; das vierte am kürzesten. Das
Auge tritt gar nicht hervor. Die Schläfen sind sehr lang, geradlinig und
stark divergirend, mit zwei feinen Borsten besetzt. Die abgerundeten, ziemlich
weit nach hinten reichenden Schläfenecken tragen nahe bei einander zwei,
etwas weiter davon entfernt eine dritte Borste. Das sehr schmale Hinterhaupt
tritt sehr weit zurück.

Der trapezförmige Prothorax wird an den Seiten zu zwei Drittel vom
Hinterkopfe bedeckt und ist nur an den spitzen, mit einer Borste besetzten
Hinterecken frei. Der viel breitere Metathorax ist siebeneckig; Vorder- und
Hinterecken der Seiten sind abgerundet; die Mitte tritt als breiteste Stelle
unter einem Winkel vor und trägt zwei Borsten und der Hinterrand bildet in
der Mitte ebenfalls einen Winkel. Am Hinterrande stehen jederseits noch
drei Borsten.

Die Beine sind sehr kurz, die Schienen mit convexer Innenseite.

Das Abdomen ist eiförmig, vorn am breitesten, nach hinten allmählich
verschmälert. Die Seiten sind gerundet, an den fast rechtwinkligen, aber
durchaus nicht vortretenden Segmentecken sehr schwach eingekerbt, die letzteren
mit ein oder zwei Borsten besetzt. Die Seiten sind sehr schwach convex, die
des längsten zweiten stärker gewölbt. Das erste Segment wird gebildet von
zwei oblongen Chitinplatten, welche sich an den in der Mitte spitz vortretenden
Hinterrand des Metathorax dicht anlegen und sich in der Mittellinie berühren.
Das achte Segment ist mit dem neunten verschmolzen; dieses halbkuglig vorgewölbt, in der Mitte mit einem flachen Ausschnitte versehen und an den
Rändern reich beborstet. Gegen das siebente ist das vereinigte Endsegment
durch eine in der Mitte winklige Naht abgegrenzt, während die übrigen Suturen geradlinig sind. Die Seitenschienen sind breite, rechteckige Platten,
welche in der Mitte des Hinterleibes nur einen schmalen Raum freilassen, an
den beiden letzten Segmenten sich sogar mit den entsprechenden der anderen
Seite berühren. Die vorhergehenden greifen, namentlich an den ersten Segmenten, mit ihren Hinterrändern etwas über die nächstfolgenden über, so dass
diese Stellen dunkler erscheinen. Am Hinterrande jeder Seitenschiene steht
ziemlich weit nach innen eine Borste.

Die Grundfarbe ist gelbbraun, der Thorax und die Seitenschienen des
Hinterleibes sind dunkler braun.

Länge	♀ 2,69 mm.	Breite
Kopf	0,69 „	{ 0,83 mm (an den Schläfen). { 0,35 „ (vor den Fühlern).
Thorax	0,44 „	0,75 „
Abdomen	1,56 „	{ 1,00 „ (am zweiten, { 0,64 „ am siebenten Segmente).
3. Femur	0,25 „	
3. Tibia	0,25 „	

Auf *Crypturus tao*; in zwei weiblichen Exemplaren im Hallischen Museum.

Str. coniceps m. (Taf. I. Fig. 8).

Diese Art begründe ich auf ein einzelnes Männchen aus der Sammlung der k. Thierarzeneischule zu Berlin. Sie gehört in die nächste Verwandtschaft von *agonus* N.

Der Kopf ist conisch, viel niedriger als bei voriger Art; die Stirn ist hutartig gewölbt, mit einigen Borsten besetzt, die Stirnschiene ausserordentlich schmal mit zwei nahe der Mittellinie gelegenen langen, schmalen Fortsätzen nach innen, ausser den gewöhnlichen vor der Antennengrube gelegenen. Letztere ist nicht tief, aber deutlicher als bei *agonus*. Die Fühler stehen nicht so weit vorn, wie bei *agonus*, aber auch vor der Mitte, sie sind kurz und dünn; das erste und zweite Glied ungefähr gleichlang, die beiden folgenden unter sich gleich, kürzer, das fünfte wieder länger. Augen nicht vortretend. Die Schläfen geradlinig, stark divergirend; die schmale Schläfenschiene bald hinter den Fühlern mit einem knopfförmigen Anhange. Die Schläfenecken sind abgerundet, gehen aber nach vorn unter einem stumpfen Winkel in die Schläfen über. An dieser Stelle stehen zwei, viel weiter hinten eine dritte Borste. Das schmale Hinterhaupt tritt weit zurück und ist durch eine braune Schiene verstärkt.

Der Prothorax ist hexagonal, indem die Seiten in der Mitte unter einem spitzen Winkel vorspringen und hier eine Borste tragen, während Vorder- und Hinterecken abgerundet sind. An den Seiten wird er zur Hälfte vom Hinterkopfe bedeckt. Der Metathorax ist viel breiter, so breit wie der Kopf an den Schläfenecken; verkehrt trapezförmig mit lappig vortretenden

Seiten und ausgeschweiftem Vorderrande. An der breitesten Stelle stehen zwei Borsten, dahinter noch zwei andere jederseits. Die Beine sind kurz, die Schenkel nicht länger als die ziemlich dicken Schienen.

Das Abdomen ist kegelförmig, an der Basis am breitesten, nach hinten zugespitzt. Die Seiten sind an den abgerundeten Segmentecken flach gekerbt, diese mit ein oder zwei Borsten besetzt. Das erste Segment wird gebildet von zwei dicht aneinander liegenden, an den Hinterrand des Metathorax angrenzenden, mehr oder weniger viereckigen Chitinplatten. Das zweite, die folgenden etwas an Länge übertreffende Segment hat abgerundete Vorderecken. Das kleine achte Segment bildet zwischen dem siebenten und neunten längliche Protuberanzen; das neunte ragt etwas darüber hinaus, ist an den Seiten gerundet, am Hinterrande abgestutzt und mit einem sehr unbedeutenden medianen Einschnitte versehen, jederseits davon stehen eine Anzahl Borstchen.

Der kurze Copulationsapparat endigt mit zwei nach hinten convergirenden Chitinstäbchen. Die Seitenschienen sind, ähnlich wie bei *agonus*, breite gelbbraune Platten, im Allgemeinen viereckig, an der Innenseite schwach ausgeschweift, am unteren Winkel der letzteren steht je eine Borste.

Die Grundfarbe des Hinterleibes ist schmutzigweiss, die Seitenschienen wie der übrige Körper gelbbraun.

	Länge	♂ 1,76 mm.	Breite	
Kopf	0,48	„	0,66	mm.
Thorax	0,30	„	0,68	„
Abdomen	0,98	„	0,91	„
3. Femur	0,19	„		
3. Tibia	0,19	„		

Auf *Tinamus variegatus.*

Goniocotes Burm.

Diese mit *Goniodes* nahe verwandte und nur an der bei beiden Geschlechtern gleichen Ausbildung der Fühler mit Sicherheit davon zu unterscheidende Gattung umfasst zum grösseren Theil kleine Arten, welche auch vielfach durch ihren Habitus sogleich als zusammengehörig erkannt und oft schwer von einander unterschieden werden. Erst durch Piaget sind einige grössere Arten beschrieben worden, welche ich noch um mehrere vermehren kann. Diese ähneln in hohem Grade den *Goniodes* s. str. und würden ohne Kenntniss der Männchen sehr leicht für dieser Gattung zugehörig gelten können. Namentlich sind es die weit vorragenden spitzen Schläfenecken, welche zu derselben hinführen. Aber auch unter den kleineren Formen werde ich eine Anzahl hier näher zu charakterisiren haben, welche von der bisher bekannten Einförmigkeit abweichen und wiederum an Eigenthümlichkeiten der vorigen Gattung erinnern (wie z. B. weit vorragende Seiten des Metathorax).

Der Kopf ist gewöhnlich breiter als lang, an der Stirn halbkuglig oder parabolisch gewölbt, im Grossen und Ganzen conisch, zuweilen aber auch halbmondförmig gestaltet, vorn mit einigen Borsten besetzt. Die Fühlerbucht in der Regel flach, meist ohne ausgebildete Vorderecken. Die Fühler einfach fadenförmig mit dickstem ersten und längstem zweiten Gliede. Das Auge wölbt sich selten *(gigas, asterocephalus)* halbkuglig vor, wie so häufig bei *Goniodes*, es ist gewöhnlich flach, nicht selten mit einer Borste besetzt. Die Schläfen divergiren in den meisten Fällen nach hinten, selten sind sie parallel *(fasciatus)*, ebenso selten convergent *(gigas)*. Die Schläfenecke ist als solche stets ausgebildet, sehr selten *(fasciatus)* abgerundet, meist spitzwinklig und oft scharfspitzig, und zwar beim Weibchen mehr als beim Männchen, in der Regel vor der Hinterhauptsecke gelegen, zuweilen mit dieser in gleicher Linie oder sogar weiter nach hinten gezogen, mit zwei Borsten besetzt. Die Hinterhauptsecke ist auch meist scharf und trägt ein Dornspitzchen, kann aber auch ganz in Wegfall kommen *(fasciatus, discogaster* n. sp.). Das Hinterhaupt tritt zurück und ist gewöhnlich convex, durch eine Chitinschiene verstärkt. Die übrigen Kopfschienen sind ganz ähnlich wie bei *Goniodes*.

Die Stirnschiene zieht um den ganzen Vorderkopf herum, ist parallelseitig oder in der Mitte erweitert und biegt sich an der Fühlerbucht nach innen zu langgestreckten schmalen oder zu kurzen kolbigen Fortsätzen um. Hinter den Fühlern steht ein viereckiger Chitinfleck; die Schläfenschiene zeigt keine Besonderheiten. Die Verbindungsschienen zwischen Hinterhaupt und Mundwerkzeugen sind meist nicht erkennbar. Vor den letzteren findet sich wie bei *Goniodes* eine halbkreisförmige, stets deutlich umgrenzte Grube.

Der Prothorax ist trapezförmig, gewöhnlich mit stark divergirenden

Seiten und deutlichen, eine Borste tragenden Hinterecken. Der breitere, aber meist ebenso lange Metathorax hat in den meisten Fällen eine viereckige Form und abgerundete Seiten, deren grösste Breite in der Mitte oder an den Hinterecken liegt und durch zwei Borsten bezeichnet wird; in anderen Fällen bildet er ein Dreieck, dessen Basis dem Hinterrande des Prothorax anliegt, während die Seiten spitzwinklig oder lappig hervortreten und der Hinterrand in der Mitte die Spitze bildet. Letztere ist in der Regel winklig, kann aber auch einfach convex erscheinen und ist zuweilen mit ein Paar Borsten besetzt, zuweilen ist die Naht zwischen Thorax und Abdomen nicht deutlich. Die Beine zeigen ganz ähnliche Verhältnisse, wie bei *Goniodes*, sie sind meist kurz und enden mit verhältnissmässig starken Klauen.

Das Abdomen ist selten langgestreckt und schmal, meist eiförmig, an den Seiten gleichmässig gewölbt oder nach hinten verbreitert, bei manchen Arten und überhaupt bei den Männchen ziemlich rund. Das erste Segment ist länger als die übrigen, doch das achte beim Männchen nur eine kleine Protuberanz, beim Weibchen mit dem neunten vereinigt. Dieses bildet beim Männchen eine breitere oder schmälere abgerundete Hervorragung, beim Weibchen ist es zweilappig oder abgerundet mit medianem Ausschnitte. Die Nähte sind nicht immer zwischen allen Segmenten, zuweilen nur zwischen den drei ersten sichtbar *(rectangulatus, microthorax)*.

Die Seitenschienen sind schmal, vorn auf die Suturen umgebogen und hier etwas dunkler gefärbt, zuweilen an der Ventralseite verbreitert *(chryso-cephalus)*. Flecke können fehlen oder als blasse und viereckige oder zungenförmige und nur an den Seiten gefärbte Gebilde vorkommen *(gigas)*. An den selten spitz vortretenden, meist abgerundeten Segmentecken stehen Borsten in wechselnder Anzahl, häufig finden sich solche auch auf den Flächen. Der männliche Copulationsapparat ist lang und ähnlich wie bei *Goniodes* ausgebildet. Die Färbung ist im Allgemeinen ein helles, zum Theil schmutziges Gelb. Die Chitinschienen und die Flecke sowie der Kopf sind etwas dunkler; bei *gigas* treten schwarzbraune Färbungen auf.

Die Grössenverhältnisse schwanken zwischen 0,96 mm *(flavus ♂)* und 4,05 mm *(gigas ♀)*. Die Arten dieser Gattung sind Schmarotzer auf Hühner- und Taubenvögeln. Piaget fand eine Art, *fasciatus*, (deren Zugehörigkeit zu dieser Gattung mir nicht ganz zweifellos erscheint) auf *Nymphicus Novae Hol-*

landiae und Rudow erwähnt eine Art (*Gct. irregularis*) von *Buteo Ghisbrechti*, auf welchem sie sicherlich nur zufällig angetroffen wurde.

Piaget beschreibt ausführlich 13 Arten: zwei von ihm zu *Goniocotes* gerechnete haben wir schon bei *Goniodes* kennen gelernt (*Gd. latus* und *Coloceras menadense*). Es sind folgende: 1) *Gct. asterocephalus* N.[1] (*Perdix coturnix*); 2) *pallidomaculatus* Piag. (*Perdix javanica*); 3) *bisetosus* Piag. (*Gastrogon linearis*); 4) *microthorax* N. (*Perdix cinerea*); 5) *rectangulatus* N. (*Pavo cristatus*, *P. spiciferus*); 6) *hologaster* N. (*Gallus domesticus*, *bankiva* und *Euplocamus Cuvieri*); 7) *chrysocephalus* Gbl. (*Phasianus colchicus*, *nycthemerus* *Soemmeringii*; var. *rotundiceps* Piag. (*Phasianus Reevesi*); 8) *diplogonus* N. (*Tragopan satyrus*, *Temminkii*); 9) *compar* N. (*Columba palumbus*, *phasianella*, *domestica*); 10) *fasciatus* Piag. (*Nymphicus Novae Hollandiae*); 11) *maior* Piag. (*Megapodium rubripes*); 12) *minor* Piag. (*Megapodium rubripes*); 13) *abdominalis* Piag. (*Gallus domesticus*).

Die ausserdem beschriebenen Formen, welche Piaget nicht selbst untersuchen konnte, sind folgende: *Gct. pusillus* N. (*Perdix petrosa*); *gregarius* N. (*Perdix afra*); *obscurus* G. (*Perdix rubra*); *fissus* Rud. (*Talegallus Lathami*); *cavtus* N. (*Opisthocomus cristatus*); *haplogonus* N. (*Lophophorus impeyanus*); *albidus* Gbl. (*Phasianus nycthemerus*); *dentatus* Rud. (*Phasianus lineatus*); *rotundatus* Rud. (*Rhynchotus rufescens*); *carpophagae* Rud. (*Carpophaga perspicillata*); *flavus* Rud. (*Phaps chalcoptera*); *irregularis* Rud. (*Buteo Ghisbrechti*).

Die mit einem * bezeichneten Arten haben mir vorgelegen und sind nebst einigen neuen im Nachstehenden beschrieben. Die von Giebel ebenfalls zu *Goniocotes* gestellten Formen: *coronatus*, *alienus*, *clypeiceps* und *agonus* sind bereits oben des Näheren erwähnt und von uns unter andere Gattungen vertheilt worden.

Für sämmtliche näher bekannte Arten diene folgende Bestimmungstabelle, zu welcher diejenige Piaget's mit benutzt wurde. In letzterer handelt es sich hauptsächlich um die Beschaffenheit der Stirnschiene, um die Seitenschienen und Flecke des Hinterleibes, sowie die Suturen und die Beborstung derselben u. s. w.

---

[1] Ueber die Synonymie dieser Art siehe weiter unten.

a. Schläfenecken mit dem Hinterhaupte in gleicher Linie oder weiter nach hinten gelegen. Hinterhauptsecken schwach entwickelt.

b. Schläfenecken spitzwinklig.

c. Hinterhauptsecken abgerundet, kaum bemerkbar.

d. Stirnschiene in der Mitte mit 6 nach innen gerichteten Fortsätzen, Schläfen- ecke stilartig verlängert. . . . . *rotundatus* Rud.

dd. Stirnschiene ohne Fortsätze in der Mitte; Schläfenecken nicht so stark ver- längert.

e. Prothorax viel schmäler als der Metathorax, Seiten schwach divergirend, Hinterecken treten nicht hervor. Körper mit warzenartigen Erhabenheiten.
verrucosus m.

ee. Prothorax kaum schmäler als der Metathorax, Seiten sehr stark divergirend, Hinterecken treten spitzwinklig vor. Körper breit. . . . *discogaster* m.

cc. Hinterhauptsecken kurz, aber deutlich und scharf. Schläfenecken mit dem Hinterhaupte in gleicher Linie. Segmentecken des Hinterleibes scharfspitzig. Seitenschienen ausser der Umbiegung an den Suturen mit einem zweiten Fortsatze in der Mitte. . . . . *haplogonus* N.

bb. Schläfenecken abgerundet. Hinterhauptsecken fehlen.

f. Stirn in der Mitte mit einem Ausschnitte. Metathorax breiter als das fast parallelseitige Abdomen. . . . . *cartus* N.

ff. Stirn ganzrandig. Die Form des Kopfes und die Fühler in beiden Geschlechtern etwas verschieden. Metathorax nicht breiter als der eiförmige Hinterleib. Die Seitenschienen des letzteren biegen an den Suturen nicht um. Abdomen beim Männchen mit queren, beim Weibchen mit zungenförmigen Flecken, bei ersterem mit einer Reihe von Borsten auf jedem Segmente. *fasciatus* Piag.

aa. Die Schläfenecken liegen vor dem Hinterhaupte.

g. Die Hinterhauptsecken schwach entwickelt, abgerundet. Das Hinterhaupt tritt kaum zurück. Hinterleib mit langen Querflecken, auf denen eine dunklere Partie hervortritt. . . . . *guttatus* m.

gg. Hinterhauptsecken wohl ausgebildet, winklig vortretend.

h. Das Auge tritt halbkuglig hervor.

i. Die Schläfen bilden unmittelbar hinter dem Auge eine abgerundete Ecke und verlaufen dann convergirend nach hinten. Der Hinterleib ist breit mit zungenförmigen, nur am Rande gefärbten Flecken. . . . . *gigas* Tschb.

ii. Die Schläfen bilden eine spitze Ecke.

k. Der Schläfenrand ist von der Schläfenecke bis zur Hinterhauptsecke stark ausgebuchtet, die letztere sehr langgezogen, Hinterleib langgestreckt schmal, die Seitenschienen wellig. . . . . *asterocephalus* N.

kk. Der Schläfenrand von der Schläfenecke bis zur Hinterhauptsecke wenig ausgeschweift, die Hinterhauptsecken kurz. Hinterleib eiförmig, breiter als bei voriger Art. Die Seitenschienen breit, doppelt, am umgebogenen Theile mit einem nach vorn gerichteten abgerundeten Fortsatze. . . . *isogenos* N.

hh. Das Auge tritt gar nicht hervor oder nur als flache Wölbung.

l. Grosse Arten (1,85—2,75 mm) vom Habitus der *Goniodes* mit weit vortretenden, spitzwinkligen Schläfenecken und deutlichen Vorderecken der Fühlerbucht.

m. Abdomen breit eiförmig.

n. Seitenschienen des Abdomens breit mit nach vorn gerichtetem Fortsatze an der umgebogenen Partie. Metathorax bedeutend breiter als Prothorax. Die inneren Fortsätze der Stirnschiene kolbig. . . . . *fissus* Rud.

nn. Seitenschienen des Abdomens schmal, ohne Fortsatz der umgebogenen Partie. Innere Fortsätze der Stirnschiene lang und schmal.

o. Metathorax bedeutend breiter als Prothorax, Hinterrand in der Mitte abgerundet winklig. Stirnschiene parallelseitig. . . . . *maior* Piag.

oo. Metathorax kaum breiter als der Prothorax an den Hinterecken; Hinterrand einfach abgerundet. Stirnschiene in der Mitte verbreitert. . *minor* Piag.

mm. Abdomen lang eiförmig.

p. Vorderecken der Fühlerbucht lang nach unten und hinten gerichtet, so dass sie theilweise vom Fühler bedeckt werden. Abdominalschienen wenig nach innen umgebogen. , ... *affinis* m.

pp. Vorderecken der Fühlerbucht nicht nach unten gebogen. Schläfenecken sehr spitz, Schläfen ausgeschweift. Die Abdominalschienen weiter nach innen umgebogen. *procerus* m.

ll. Kleine Arten (1,00—1,75 mm). Schläfenecke im Allgemeinen stumpfer und nicht so weit vorragend, wie bei vorigen. Vorderecken der Fühler meist nicht ausgebildet.

q. Abdomen bei beiden Geschlechtern langgestreckt, schwach verkehrt eiförmig. *gracilis* m.

qq. Abdomen oval, hinten beim Weibchen gerundet, beim Männchen abgestumpft.

r. Abdomen ohne Flecke und auf der Fläche ohne Borsten. Hinterrand des Metathorax mit zwei Borsten. Verbindungsschienen zwischen Hinterhaupt und Mandibeln angedeutet. . . . . *bisetosus* Piag.

rr. Abdomen mit Flecken, welche allerdings hell und wenig ausgeprägt sind.

s. Der Randschiene des Abdomens folgt nach innen eine zweite.

t. Diese zweite Schiene ist breit, der ersten parallel; die Flecke sind nur an den Rändern gefärbt. Abdomen ohne Borsten auf den Flächen. Kopf kaum breiter als lang. *compar* N.

tt. Die zweite Schiene ist schmal und stösst hinten mit der Randschiene zusammen. Die Flecke ganz gefärbt. Kopf breiter als lang. Auf jedem Segmente steht jederseits eine Borste nahe dem Rande. . . . *flavus* Rud.

ss. Es ist keine zweite Abdominalschiene vorhanden.

  u. Die Abdominalschienen sind schleifenförmig auf die Fläche umgebogen, so dass sie einen dreieckigen Raum einschliessen. Abdomen mit zwei medianen und je einer seitlichen Borste auf den Segmenten. Die Suturen nur zwischen dem ersten und dritten Segmente sichtbar. . . . . . . *microthorax* N.

uu. Die Abdominalschienen sind an den Suturen einfach umgebogen.

  v. Der auf die Fläche umgebogene Theil der Abdominalschiene ist bedeutend verbreitert.

  w. Schläfenecken ziemlich spitz, Hinterhaupt stark concav. Prothorax viel schmäler als der Vorderrand des Metathorax, mit nicht vortretenden Hinterecken. Abdomen gleichmässig gerundet, mit medianen Borsten. *macrocephalus* m.

ww. Schläfenecken ziemlich stumpf. Hinterhaupt flach concav. Prothorax ebenso breit wie der Vorderrand des Metathorax, mit sehr spitzen Hinterecken. Hinterleib nach hinten verbreitert, ohne mediane Borsten. *hologaster* N.

    mit hellbraunen Seitenflecken . . . . var. *maculatus* m.

vv. Der auf die Fläche umgebogene Theil der Abdominalschienen ist nicht verbreitert.

  x. Vorderecken der Fühlerbucht lang, am Ende abgestumpft, nach unten gerichtet. Stirnschiene in der Mitte stark erweitert. . *carpophagae* Rud.

xx. Vorderecken der Fühlerbucht nicht besonders entwickelt.

  y. Seitenschienen des Abdomens an der Ventralseite verbreitert.

  z. Nach innen von der Seitenschiene findet sich ein kleiner rundlicher Chitinfleck. Die ersteren sind an der Ventralseite sehr verbreitert. Die Suturen sind nur zwischen Segment 1—3 sichtbar; es sind mediane Borsten vorhanden.

                       rectangulatus N.

zz. Ein solcher Chitinfleck fehlt.

  α. Die Seitenschienen sind ventral nicht sehr bedeutend verbreitert und nehmen nicht den ganzen Seitenrand ein, da sie nach hinten schmäler werden. Die Suturen sind zwischen allen Segmenten deutlich. . *chrysocephalus* Gbl.

αα. Die Seitenschienen sind ventral sehr verbreitert, nehmen, sich gleich breit bleibend, den ganzen Seitenrand ein. Die Suturen sind nur zwischen den beiden ersten Segmenten deutlich. Das erste Segment ist doppelt so lang wie das zweite. . . . . *diplogonus* N.

yy. Seitenschienen des Abdomens ventral nicht verbreitert. Die gelblichen Seitenflecke sind ungefähr viereckig und kommen sich in der Mittellinie ziemlich nahe. Beim Männchen ist die Schläfenecke abgerundet. *pallidomaculatus* Piag.

1. Die auf Hühnervögeln lebenden Arten.

a) Von Perdicidae.

Gct. asterocephalus (Taf. III. Fig. 7).

In Bezug auf diese Art bin ich in der Lage, einen eigenthümlichen Irrthum verbessern zu können. Die von Piaget (p. 226) unter obigem Namen beschriebene Form ist nicht identisch mit der von Nitzsch so genannten, sondern ist neu und muss mit einem anderen Namen belegt werden; ich schlage *gracilis* dafür vor. Die von Piaget (p. 281) als *Goniodes elongatus* neu beschriebene Art ist dagegen gleich *Gct. asterocephalus* N. und muss diesen Namen beibehalten, so dass die Synonymie sein würde:

> *Goniocotes gracilis* m.
> *Gct. asterocephalus* Piaget (non Nitzsch).
> *Goniocotes asterocephalus* N. (non Piag.)
> *Goniodes elongatus* ♀ Piag.

Beide Arten leben auf *Coturnix communis*. Von der zweiten Art war Piaget nur das Weibchen bekannt: daher der Irrthum bezüglich der Gattung. Ich lasse die Beschreibung derselben nach den Nitzsch'schen Typen folgen.

Der Kopf ist so lang wie breit, die Stirn hochgewölbt mit zweimal fünf Borstchen, von denen die mittelsten die übrigen an Grösse übertreffen. Die Stirnschiene ist breit, in der Mitte noch verbreitert, am Innenrande, sowie an den nach innen gerichteten Fortsätzen braunschwarz gefärbt. Die Vorderecke der tiefen Fühlerbucht stumpfspitzig. Die Fühler sind in beiden Geschlechtern gleich; das erste Glied überragt die Fühlerbucht nicht, das zweite ist so lang wie die beiden untereinander gleichen folgenden zusammen, das fünfte unbedeutend länger als eins der letzteren. Das Auge ist fast halbkuglig, mit einer Borste besetzt. Die Schläfenecken sind spitzwinklig und bilden die breiteste Stelle des Kopfes, die Entfernung zwischen denselben und dem Auge ist gering. Die Schläfenecken tragen ein Dornspitzchen und zwei lange Borsten. Der hintere Schläfenrand ist tief ausgebuchtet. Die spitzen Hinterhauptsecken

ragen weit nach hinten vor, das Hinterhaupt tritt dagegen zurück und giebt
an der Unterseite einen ziemlich langen Fortsatz unter den Prothorax ab.
Die Schläfen- und Hinterhauptsschienen sind stark wellig, am Innenrande
schwärzlich gesäumt. Die Verbindungsschienen zwischen Hinterhaupt und
Mandibeln sind nicht sichtbar.

Der Prothorax ist ziemlich viereckig, mit schwach gewölbten Seiten
und einer Borste an den nicht vortretenden Hinterecken. Der breitere Metathorax hat stärker gewölbte Seiten, welche etwas hinter der Mitte zwei Borsten
tragen, die Hinterecken treten ganz zurück, der Hinterrand ist nicht deutlich.
Die Thoraxringe haben breite Chitinschienen, welche sich zwischen beide
etwas nach innen umbiegen. Die Beine haben ungefähr gleichlange Schenkel
und Schienen, welche beide braune Aussenränder haben und mit einigen
Borsten besetzt sind; die Klauen sind dünn und wenig gebogen.

Das Abdomen ist sehr langgestreckt, hinter der Mitte (am fünften
Segmente) am breitesten; die Segmentecken treten deutlich, aber abgerundet
vor, wodurch zwischen den fünf ersten Segmenten flache, zwischen den letzten
viel tiefere Randeinkerbungen entstehen. Das erste Segment ist länger als
die folgenden; das siebente ist bei beiden Geschlechtern an den Hinterrand
des Abdomens gerückt, das achte ist beim Männchen sehr klein und zurückgezogen, beim Weibchen übertrifft es das neunte, welches es zwischen sich nimmt,
nicht an Länge. Dieses letztere ist beim Weibchen ganz zurückgezogen, in
der Mitte des abgestumpften Hinterrandes seicht eingeschnitten; auch beim
Männchen wird es vom siebenten Segmente überragt, und tritt als kurzer, abgerundeter Zapfen in der tiefen Ausbuchtung des Hinterleibsendes hervor.
Die Segmentecken sind mit einer oder mehreren hinten stärkeren Borsten
besetzt; solche finden sich auf der Fläche auf jedem Segmente 4—6 mediane
und je zwei seitliche. Die Seitenschienen sind sehr eigenthümlich und charakteristisch für diese Art: sie sind auf Segment 2—7 an der Basis gegabelt
und an den Suturen sind sie nicht einfach umgebogen, wie es gewöhnlich
der Fall ist, sondern bilden eine Schleife, die nach aussen nicht ganz ge-
schlossen ist; an den Innenrändern sind sie schwarz gesäumt. Die Schienen
des ersten sind einfach, parallelseitig, die des achten haben die Form eines
Winkelmaasses.

Die Grundfärbung ist gelblichweiss; die Seitenschienen kastanienbraun.

	♂		♀	
Länge	2,21	mm.	3,06	mm.
Kopf	0,61	„	0,72	„
Thorax	0,35	„	0,41	„
Abdomen	1,25	„	1,93	„
3. Femur	0,31	„	0,37	„
3. Tibia	0,30	„	0,39	„
Breite:				
Kopf	0,60	„	0,70	„
Thorax	0,47	„	0,57	„
Abdomen	0,75	„	1,08	„

Diese Art scheint sehr selten zu sein: in der Sammlung des Hallischen Museums befinden sich ein erwachsenes Pärchen und ein jugendliches weibliches Exemplar.

Gct. gregarius N. (Giebel, Ins. epiz. p. 187) von *Perdix afra* muss ich für identisch mit *Gct. chrysocephalus* erklären.

Gct. microthorax N. Diese auf *Perdix cinerea* lebende Art findet sich in einigen Exemplaren in demselben Gläschen des Hamburger Museums, welches *Gd. longus* Rud. von *Gallus ignitus* enthält. Ob dieselben wirklich auf letztgenannter Hühnerart gefangen sind, muss dahingestellt bleiben. Ferner besitzt dieselbe Sammlung eine grössere Anzahl von Exemplaren derselben Art von *Phasianus versicolor*.

Die als *Gct. obscurus* Gbl. (Ins. epiz. p. 188) von Giebel beschriebene Art von *Perdix rubra* ist in der Hallischen Sammlung nur in Fragmenten vorhanden, aus welchen sich gar nichts ersehen lässt.

Gct. isogenos N. (Taf. III. Fig. 2).

Goniodes isogenos N. Giebel, Ins. epiz. p. 194.

Von dieser Art heisst es bei Giebel: „Schliesst sich dem *Gd. dispar* des Rebhuhns ziemlich eng an, ist aber durch den entschieden breiteren Vorderkopf, die geschlechtlich äusserst wenig verschiedenen Fühler, die langen Orbitalflecke, die gleiche Zeichnung des Hinterleibes bei beiden Geschlechtern sehr leicht zu unterscheiden."

Wenn diese Worte schon die Vermuthung nahe legen, dass es sich hier gar nicht um einen *Goniodes* handelt, so wird dieselbe durch genauere

Untersuchung der typischen Exemplare zur Gewissheit. Die Fühler sind bei beiden Geschlechtern gleich und verweisen diese Art zu *Goniocotes*, freilich wird man ohne Kenntniss des Männchens eher geneigt sein, dieselbe zu *Goniodes* zu rechnen.

Der Kopf ist breiter als lang, an der Stirn breit gerundet, mit zweimal fünf feinen Borstchen besetzt. Die Stirnschiene breit parallelseitig, die nach innen gerichteten Fortsätze lang, kolbig. Vorderecken der Fühlerbucht stumpf-spitzig. Fühlerbucht ziemlich tief, wird vom ersten Fühlergliede gerade ausgefüllt, das schlankere zweite ist ein wenig länger, die drei folgenden kürzeren unter sich gleichlang. Das Auge ist halbkuglig vorgewölbt, mit einer langen Borste besetzt. Nicht weit davon entfernt bilden die stark divergirenden Schläfen eine weit vorragende abgerundet-spitze Ecke, welche ein Dornspitzchen und zwei lange Borsten trägt. Die hinteren Schläfenränder convergiren sehr nach hinten und sind etwas ausgeschweift. Die Hinterhauptsecken sind scharf, mit einem Dornspitzchen besetzt, das gerade Hinterhaupt tritt wenig zurück. Die Hinterhauptsschiene ist an den Seiten fleckenartig verbreitert, auch die des hinteren Schläfenrandes innen etwas convex; vor dem Auge steht ein langgestreckter Chitinfleck.

Der ziemlich rechteckige Prothorax hat abgerundete Seiten, welche etwas hinter der Mitte eine lange Borste tragen. Der breitere Metathorax hat ebenfalls abgerundete Seiten, welche ihre grösste Breite an den abgerundeten, mit zwei Borsten besetzten Hinterecken erreicht. Der abgerundete Hinterrand trägt in der Mitte zwei Borsten. Die beiden Thoraxsegmente haben breite, braune Seitenschienen.

Die Beine haben nichts Besonderes; die Schenkel aussen mit einigen Dornspitzchen, die Schienen mit zwei längeren Borstchen besetzt.

Das Abdomen ist lang eiförmig, an den abgerundeten Segmentecken eingekerbt. Das erste Segment länger als die folgenden, das achte beim Männchen mit dem vorhergehenden, beim Weibchen mit dem neunten vereinigt. Dieses wölbt sich beim Männchen halbkuglig vor, hat einen braunen Querfleck und ist am Hinterrande mit zahlreichen Borsten besetzt. Beim Weibchen ist es lang und breit, mit geraden, nach hinten convergirenden Seiten und tief ausgeschnittenem, mit zahlreichen Borsten besetztem Hinterrande; die Seiten mit parallelseitigen Chitinschienen belegt. Die Segmentecken tragen in gewöhnlicher Weise Borsten, die Flächen sind vor den Suturen und nahe dem Rande mit einer Reihe solcher besetzt.

Die Seitenschienen sind breit, aus zwei dicht nebeneinander gelegenen zusammengesetzt, an den Nähten umgebogen und hier mit einem abgerundeten Fortsatze versehen.

Ueber die Randflecke geben die mir vorliegenden, schlecht erhaltenen Spiritusexemplare keinen sicheren Aufschluss. Die Grundfarbe ist schmutzig-gelblichweiss, die Chitinschienen erscheinen rothbraun.

Länge	♂ 3,03 mm,	♀ 3,49 mm.
Kopf	0,83 ,,	0,94 ,,
Thorax	0,43 ,,	0,44 ,,
Abdomen	1,77 ,,	2,11 ,,
3. Femur		0,50 ,,
3. Tibia		0,50 ,,
Breite:		
Kopf	1,15 ,,	1,20 ,,
Thorax	0,78 ,,	0,81 ,,
Abdomen	1,43 ,,	1,56 ,,

Auf *Perdix afra* gesammelt; in der Sammlung des Hallischen Museums.

b) Von Phasianidae.

Gct. albidus Gbl. (Ins. epiz. p. 189) von *Phasianus nycthemerus* wird von Piaget (p. 233) mit Recht nur für eine Varietät von *chrysocephalus* G. angesehen. Dieselbe steht in der Kopfbildung der var. *rotundiceps* Piag. sehr nahe. Die Schläfenecken sind sehr stumpf, fast abgerundet; die Seiten des Kopfes fast parallel, das Auge tritt mehr hervor, die Stirnschiene verbreitert sich bedeutend in der Mitte. Was aber von *chrysocephalus* abweicht, sind die sehr stumpfen bis abgerundeten Hinterecken des Prothorax, welche bei der Stammform spitz vortreten. Im Uebrigen sind bei *albidus* die Abdominalschienen an der Ventralseite in genau derselben Weise erweitert, wie bei *chrysocephalus*. Piaget befindet sich übrigens im Irrthum, wenn er dieser Art die medianen Borsten auf dem Hinterleibe abspricht, es sind deren je zwei auf der dorsalen und ventralen Fläche vorhanden, allerdings sind sie sehr fein und wohl leicht hinfällig.

10

Die Stammform *chrysocephalus* ist bisher bekannt von *Phasianus colchicus*, *nyethemerus*, *Sömmeringi* und *Euplocamus ignitus;* ich erhielt sie auch von *Phasianus pictus.*

Die var. *rotundiceps* stammt von *Phasianus Reevesii;* dieselbe findet sich in der k. Thierarzneischule zu Berlin von *Phasianus Diardii* in einem weiblichen Exemplare.

Gct. rectangulatus N., bisher von *Pavo cristatus* und *spiciferus* bekannt, ist in der Berliner Thierarzneischule auch von *Numida meleagris* vorhanden.

Gct. hologaster var. *maculatus* m. (Taf. III. Fig. 3). Unter diesem Namen will ich einer Varietät von *Gct. hologaster* Erwähnung thun, welche ich auf einem jungen Haushuhne sammelte, leider nur in weiblichen Exemplaren.

Die Schläfenecken sind stumpf, der Prothorax schmäler, mit weit weniger divergenten Seiten, der Metathorax an den Seiten ausserordentlich kurz; er bildet ein vollständiges Dreieck, dessen Basis dem Hinterrande des Prothorax anliegt. Die beiden unteren Winkel springen spitz über das erste Abdominalsegment vor und sind mit zwei Borsten besetzt. Die Basis ist ein wenig ausgeschweift. Die Occipitalschiene, die Chitinschienen zwischen den Hüften der beiden ersten Beinpaare und ein kleiner länglicher Fleck am Vorderrande des ersten Abdominalsegments erscheinen schwarzbraun. Auf dem Hinterleibe stehen sehr intensiv gefärbte hellbraune Marginalflecke.

Die Länge beträgt   1,36 mm (1,58). [1]
      Kopf   0,39 „ (0,45).
      Thorax   0,13 „ (0,16).
      Abdomen   0,84 „ (0,97).
    Breite:
      Kopf   0,46 „ (0,58).
      Prothorax   0,22 „ (0,34).
      Metathorax 0,39 „ (0,50).
      Abdomen   0,69 „ (0,82).

[1] Die in Parenthesen gesetzten Zahlen beziehen sich auf den typischen *Gct. hologaster.*

Gct. gigas Tschb. (Taf. II. Fig. ().

Zeitschrift f. ges. Naturwiss. LII. (1869) p. 104. Taf. I, f. 10.
Gct. hologaster Denny, Monogr. Anopl. Brit. p. 153. Pl. XIII, f. 4.
Gct. abdominalis Piag. p. 238. Pl. XX. f. 9.

Diese von Denny irrthümlicher Weise mit *hologaster* N. identificirte Form ist mit letzterem durchaus nicht zu verwechseln, worauf ich schon vor einigen Jahren hingewiesen habe. Die erste ausführliche Beschreibung verdanken wir Piaget, welcher unser Thier wegen der charakteristischen Flecke des Hinterleibes mit dem Namen *abdominalis* belegt.

Kopf nur wenig breiter als lang, an der Stirn parabolisch gerundet, mit sehr breiter, in der Mitte noch mehr verbreiterter Stirnschiene, welche von zweimal sechs feinen Borsten durchsetzt wird, deren äusserste auf der ziemlich spitzen Vorderecke der Fühlerbucht stehen. Diese ist tief, die Antennen lang. Das erste Glied ragt aber noch über die Fühlerbucht hervor, das zweite ist etwas schlanker und das längste von allen, so lang wie die drei unter sich gleichen Endglieder zusammen. Das Auge wölbt sich halbkuglig vor und trägt eine Borste. Unmittelbar dahinter bildet die Schläfe eine abgerundete Ecke, welche mit einem Dornspitzchen und drei langen Borsten besetzt ist. Die Schläfen verlaufen convergirend nach hinten und sind etwas ausgeschweift. Die stumpfspitzigen Hinterhauptsecken tragen ein kurzes Dornspitzchen, das breite und gerade Hinterhaupt tritt nur wenig zurück. Die Hinterhaupts- und Schläfenschienen hängen continuirlich mit einander zusammen und sind schwarzbraun gefärbt, ebenso erscheint der Innenrand der Stirnschiene und die nach innen gerichteten Fortsätze derselben. Eine Verbindungsschiene zwischen Mundtheilen und Hinterhaupt ist von ersteren aus angedeutet.

Der Prothorax ist breit und kurz, an den Seiten abgerundet und in deren Mitte mit einer Borste besetzt; dem Rande parallel verläuft eine braune Chitinschiene. Der Metathorax ist breiter, an den Seiten gewölbt mit grösster Breite an den nicht vortretenden Hinterecken, welche zwei lange Borsten tragen. Der Hinterrand spitzt sich nach der Mitte zu, diese selbst ist nicht sichtbar, im Uebrigen ist er braun gesäumt. Die Seitenschienen bilden die Fortsetzung derer des Prothorax. Die starken braunen Chitinschienen an dem Sternum zwischen den beiden ersten Beinpaaren nehmen, bevor sie die Mittel-

linie erreichen, eine Längsrichtung an. Die Beine sind lang und kräftig, die
Hüften braun umsäumt, die Schenkel haben eine schwarzbraune Aussenschiene und
einen ebenso gefärbten kleinen Fleck an der auf die Hütte folgenden Innenecke.
Derselbe setzt sich an dem dritten Schenkel in eine die Hälfte des Innenrandes
einnehmende Schiene fort. Schenkel und Schiene tragen aussen je zwei Borsten,
letztere an der Innenseite noch mehrere Dornen. Die Klauen sind lang und kräftig.

Das Abdomen ist breit eiförmig, namentlich beim Männchen, beim
Weibchen ist es mehr langgestreckt. Das erste Segment ist viel länger als
die folgenden, das achte beim Männchen sehr klein, beim Weibchen mit dem
neunten verschmolzen. Dieses bei letzterem sehr breit, vom vorhergehenden
durch eine tiefere Randeinkerbung geschieden als die übrigen, hat abgerundete
Seiten und einen abgestutzten, in der Mitte schwach eingeschnittenen Hinterrand. Beim Männchen ist es viel schmäler, halbkuglig vorgewölbt, mit einem
braunen Flecke versehen und am Hinterrande mit zwei Borstenbüscheln besetzt. Der männliche Copulationsapparat ist sehr lang und dunkel gefärbt,
an der Basis verbreitert und am Ende mit zwei sehr dünnen, kaum gebogenen
Anhängen versehen. Die schwarzbraunen Seitenschienen sind ein wenig vom
Rande entfernt, diesem parallel und an den Suturen weit umgebogen. Auf
dem ersten Segmente verläuft eine zweite Schiene parallel der ersten, welche
sich bis in den Metathorax hinein erstreckt. Die Randflecke sind nur an den
Rändern schwarzbraun gefärbt, in der Mitte wie die Grundfarbe gelblich. Sie
haben eine zungenförmige Gestalt, auf dem ersten Segmente besonders breit.
Beim Weibchen sind sie auf dem Endsegmente zweilappig und durch eine
bogenförmige dunkle Linie in der Mitte verbunden. Die Ventralseite ist gezeichnet mit zwei Reihen hellbrauner schräg gerichteter Flecke; nur das letzte
Paar steht in der Längsachse und ist dunkler gefärbt.

Die Seitenränder des Hinterleibes sind an den Segmentecken beim
Männchen deutlich gekerbt, beim Weibchen schwach wellenförmig; die Ecken
treten nur an den beiden ersten Segmenten etwas hervor, sonst sind sie abgerundet. Sie tragen zwei bis fünf Borsten. Auf den Flächen steht eine
Reihe von kurzen Borsten vor den Suturen.

Die Grundfarbe ist gelblich; durch die verschiedenen Nüancirungen des
Braunen auf dem Kopfe, in den Flecken und den Seitenschienen erscheint
diese Art ziemlich bunt.

Länge	♂ 3,33 mm,		♀ 4,05 mm.
Kopf	1,09	„	1,09	„
Thorax	0,46	„	0,46	„
Abdomen	1,87	„	2,50	„
3. Femur	0,56	„	0,58	„
3. Tibia	0,65	„	0,67	„
Breite:			
Kopf	1,13	„	1,21	„
Thorax	0,95	„	1,00	„
Abdomen	1,95	„	2,07	„

Diese schöne Art lebt auf den verschiedenen Rassen des Haushuhns, gehört aber, wie es scheint, nicht zu den häufigen Federlingen.

Gct. haplogonus N. (Taf. III. Fig. 6, 6a.)

Giebel, Ins. epiz. p. 186.

Der Kopf ist breiter als lang, die Stirn parabolisch gerundet, mit einigen sehr feinen Härchen besetzt. Die Stirnschiene in der Mitte verbreitert und am Innenrande ausgezackt; die nach innen gerichteten Fortsätze sind kolbig. Die Vorderecke der Fühlerbucht ist stumpf, die letztere flach; die Fühler fadenförmig, dünn; das zweite Glied so lang wie die beiden folgenden, das fünfte wenig kürzer. Das Auge ist durch eine Borste markirt. Die divergirenden Schläfen sind flach convex, die Schläfenecken abgestumpft recht-winklig, mit einer langen Borste besetzt, und mit dem Hinterhaupte in gleicher Linie gelegen. An dem hinteren Schläfenrande steht noch eine Borste. Die Hinterhauptsecken sind kurz, aber scharf. Die Hinterhauptsschienen an den Seiten rundlich verbreitert, braun gefärbt, die Schläfenschienen wie der übrige Kopf gelblich.

Der Prothorax hat die Form eines Rechtecks, mit schwach gerundeten Seiten und einer Borste an den Hinterecken. Der viel breitere Metathorax hat genau die Gestalt eines gleichschenkligen Dreiecks, deses Basis dem Hinterrande des Prothorax anliegt, während die Spitze die Mitte des Hinter-randes bildet. Seitlich treten nur die spitzen unteren Winkel hervor und sind mit zwei Borsten besetzt; am Hinterrande steht jederseits noch eine seitliche und zwei mediane. Beim Männchen ist der Vorderrand etwas ausgeschweift.

Die Beine sind sehr kurz, die Schienen etwas länger als die dicken
Schenkel.

Das Abdomen ist eiförmig, beim Männchen kürzer und breiter, an den
Seiten mehr gerundet. Die Ecken der Segmente treten als spitze nach hinten
gerichtete Zähnchen hervor, wie es sich sonst bei keiner anderen Art wieder-
findet, und sind hier mit einer Borste besetzt. Das erste Segment ist etwas
länger als die folgenden, das achte ist beim Männchen weit zurückgezogen
und bildet jederseits vom neunten eine Hervorragung, welche an der abgerundeten Spitze eine Borste trägt. Das siebente ist beim Männchen auch
schon am Hinterrande des Abdomens gelegen und endet mit zwei Spitzen,
welche etwas weiter nach hinten reichen als das zurückgezogene, einen abgerundeten Zapfen bildende neunte. Dieses ist mit einigen Borsten besetzt
und gelbbraun gefärbt. Der Copulationsapparat ist ziemlich lang, aus zwei
sehr schmalen Chitinstäbchen zusammengesetzt, welche am Ende zwei lange
dünne, sehr wenig nach einwärts gebogene Anhänge tragen. Beim Weibchen
besteht das Endsegment aus der Vereinigung des achten und neunten, deren
ursprüngliche Trennung man noch an einer sehr flachen, mit einer Borste
besetzten Einkerbung an den abgerundeten Seiten erkennt. Der Hinterrand
ist flach, aber weit ausgeschnitten, mit wenigen sehr feinen Borstchen besetzt.
Die Seitenschienen sind breit, durch ihre Färbung aber wenig abgehoben; an
den Suturen rechtwinklig umgebogen und in der Mitte mit einem zweiten,
aber kürzeren Fortsatze versehen. An dieselben schliessen sich lange schmale,
gelbe Randflecke an, welche nur ein schmales Feld in der Mitte des Hinterleibes freilassen. Beim Männchen sind die des sechsten Segments sehr kurz
dreieckig, auf dem siebenten, welches in der Mitte von den zurückgezogenen
Endsegmenten fast ganz eingenommen wird, fehlen sie ganz. Die Endsegmente
sind bei beiden Geschlechtern einfarbig. Die Flächen sind beim Weibchen
beiderseits mit zwei medianen und jederseits zwei seitlichen Borsten auf den
einzelnen Segmenten besetzt; beim Männchen bleibt die Mitte auf der Dorsalseite frei und jederseits davon stehen sechs bis sieben Borsten, von denen die
dem Rande am nächsten stehende besonders lang ist; auf der Ventralseite
dagegen fehlen diese bis auf die Randborste und es sind vier mediane auf
jedem Segmente vorhanden.

Die Grundfarbe ist gelbbraun, nur die Mitte des Hinterleibes erscheint schmutzigweiss, die Chitinschienen sind theilweise etwas dunkler braun. Der ganze Panzer sieht chagrinirt aus.

		♂ 1,20 mm,	♀ 1,55 mm.
Länge			
Kopf	0,35	„	0,43 „
Thorax	0,15	„	0,16 „
Abdomen	0,70	„	0,96 „
3. Femur	0,16	„	0,18 „
3. Tibia	0,11	„	0,13 „
Breite:			
Kopf	0,51	„	0,61 „
Prothorax	0,24	„	0,29 „
Metathorax	0,49	,	0,55 „
Abdomen	0,70	„	0,83 „

Auf *Lophophorus impeyanus.* Ich erhielt zwei Männchen und ein Weibchen von einem trockenen Balge durch die Freundlichkeit des Herrn Naturalienhändler Schlüter und konnte danach eine genauere Beschreibung und Abbildung geben, als es das schlechte Exemplar (♀) der Hallischen Sammlung erlaubt hätte.

e) Von Megapodiidae.

Gct. maior Piag. (Taf. II. Fig. 2.)

p. 239, Pl. XXI, f. 1.

Kopf sehr breit, vorn parabolisch gerundet, mit zweimal vier feinen kurzen Haaren besetzt. Stirnschiene parallelseitig, die nach innen gerichteten Fortsätze lang und schmal. Vorderecken der Fühlerbucht etwas nach hinten und unten gerichtet; diese sehr flach. Das erste Fühlerglied ist dick und ragt zur Hälfte aus der Fühlerbucht hervor, das zweite ist schlank und beinahe so lang wie die unter sich ziemlich gleichen drei anderen. Das Auge ist sehr wenig vorgewölbt, durch einen schwarzen Pigmentfleck und eine Borste gekennzeichnet. Die Schläfen divergiren sehr stark nach hinten und bilden eine weit vorragende spitze Schläfenecke, welche mit zwei Borsten besetzt ist und beinahe mit den Hinterhauptsecken in gleicher Höhe liegt. Der hintere Schläfenrand ist stark ausgeschweift. Die stumpfen Hinterhauptsecken tragen ein kleines Dornspitzchen. Das zurücktretende Hinterhaupt ist convex. Die

Hinterhauptsschiene ist rothbraun, an den Seiten verbreitert, die Verbindungsschienen nach den Mundtheilen angedeutet. Die Schläfenschienen sind hell
gefärbt, vor dem Auge zu einem etwas dunkleren Fortsatz nach innen umgebogen.

Der Prothorax ist trapezförmig mit ziemlich stark divergirenden geraden
Seiten, hellen seitlich vortretenden Hinterecken, welche eine Borste tragen,
und breiten Seitenschienen. Der Metathorax ist ebenso lang, aber breiter als
der Prothorax, und hat abgerundete Seiten, welche an der breitesten Stelle,
etwa in der Mitte, zwei Borsten tragen. Die Hinterecken sind stumpf, der
Hinterrand tritt in der Mitte mit abgerundetem Winkel vor; er ist mit zwei
medianen und je einer seitlichen Borste besetzt. Der Seitenschiene parallel
verläuft eine zweite, welche sich etwas auf das Abdomen fortsetzt. Am
Sternum ist zwischen den Hüften der beiden ersten Beinpaare eine schräge
Chitinschiene, welche vor der Mittellinie Längsrichtung annimmt.

Die Beine sind lang und kräftig; die Aussenschienen sehr blass, die
Schenkel mit zwei kurzen äusseren, die Schienen mit zwei ebensolchen längeren
Borsten und mehreren Dornen an der Innenseite besetzt. Die Klauen lang und
dünn, sanft gebogen.

Das Abdomen ist breit, eiförmig gerundet, beim Männchen hinten etwas
abgestumpft; die Seiten an den Segmentecken schwach eingekerbt. Das erste
Segment ist länger als die folgenden, das sechste und siebente beim Männchen
etwas kürzer als die vorhergehenden, das achte erscheint als kleine Hervorragung seitlich von dem hochgewölbten breiten Endsegmente, welches am
Hinterrande jederseits vier Borsten trägt und braun gesäumt ist. Beim Weibchen ist das mit dem achten vereinigte Endsegment breit, abgerundet, in der
Mitte mit einem Einschnitte versehen und jederseits davon mit zwei Borsten
besetzt.

Der Copulationsapparat ist lang und breit, hell gefärbt, am Ende mit
zwei kleinen Haken versehen. Die Seitenschiene ist an der Ventralseite etwas
breiter, an den Suturen lang nach innen umgebogen.

Es sind viereckige, aber sehr blasse Randflecke vorhanden. Die Segmente sind vor den Suturen mit einer Reihe von (8—10) Borsten besetzt, an
den Ecken stehen eine oder zwei.

Die Grundfarbe ist schmutzigweiss, die Flecken gelblich, wie Kopf
und Thorax, die Seitenschienen braun.

Länge	♂ 2,72 mm.	Breite.	
Kopf	0,73 „	1,20 mm.	
Thorax	0,46 „	0,87 „	
Abdomen	1,53 „	1,47 „	
3. Femur	0,44 „		
3. Tibia	0,50 „		

Piaget, welcher diese Art zuerst beschrieb, fand sie auf verschiedenen Varietäten von *Megapodium rubripes (Freycineti, Forsteni, Gilberti)*. Das einzige mir vorliegende Männchen ist von Herrn Dr. Meyer auf *Talegallus fuscirostris* gesammelt.

Gct. minor Piag. (Taf. II. Fig. 3.)

p. 241, Pl. XXI, f. 2.

Die specifische Verschiedenheit dieser mit *Gct. maior* ausserordentlich nahe verwandten Art kann ich mit Piaget anerkennen, wenngleich ich auf einige der von ihm angeführten Unterschiede kein besonderes Gewicht legen möchte.

Es ist zunächst die geringere Grösse, welche diese Art von der vorigen unterscheidet. Die Stirn ist mit fünf Borstchen besetzt. Die Stirnschiene ist breiter und in der Mitte etwas verbreitert. Die am Auge stehende Borste ist viel länger, das Auge selbst tritt gar nicht hervor. Dass der hintere Schläfenrand fast gerade sei, wie Piaget angiebt, kann ich nicht finden, er ist fast so ausgeschweift wie bei *maior*.

Die Seiten des Prothorax sind viel divergenter, die Hinterecken in grösserer Ausdehnung ungefärbt, der Metathorax kaum breiter, in der Mitte am breitesten, hier mit zwei Borsten besetzt und von da nach den Vorder- und Hinterecken gleichmässig abgerundet, der Hinterrand ist abgerundet. Dass er beim Weibchen in der Mitte spitzwinklig sei, kann ich nicht finden.

Beim Männchen tritt das achte Hinterleibssegment noch mehr zurück als bei *maior*, das neunte ist viel flacher gewölbt und ragt weniger vor.

Beim Weibchen ist das Endsegment tiefer ausgeschnitten: in der Umgebung der Geschlechtsöffnung stehen sehr zahlreiche Borsten.

11*

Länge	♂ 1,86	mm,	♀ 2,07	mm.
Kopf	0,50	„	0,51	„
Thorax	0,30	„	0,30	„
Abdomen	1,06	„	1,26	„
3. Femur	0,26	„	0,26	„
3. Tibia	0,26	„	0,26	„
Breite:				
Kopf	0,78	„	0,79	„
Thorax	0,60	„	0,59	„
Abdomen	1,05	„	1,04	„

Piaget fand diese Art mit der vorigen zusammen auf den verschiedenen Varietäten von *Megapodium rubripes*. Herr Dr. Meyer sammelte sie auf *Talegallus Cuvieri*, *Megapodium Reinwardti* und *M. Gedvinkianus*. Durch die Güte des Herrn Dr. Rey erhielt ich sie in mehreren Exemplaren von *Megapodium Freycineti*. Unter den von Meyer gesammelten Arten findet sich ein offenbar verirrtes Stück dieser Art von *Cacatua triton*.

Got. fissus Rud. (Taf. II. Fig. 7, 7a.)

Beiträge p. 23. Zeitschr. f. ges. Naturwiss. XXXV. (1870) p. 477.

Diese Art gehört in die nächste Verwandtschaft von *maior* und *minor*, so dass es genügt, die Unterschiede hervorzuheben.

Die Stirn ist mit zweimal fünf Borsten besetzt, eine sechste steht auf der Vorderecke der Fühlerbucht. Die Stirnschiene ist in der Mitte verbreitert, die nach innen gerichteten Fortsätze sind kolbig und sehr dunkel gefärbt. Die Schläfen sind etwas ausgeschweift, bevor sie in der spitzwinkligen Schläfenecke weit vortreten. Diese ist mit einem Dornspitzchen und zwei langen Borsten besetzt, hinter welchen am ebenfalls etwas ausgeschweiften hinteren Schläfenrande noch eine dritte folgt. Die Hinterhauptsecken sind stumpfer, das Hinterhaupt ist concav und tritt weiter zurück. Die Hinterhauptsschiene ist an den Seiten zu grossen dunklen Flecken verbreitert.

Der Prothorax hat nicht sehr divergente Seiten und stumpfere Hinterecken. Der breitere Metathorax ist an den Seiten flach gewölbt, an den Hinterecken am breitesten. Die Form des Hinterrandes entzieht sich in den mir vorliegenden Exemplaren in Folge des dunklen Darminhalts den Blicken, doch scheint derselbe einen abgerundeten Winkel in der Mitte zu bilden.

Das erste Abdominalsegment ist kaum länger als die folgenden, das achte beim Männchen eine kleine Vorragung jederseits vom neunten, beim Weibchen mit diesem vereinigt. Dieses beim Männchen breit vorgewölbt, mit breitem braunen Saume des Hinterrandes und mit einer Reihe von Borsten besetzt. Beim Weibchen ist das Endsegment breit, mit abgerundeten Seiten und abgestumpften, in der Mitte ziemlich tief eingeschnittenen Hinterrande. Jederseits steht ein Büschel von Borsten an demselben.

Die Seiten des Abdomens an den Segmentecken etwas mehr eingekerbt, die Seiten der einzelnen Segmente etwas mehr gewölbt. Die Seitenschienen sind breiter, an den Suturen nach innen umgebogen und an diesem Theile mit einem oberen rundlichen Fortsatze versehen. Ausser den Randborsten trägt jedes Segment eine Reihe solcher vor der Sutur und jederseits zwei nahe dem Rande. Der männliche Copulationsapparat reicht durch den ganzen Hinterleib bis zum Thorax hinauf.

Die Grundfarbe des Hinterleibes ist schmutzig gelblichweiss, Kopf, Thorax und Beine sind gelbbraun, die Chitinschienen rothbraun, an dem Hinterhaupte und den inneren Fortsätzen der Stirnschiene am dunkelsten.

Länge	♂ 2,39 mm,		♀ 2,75 mm.	
Kopf	0,67	„	0,73	„
Thorax	0,35	„	0,38	„
Abdomen	1,37	„	1,64	„
3. Femur	0,38	„	0,38	„
3. Tibia	0,48	„	0,48	„ ·
Breite:				
Kopf	1,09	„	1,16	„
Thorax	0,73	„	0,71	„
Abdomen	1,41	„	1,50	„

Diese Art wurde zuerst von Rudow beschrieben und auf *Talegallus Lathami* gefunden. Sie liegt mir in einigen Exemplaren aus dem Hamburger Museum vor. Ein einzelnes Weibchen erhielt ich von demselben Wohnthiere durch die Freundlichkeit des Herrn Dr. Rey.

Get. discogaster m. ♀ (Taf. II. Fig. 12).

Ausser den schon erwähnten Formen von *Megapodium Freycineti* liegt mir von diesem Wirthe (von Herrn Dr. Rey an einem trockenen Balge gesammelt) noch eine andere Art vor, leider nur in einem weiblichen Exemplare. Sie besitzt jedoch mehrere Besonderheiten, welche es rechtfertigen mögen, dass ich daraufhin eine neue Art beschreibe.

Der Kopf ist kegelförmig, an der Stirn parabolisch gerundet, mit einigen feinen Haaren besetzt. Die Stirnschiene ist parallelseitig, die nach innen gerichteten Fortsätze kolbig. Die Vorderecke der Fühlerbucht ist unter die Antennen herabgebogen; die erstere sehr flach. Das Auge tritt gar nicht vor, ist durch ein Borstchen bezeichnet. Die Schläfen verlaufen unter sehr starker Divergenz bis zu den spitzwinkligen, mit einem Dornspitzchen und zwei Borsten besetzten Schläfenecken. Diese liegen ein wenig weiter nach hinten als das convexe Hinterhaupt. Der hintere Schläfenrand ist geradlinig, die Hinterhauptsecken sind kaum bemerkbar, durch ein sehr kleines Dornspitzchen bezeichnet. Die Hinterhauptsschiene ist schmal, aber an den Seiten zu grossen dunkelbraunschwarzen Flecken verbreitert. Die Fühler sind kurz, das erste Glied gleich dem zweiten, die kürzeren folgenden untereinander gleich.

Der Prothorax ist viel breiter als lang, seine Seiten divergiren sehr stark und sind etwas ausgeschweift, die weit vorragenden spitzwinkligen Hinterecken mit einer Borste besetzt. Die Seitenschienen lassen die Hinterecken frei. Der Metathorax ist wenig breiter, von dreieckiger Gestalt; die zitzenförmig vorragenden abgerundeten Seiten tragen zwei Borsten, der Hinterrand bildet einen Winkel in der Mitte, ist hier mit zwei und nahe dem Rande jederseits ebenfalls mit zwei Borsten besetzt. Die Beine sind kurz und dick, die Schienen nach dem Ende hin verbreitert.

Das Abdomen ist scheibenförmig rund, die Seiten an den Segmentecken gekerbt, diese an den vier ersten Segmenten deutlich vortretend, an den übrigen abgerundet. Das achte ist mit dem neunten Segmente verschmolzen; dieses breit abgerundet mit schmalem Chitinsaume und kaum bemerkbarer mittlerer Einkerbung des Hinterrandes. Letzterer ist mit einigen Borsten besetzt. Die Seitenschienen sind schmal, an den Suturen nach innen gebogen, aber dieser Theil ist kurz, ebenso wie die Segmentecken etwas dunkler gefärbt.

Die Stigmata sind deutlich nach innen von den Schienen sichtbar. Die gelben Randflecke sind dreieckig und ziemlich kurz; das Endsegment ist ganz gelb gefärbt. Vor den Suturen trägt jedes Segment jederseits von der Mittellinie drei oder vier Borsten und etwas davon entfernt, näher dem Rande, jederseits noch zwei. An der Ventralseite findet sich jederseits von der Geschlechtsöffnung ein schwach nach aussen gebogener gelblicher Streif und unter ersterer sehr zahlreiche, in flachem Bogen gestellte Borsten.

Die Grundfarbe des Abdomens ist schmutzigweiss, die Flecke gelb, Kopf, Thorax und Beine sind gelbbraun, die Seitenschienen dunkler braun.

Länge	♀ 1,88 mm.		Breite.	
Kopf	0,53	„	0,94	mm.
Thorax	0,26	„	0,75	„
Abdomen	1,09	„	1,20	„
3. Femur	0,24	„		
3. Tibia	0,20	„		

Gct. macrocephalus m. (Taf. II. Fig. 11).

Der Kopf ist breiter als lang, die Stirn ziemlich flach gewölbt, mit zwei sehr feinen Borstchen besetzt. Die Stirnschiene ist in der Mitte etwas verbreitert, die nach innen gerichteten Fortsätze sehr dick und kolbig. Die Fühlerbucht ist mässig tief, das dicke erste Antennenglied ragt ein wenig daraus hervor, das zweite ist das längste, das fünfte etwas länger als die untereinander gleichen 3. und 4. Das Auge tritt gar nicht hervor, es ist durch eine Randborste bezeichnet. Die Schläfen sind gerade und divergiren ziemlich bedeutend. Die abgestumpft spitzwinkligen Schläfenecken ragen weit vor und sind mit einem Dornspitzchen und einer Borste besetzt, auf welche am hinteren Schläfenrande sehr bald eine zweite folgt. Dieser ist hinter der Mitte etwas ausgeschweift und zwar bei älteren Exemplaren und, wie es scheint, beim Weibchen mehr als bei Jugendformen, wo er ganz geradlinig sein kann, und beim Männchen. Die stumpfwinkligen, mit einem Dornspitzchen besetzten Hinterhauptsecken ragen weit nach hinten und bedecken die Vorderecken des Prothorax, meist sogar die Hälften der Seiten desselben. Das concave Hinterhaupt tritt weit zurück. Die Hinterhauptsschiene ist schmal, bildet aber an den Seiten meist sehr grosse dunkel gefärbte Flecken. Die

Schläfenschienen beginnen hinter den Fühlern ebenfalls mit einer etwas dunkleren Verbreiterung.

Der Prothorax ist trapezisch, an den stumpfen Hinterecken mit einer Borste besetzt; mit dunkeln Seitenschienen. Der breitere Metathorax hat flach gewölbte Seiten, die an den abgerundeten Hinterecken ihre grösste Breite erreichen und hier mit zwei Borsten besetzt sind, auf welche sehr bald jederseits zwei andere folgen am Anfange des Hinterrandes. Dieser bildet in der Mitte einen völlig abgerundeten Winkel. Die braunen Chitinschienen reichen nicht ganz bis zu den Hinterecken. Die Beine sind kurz und dick.

Das Abdomen ist breit, an den Seiten gleichmässig gerundet. Diese sind an den Segmentecken schwach eingekerbt und hier in der gewöhnlichen Weise mit Borsten besetzt. Beim Männchen bildet das achte Segment kurze Hervorragungen, das neunte ist breit und weit vorgewölbt, am Hinterrande mit einem Chitinsaume und einer Reihe Borsten versehen. Beim Weibchen ist das vereinigte achte und neunte Segment sehr breit, an den Seiten gerundet, am Hinterrande abgestutzt, in der Mitte wenig eingeschnitten und mit einigen längeren und verschiedenen kürzeren Borsten besetzt. Die Seitenschienen sind an der Ventralseite etwas breiter, an den Suturen nach innen umgebogen und in diesem Theile auch etwas verbreitert. Die Randflecke sind sehr blass und undeutlich, das weibliche Endsegment ist einfarbig gelblich. Auf der Fläche trägt jedes Segment eine Reihe zahlreicher Borsten.

Die Grundfarbe des Hinterleibes ist schmutzig-gelblichweiss, Kopf und Thorax sind gelbbraun, die Chitinschienen etwas dunkler.

		♂ 1,45 mm,	♀ 1,76 mm.
Länge		1,45 mm,	1,76 mm.
Kopf		0,48 „	0,48 „
Thorax		0,24 „	0,25 „
Abdomen		0,73 „	1,03 „
3. Femur		0,16 „	0,20 „
3. Tibia		0,16 „	0,20 „
Breite:			
Kopf		0,62 „	0,79 „
Thorax		0,48 „	0,51 „
Abdomen		0,79 „	1,00 „

Diese Art lebt ebenfalls auf *Talegallus Lathami*. Ich lernte sie zuerst durch ein männliches Exemplar im Hamburger Museum kennen und erhielt dann mehrere Stücke durch Herrn Dr. Rey.

d) Von Penelopidae und Opisthocomidae.

Get. guttatus m. (Taf. II. Fig. 14).

Kopf fast so lang wie breit, die Stirn hochgewölbt mit einigen äusserst kurzen Haaren, einer etwas längeren auf den nicht vortretenden Vorderecken der Fühlerbucht. Die Stirnschiene ist äusserst schmal, die inneren Fortsätze sind kurze, rundliche braune Anhänge daran. Fühlerbucht sehr flach. An den Fühlern sind das erste, zweite und fünfte Glied etwa gleichlang, die beiden mittleren kürzer. Das Auge wölbt sich deutlich vor und ist mit einem kurzen Dornspitzchen besetzt, davor steht ein kleiner Chitinfleck. Die Schläfen divergiren nicht sehr stark, die Schlafenecken sind abgerundet spitzwinklig, mit einem Dornspitzchen und einer langen Borste besetzt. Der hintere Schläfen-rand ist ein wenig convex, die Hinterhauptsecken sind abgerundet und treten gar nicht hervor, das Hinterhaupt ist sehr wenig zurückgezogen.

Der Prothorax ist trapezförmig, mit einer Borste an den nicht vor-tretenden Hinterecken. Der breitere Metathorax hat gewölbte Seiten, welche an den abgerundet spitzwinkligen Hinterecken ihre grösste Breite erreichen und hier mit zwei Borsten besetzt sind. Der Hinterrand bildet in der Mitte einen scharfen spitzen Winkel und trägt nahe den Ecken jederseits noch zwei dicht bei einander stehende Borsten. Die Beine haben eine proportionirte Länge und sind schlank, mit langen dünnen Klauen.

Das Abdomen ist eiförmig mit gleichmässiger Rundung seiner Seiten, welche an den vortretenden, aber abgerundeten Segmentecken eingekerbt sind. Das achte Segment ist beim Weibchen selbstständig und ebenso gross wie das siebente, an den Seiten mit zwei Borsten besetzt; das neunte ist sehr viel kleiner, an den Seiten gerundet, und erscheint in Folge des tiefen mittleren Ausschnittes zweispitzig. Beim Männchen ist das achte Segment mit dem neunten verschmolzen, nur an einer seichten Randeinkerbung und Borsten noch kenntlich, abgerundet, in der Mitte mit flachem Ausschnitte. Der Copulations-apparat ist kurz; er reicht bis zum Hinterrande des fünften Segments und endet mit einer Spitze. Die Seitenschienen sind schmal, an den Suturen fast

90 Dr. O. Taschenberg.

gar nicht umgebogen. Die Flecke sind sehr deutlich, beginnen ein wenig nach innen von der Seitenschiene, sind von Form rechteckig und berühren sich auf den ersten vier Segmenten beinahe in der Mittellinie, auf den folgenden verschmelzen sie mit einander. Nahe dem Rande befindet sich ein etwas dunklerer unregelmässig conturirter Chitinfleck darauf. Ausser den gewöhnlichen Borsten an den Ecken trägt jedes Segment zwei kurze mediane Borstchen. Die Färbung ist mit Ausnahme der hellen Nähte gelblich.

	Länge	1,22 mm,	♀ 1,38 mm.
Kopf	0,33	„	0,36 „
Thorax	0,16	„	0,16 „
Abdomen	0,73	„	0,86 „
3. Femur	0,14	„	0,15 „
3. Tibia	0,14	„	0,15 „
Breite:			
Kopf	0,39	„	0,41 „
Thorax	0,33	„	0,35 „
Abdomen	0,56	„	0,66 „

Auf *Penelope cristata* und *Penelope pipila* von mir bei Herrn Dr. Rey und Herrn Schlüter gesammelt.

Goct. curtus N. (Taf. II. Fig. 13, 13a.)

Giebel, Ins. epiz. p. 189, Taf. XIII, f. 2.

Eine sehr auffallende, von allen Gattungsgenossen abweichende Art.

Der Kopf ist viel breiter als lang, der Vorderkopf kurz, die Stirn ziemlich flach gewölbt, in der Mitte mit einem viereckigen Ausschnitte, zu dessen Seiten sich die Ränder etwas aufwulsten, jederseits davon stehen vier feine Härchen. Die Stirnschiene ist schmal mit sehr kleinen inneren Fortsätzen. Die Vorderecken der Fühlerbucht sind spitz, letztere ziemlich tief, weit vorn gelegen. Die Fühler sind kurz, das zweite Glied so lang wie das erste, das fünfte wenig länger als die beiden kurzen vorhergehenden. Das Auge ist gar nicht bemerkbar. Die stark divergirenden Schläfen sind schwach convex. Die Schläfenecken sind abgerundet, mit einer langen Borste besetzt und liegen mit dem Hinterhaupte auf gleicher Linie. Hinterhauptsecken sind gar nicht entwickelt, das Hinterhaupt flach concav. Die Schläfenschienen sind sehr schmal und beginnen hinter den Fühlern fleckenartig erweitert. Am Hinterhaupte kann man leicht in den Irrthum verfallen, für zugehörige Chitinverdickung zu halten, was in Folge der Bedeckung des Kopfes vom Prothorax durchscheint. Dieser hat bei einer trapezischen Form stark divergirende Seiten, an den nicht vortretenden Hinterecken eine Borste und einen flach convexen Hinterrand. Der breitere Metathorax hat dieselbe Gestalt, aber stärker divergirende Seiten, so dass die mit zwei Borsten besetzten Hinterecken weit über die Seiten des Abdomens vorragen. Der Hinterrand bildet in der Mitte einen stumpfen Winkel und trägt jederseits nahe dem Rande zwei Borsten.

Die Beine sind verhältnissmässig lang, namentlich die des dritten Paares, dessen Schenkel länger sind als die Schienen.

Das Abdomen ist breit, an den Seiten wenig gerundet, beim Männchen nach hinten verbreitert, beim Weibchen verschmälert. Die Segmentecken treten deutlich hervor und sind mit ein oder drei Borsten besetzt. Das erste Segment ist etwas länger als die folgenden und hat parallele Seiten. Das achte Segment ist bei beiden Geschlechtern durch eine höckerartige Hervorragung kenntlich und mit Borsten besetzt. Das neunte Segment ist beim Männchen abgerundet, ragt nicht weit hervor und ist am Hinterrande mit einigen Borsten besetzt. Seitenschienen sind nicht vorhanden. Beim Weibchen dagegen hat es mit breiten Chitinschienen belegte, nach hinten stark convergirende Seiten, welche mit abgestumpften Spitzen endigen und einen ziemlich tiefen Ausschnitt zwischen sich nehmen, in welchem zwei Borsten stehen. Eine Reihe solcher findet sich auch in der Umgebung der Geschlechtsöffnung. Die Seitenschienen sind breit und an den Suturen umgebogen. Ueber Randflecke kann ich bei meinen alten Spiritusexemplaren nichts angeben; ich finde den ganzen Körper ziemlich gleichmässig gelbbraun gefärbt. Jedes Segment trägt vier mediane Borsten.

Länge:	♂ 1,15 mm.	♀ 1,29 mm.
Kopf	0,30 „	0,31 „
Thorax	0,23 „	0,25 „
Abdomen	0,62 „	0,73 „
3. Femur	0,29 „	0,25 „
3. Tibia	0,19 „	0,19 „

Breite:

Kopf	0,51 mm,	0,55 mm.
Prothorax	0,38 „	0,38 „
Metathorax	0,60 „	0,61 „
Abdomen	0,63 „	0,63 „

Auf *Opisthocomus cristatus*, in der Sammlung des Hallischen zoologischen Museums.

e) Von Crypturidae.

Got. rotundatus Rud. (Taf. III. Fig. 8).

Beiträge p. 22.
Got. dilatatus Rud. Zeitschrift f. ges. Naturwiss. XXXV. (1870) p. 479.

In Bezug auf die Verwechselung dieser Art mit *Goniodes dilatatus* haben wir bereits oben Näheres mitgetheilt. Sie ist besonders interessant wegen der Aehnlichkeit mit dieser Art und würde unbedingt in die nächste Verwandtschaft derselben gestellt werden müssen, wenn die Fühler geschlechtlich differenzirt wären.

Der Kopf ist breiter als lang, die Stirn parabolisch gerundet, mit zweimal vier feinen Härchen besetzt. Die Stirnschiene ist äusserst schmal, die vor der Fühlerbucht nach innen abgehenden Fortsätze sind grosse runde Anhänge von rothbrauner Farbe. Ausserdem sitzen aber dieser Stirnschiene in der Mitte sechs kleine zapfenförmige Anhänge an, welche nach aussen hin stufenweise an Grösse abnehmen: die äussersten sind sehr klein. Die Vorderecken der Fühlerbucht sind abgerundet, diese selbst sehr flach. An den fadenförmigen Antennen ist das zweite Glied ungefähr ebenso lang, wie das erste, die beiden folgenden je halb so lang, das fünfte wieder etwas länger. Das Auge erscheint als flache Hervorwölbung. Die flach convexen Schläfen sind mit drei sehr kurzen Härchen besetzt und verlaufen divergirend bis zu den stilförmig nach hinten verlängerten, spitzwinkligen Schläfenecken, welche mit zwei langen Borsten besetzt sind. Die Hinterhauptsecken sind kaum angedeutet, das Hinterhaupt geradlinig. Die schmale Hinterhauptsschiene verbreitert sich seitlich zu je einem etwa dreieckigen Flecke. Die Schläfenschienen sind am hinteren Schläfenrande etwas breiter als vor den Schläfenecken, hier mit drei denen der Stirnschienen ähnlichen, von vorn nach hinten an Länge ab-

nehmenden und ein wenig schräg nach vorn gerichteten zapfenartigen Anhängen versehen.

Der Prothorax ist rechteckig mit schwach abgerundeten Seiten, welche
in der Mitte auf einer kleinen Pustel eine Borste tragen. Der höchst charakteristische Metathorax springt an den Seiten flügelartig vor, ist so breit
wie der Kopf, noch einmal so breit wie der Prothorax und an den Ecken mit
zwei Borsten besetzt, auf welche etwas nach hinten noch eine dritte folgt.
Von dieser breitesten Stelle aus sind die Seiten nach dem Prothorax zu abgerundet, nach dem Abdomen hin gerade, nur diese Hälfte trägt eine Chitinschiene. Hinten ist der Prothorax bis zu der Sutur zwischen dem sehr kleinen
ersten und dem zweiten Abdominalsegmente verlängert. Die Beine sind kurz
und dick. Das Abdomen ist scheibenförmig rund, an den Segmentecken kaum
eingekerbt. Das erste Segment ist ausserordentlich klein, an den Seiten als
kleine Rundung kaum hervortretend, auf dem zweiten Segmente durch eine
convexe Naht markirt. Ganz ähnlich ist die Bildung des ersten Hinterleibs-
segments bei *Rhopalocerus dilatatum* und *subdilatatum* und erinnert ferner an
diejenige bei *Strongylocotes*. Das zweite Segment ist um so grösser, an den
Seiten stark gerundet. Das achte erscheint beim Männchen als ganz kleiner
Zapfen jederseits vom neunten. Dieses ragt nicht sehr weit hervor und ist
abgerundet, am Hinterrande mit zwei Borsten besetzt. Der Copulationsapparat
ist kurz. Beim Weibchen sind die beiden letzten Segmente verschmolzen.
Dies Endsegment ist breit, abgerundet, in der Mitte des Hinterrandes mit
sanftem Einschnitte und seitlich davon mit mehreren Borsten besetzt. Die
Naht nach dem siebenten Segmente ist nach vorn winklig. Die Seitenschienen
sind breite, ziemlich viereckige Chitinplatten. Jedes Segment trägt zwei mediane Borsten und jederseits eine nahe dem Rande.

Die Grundfarbe ist schmutzig-gelblichweiss. Die Seitenschienen des
Abdomens sind hellbraun, am Kopf und Thorax röthlichbraun.

Länge:	♂ 1,30 mm.	♀ 1,44 mm.
Kopf	0,36 „	0,38 „
Thorax	0,24 „	0,25 „
Abdomen	0,70 „	0,81 „
3. Femur	0,16 „	0,16 „
3. Tibia	0,13 „	0,13 „

Breite:

Kopf	0,58 mm,	0,60 mm.	
Prothorax	0,29 „	0,30 „	
Metathorax	0,58 „	0,61 „	
Abdomen	0,74 „	0,78 „	

Auf *Tinamus (Rhynchotus) rufescens,* in der Sammlung des zoologischen Museums zu Hamburg.

Die Rudow'sche Beschreibung in seiner Dissertation lautet (p. 22) also: „Kopf fast so breit als Abdomen, halbmondförmig, gelb mit rothen Rändern und vier rothen Stirnpunkten. Fühler regelmässig, behaart. Prothorax schmal, Metathorax mit zwei hakenförmigen Seitenfortsätzen, so breit als der Kopf, gelb mit rothen Rändern. Abdomen mit runden Segmenträndern, Spitze zwei-höckrig, hellgelbe Zeichnungen viereckig, rothbraun bis zu $\frac{1}{3}$ der Segment-breite, Rücken und Nähte hell, behaart, Füsse klein. Grösse 1 mm."

Gct. verrucosus m. (Taf. III. Fig. 4).

Das einzige mir vorliegende Exemplar dieser Art gehört der Sammlung der Berliner Thierarzneischule und ist ein Männchen. Die sehr eigenthümlichen Kennzeichen lassen es gerechtfertigt erscheinen, darauf eine neue Art zu begründen.

Der Kopf ist trapezförmig, der Vorderkopf nicht halb so gross wie der Hinterkopf, weil die Fühler sehr weit vorn ansitzen. Die Stirn trägt einige feine Härchen; die schmale Stirnschiene verbreitert sich in der Mitte ein wenig, die inneren Fortsätze sind kurz und dünn. Die Fühlerbucht ist flach, die Fühler haben ein dickes Grundglied, ein etwas längeres zweites und unter sich ziemlich gleiche kürzere Endglieder. Das Auge wölbt sich nicht vor. Die Schläfen divergiren bedeutend, die nach hinten gezogenen Schläfenecken sind abgerundet spitzwinklig und mit zwei Borsten besetzt. Der hintere Schläfenrand ist etwas ausgeschweift, die Hinterhauptsecke gar nicht entwickelt, nur durch ein Dornspitzchen markirt, das Hinterhaupt gerade. Die Schiene des letzteren ist schmal, an den Seiten nicht verbreitert, aber etwas nach vorn gekrümmt und braun gefärbt. Die Schläfenschiene ist hell, schmal, beginnt vor dem Auge mit einem rundlichen Flecke, entsendet hinter dem ersteren einen kleinen zugespitzten Fortsatz und an dem hinteren Schläfenrande einen grossen dreieckigen Lappen.

Der Prothorax ist trapezförmig mit wenig divergenten, etwas gewölbten Seiten, vor den abgerundeten Hinterecken steht eine Borste. Der viel breitere Metathorax hat lappenartig vortretende abgerundete Seiten, welche in der Mitte zwei Borsten tragen. Der Hinterrand verhält sich nebst dem ersten Abdominalsegmente gerade so, wie bei voriger Art. Die Beine sind mässig lang, die Schenkel länger als die Schienen.

Das Abdomen ist oval, an den Segmentecken kaum eingekerbt und mit Borsten besetzt. Das erste Segment ist also sehr kurz, an den Rändern fast gar nicht bemerkbar, auf der Fläche durch eine convexe Sutur markirt, das zweite ist das längste von allen, das achte mit dem neunten vereinigt. Dieses tritt fast gar nicht nach hinten hervor und ist am Hinterrande flach gewölbt. Der Copulationsapparat ist sehr kurz. Die Seitenschienen sind breite, viereckige Platten, über welche eine dunklere $\sim$-förmige Leiste hinzieht. Die Seitenflecke sind hellgelb, aber deutlich erkennbar, die beiden letzten Segmente werden ganz von ihnen eingenommen. Die Segmente tragen zwei mediane und je eine seitliche Borste.

Das Eigenthümlichste dieser Art sind kleine, rundliche, warzenartige Erhebungen an der Dorsalseite; sie sind in einfachen und doppelten Reihen angeordnet und finden sich auf den beiden Thorakalsegmenten und zwar an den seitlichen Partien derselben und auf den Seitenschienen der Abdominalsegmente.

Die Grundfarbe ist gelblich, die Mitte des Abdomens schmutzigweiss, die Chitinschienen bräunlich

Länge	♂ 1,27	mm.			
Kopf	0,30	„		0,50	mm.
Thorax	0,23	„	{ Prothorax	0,29	„
			{ Metathorax	0,50	„
Abdomen	0,74	„	·	0,69	„
3. Femur	0,20	„			
3. Tibia	0,16	„			

Auf *Tinamus variegatus.*

2. Auf Tauben lebende Arten.

Gct. procerus m. ♀ (Taf. II. Fig. 6.)

Der Kopf ist etwas breiter als lang, die Stirn parabolisch gerundet, mit zweimal fünf Borstchen besetzt. Die Stirnschiene ist breit und parallelseitig, die nach innen gerichteten Fortsätze sind sehr lang und schmal. Die Vorderecken der Fühlerbucht treten spitz hervor, die letztere ist mässig tief, die Fühler sind kurz; das kurze, dicke Grundglied ragt nicht aus der Antennengrube hervor, das zweite ist länger und schlanker, das dritte wenig kürzer und so lang wie die unter sich gleichen kurzen Endglieder zusammen. Das Auge ist flach vorgewölbt. Die Schläfen divergiren stark und sind ausgeschweift, die Schläfenecken ragen scharfspitzig weit an den Seiten vor und tragen etwas hinter der eigentlichen Spitze zwei lange Borsten. Der hintere Schläfenrand ist auch etwas concav; die Hinterhauptsecken scharf, mit einem Dornspitzchen besetzt, das Hinterhaupt tritt zurück und ist convex. Die Hinterhauptsschiene bildet an den Seiten je zwei fleckenartige Erweiterungen: die Verbindungsschienen nach den Mandibeln sind angedeutet. Vor dem Auge steht ein brauner Chitinfleck.

Der Prothorax ist ziemlich lang trapezförmig, mit geraden, nicht sehr stark divergirenden Seiten: an den nicht vorspringenden Hinterecken steht eine Borste. Die Seiten sind mit breiten braunen Chitinschienen belegt, welche sich auf den Metathorax fortsetzen und hier etwas nach innen von den Seiten verlaufen. Dieser ist breiter, hat abgerundete, in der Mitte mit zwei Borsten besetzte Seiten und, wie es scheint (nicht ganz deutlich zu erkennen), einen convexen Hinterrand, welcher in der Mitte zwei Borsten trägt. Die Beine sind lang und schlank, die Klauen sehr dünn und fast gerade.

Das Abdomen ist sehr langgestreckt, eiförmig, die Seiten sind an den deutlich vortretenden, abgerundeten Segmentecken flach gekerbt. Das siebente Segment ist kürzer als die vorhergehenden, das achte mit dem neunten verschmolzen. Dieses ist flach gewölbt und in der Mitte des Hinterrandes mit einem seichten Einschnitte versehen. Die Seitenschienen sind an der Ventralseite bedeutend breiter, biegen sich an den Suturen nach innen um und erscheinen hier wie ein liegendes C, welches viel dunkler gefärbt ist. Ausser den gewöhnlichen Randborsten trägt jedes Segment zwei mediane und je eine seitliche Borste. Randflecke sind an meinem Exemplare nicht deutlich. Die Grundfarbe ist schmutzig-gelbweiss, an den Schienen braun.

Länge	♀ 2,41 mm.	Breite
Kopf	0,62 „	0,89 mm.
Thorax	0,38 „	0,59 „
Abdomen	1,41 „	0,93 „
3. Femur	0,36 „	
3. Tibia	0,41 „	

In einem weiblichen Exemplare von Herrn Dr. Meyer auf *Hemicophops albifrons* gesammelt: ein zweites, angeblich von *Buceros flavicollis*, hat sich wohl nur zufällig auf diesen Wirth verirrt. (Im Dresdener zoologischen Museum).

Gct. affinis m. (Taf. II. Fig. 4).

Unter diesem Namen beschreibe ich zunächst nur ein männliches Individuum und lasse es unentschieden, ob ein sehr ähnliches, ebenfalls von mir abgebildetes Weibchen (Taf. II. Fig. 5) dazu gehört. Beide sind der vorigen Art in der Ausbildung der einzelnen Theile so ähnlich, dass es genügen wird, die Unterschiede hervorzuheben.

Vor Allem ist diese Art kleiner, der Kopf ist schmäler, die Fortsätze der Stirnschiene sind kürzer, die Vorderecken der Fühlerbucht sind etwas nach hinten und unten gerichtet. An den Fühlern ist das dritte Glied nur so lang wie das vierte, das fünfte um ein Weniges länger; das dicke Grundglied ragt aus der Antennengrube hervor. Die Schläfen sind ziemlich gerade, die Schläfenecken stumpfer; der hintere Schläfenrand ebenso ausgeschweift wie bei voriger Art. Am Prothorax treten die Hinterecken etwas mehr hervor, der Metathorax ist kürzer, die Seiten flacher gewölbt. Die Beine sind kürzer. Der Hinterleib ist breit eiförmig, die Segmentecken treten weniger hervor, die Einkerbungen der Seitenränder sind daher noch unbedeutender. Das achte Segment ist als kleine zugespitzte Hervorragung beiderseits vom neunten ausgebildet; dieses ist breit, ragt nicht sehr weit vor und ist flach gewölbt. Die Seitenschienen sind schmal, an den Suturen nicht so weit umgebogen, besonders an Segment 2—5 nur einen kurzen Haken bildend. Vor den Suturen erkenne ich auf den einzelnen Segmenten in der Mitte keine

Borsten, dagegen jederseits davon eine Reihe dicht bei einander stehender. Die Färbung ist schmutzigweiss, auf dem Kopfe mehr gelblich, an den Schienen hellbraun.

Länge	5 1,47 mm.		Breite	
Kopf	0,44	„	0,58 mm.	
Thorax	0,25	„	0,46	„
Abdomen	0,78	„	0,71	„
3. Femur	0,21	„		
3. Tibia	0,19	„		

Auf *Carpophaga rufigastra* von Herrn Dr. Meyer gesammelt (im Dresdener zoologischen Museum).

Ein Weibchen, welches ich geneigt bin, für zugehörig zu halten, hat derselbe Forscher auf *Myristicivora bicolor* gesammelt.

Dasselbe stimmt in der Bildung des Kopfes, des Prothorax, der Form der Seitenschienen des Hinterleibes ganz damit überein. Der Metathorax hat ein wenig mehr gewölbte Seiten, das Abdomen ist langgestreckt, eiförmig. Die Segmentecken treten etwas mehr hervor. Das achte Segment ist mit dem neunten verschmolzen; dieses abgerundet, in der Mitte des Hinterrandes mit seichter Einbuchtung. Die Beborstung der Segmente ist fast ganz abgerieben, so dass ich nur jederseits eine seitliche und auf dem ersten Segmente zwei mediane Borsten finde.

Ob die angeführten Unterschiede als geschlechtliche Differenzirung zu deuten sind oder ob wir es mit einer selbstständigen Art zu thun haben, lässt sich nur nach Vergleichung mehrerer Exemplare entscheiden.

Die Maasse sind folgende:

Länge	1,80 mm.		Breite	
Kopf	0,48	„	0,63 mm.	
Thorax	0,32	„	0,49	„
Abdomen	1,10	„	0,76	„
3. Femur	0,23	„		
3. Tibia	0,20	„		

Gct. carpophagae Rud. (Taf. II. Fig. 10, 10 a.)

Zeitschr. f. ges. Naturwiss. XXXV. (1870) p. 478. Giebel. Ins. epiz. p. 187.

Der Kopf ist ziemlich so lang wie breit, die Stirn hochgewölbt, mit einigen feinen Haaren besetzt. Die Stirnschiene ist ausserordentlich breit, namentlich in der Mitte, am Innenrande ausgezackt, die nach innen gerichteten Fortsätze sind kolbig. Die Vorderecke der Fühlerbucht ist für diese Art besonders charakteristisch; sie ist nach hinten und unten gerichtet und am Ende breit abgestumpft. Die Antennengrube ist mässig tief. An den kurzen Fühlern sind die beiden ersten Glieder und ebenso die übrigen je unter sich ziemlich gleichlang. Das Auge ist kaum bemerkbar. Die Schläfen divergiren nicht sehr bedeutend und sind etwas ausgeschweift. Die Schläfenecke ist abgerundet spitzwinklig, mit einem Dornspitzchen und zwei Borsten besetzt. Auch der hintere Schläfenrand ist etwas ausgeschweift. Die Hinterhauptsecken sind scharf spitzwinklig, mit einem Dornspitzchen besetzt. Das concave Hinterhaupt tritt dagegen zurück.

Der Prothorax ist trapezisch mit sehr wenig divergirenden geraden Seiten, an den Hinterecken steht eine Borste. Der breitere Metathorax hat flach gewölbte Seiten, mit zwei Borsten an der breitesten Stelle. Der Hinterrand ist in der Mitte etwas concav. Die Beine sind kurz und dick; die Klauen sehr dünn.

Das Abdomen ist beim Männchen kürzer und breiter, beim Weibchen länger eiförmig, an den Seiten gleichmässig gerundet, mit kaum bemerkbaren Randeinkerbungen an den Segmentecken. Das erste Segment ist etwas länger als die folgenden, das achte bei beiden Geschlechtern mit dem neunten vereinigt. Das Endsegment tritt beim Männchen deutlich vor und ist abgerundet, am Hinterrande mit einigen Borsten besetzt. Die Chitinleisten des Copulationsapparates sind sehr dünn und reichen bis zum Thorax hinauf. Beim Weibchen ist das Endsegment sehr breit, am Rande vom siebenten kaum abgesetzt, am Hinterrande ist es abgestutzt und mit einigen Borsten besetzt, in der Mitte kaum eingeschnitten. Unter der Geschlechtsöffnung steht in halbkreisförmigem Bogen eine Reihe kurzer Dornen.

Die Seitenschienen sind schmal, an den Suturen etwas umgebogen. Die Randflecke erscheinen sehr hell und sind deshalb wenig bemerkbar. Die

13*

Endsegmente sind einfarbig gelblich. Die Segmente tragen jederseits eine
Borste nahe dem Rande ausser den gewöhnlichen Borsten an den Ecken.

Die Grundfarbe des Abdomens ist schmutzigweiss, im Uebrigen gelblich,
die Seitenschienen sind an Kopf und Thorax theilweise rothbraun.

Länge	♂ 1,00 mm,	♀ 1,13 mm.
Kopf	0,35 „	0,34 „
Thorax	0,19 „	0,19 „
Abdomen	0,46 „	0,60 „
3. Femur	0,15 „	0,15 „
3. Tibia	0,11 „	0.11 „
Breite:		
Kopf	0,39 „	0,39 „
Thorax	0,33 „	0.31 „
Abdomen	0,49 „	0,49 „

Diese Art wurde zuerst von Rudow auf *Carpophaga perspicillata* gefunden. Herr Dr. Meyer sammelte einzelne Exemplare auf derselben Taube,
ferner auf *Carpophaga pinon, Paulina; Myristicivora melanura; Eutrygon terrestris, Henicophaps albifrons*. Ich sammelte sie auf trockenen Bälgen bei
Herrn Schlüter von folgenden Tauben: *Carpophaga perspicillata, pinon, Paulina, neglecta, aenea; Myristicivora luctuosa, Ptilopus puellus*.

Var. **robustus** m.

Ein weibliches Exemplar von *Henicophaps albifrons* stimmt in seinem
Baue zu sehr mit *Get. carpophagae* überein, um es als specifisch verschieden
davon zu trennen. Doch berechtigen folgende Besonderheiten zur Aufstellung
einer Varietät.

Grösser, kräftiger gebaut; Kopf breiter, mit breiter, in der Mitte enorm
erweiterter (0,09 mm), an der Innenseite mehrfach tief eingeschnittener Stirnschiene, deren nach innen gerichtete Fortsätze lang und dick sind. Der
rundliche Chitinfleck hinter der Fühlerbucht und die fleckenartig erweiterten
Seitentheile der Hinterhauptsschiene sind grösser. Die Seiten des Prothorax
divergiren etwas mehr. Das Abdomen ist breiter, die Seitenschienen breiter,
auf die Suturen länger umgebogen.

Länge	♀ 1,27 mm.	Breite	
Kopf	0,44 „	0,56 mm.	
Thorax	0,19 „	0,44 „	
Abdomen	0,64 „	0,65 „	

Das einzige Exemplar ist von Herrn Dr. Meyer gesammelt (in der Sammlung des zoologischen Museums zu Dresden).

Get. flavus Rud. (Taf. III. Fig. 5, 5a.)

Goniodes flavus Rud. Zeitschrift f. ges. Naturwiss. XXXV. (1870) p. 486.
Goniocotes flavus Rud. Giebel, Ins. epiz. p. 188.

Ein von Rudow selbst dem zoologischen Museum in Halle mitgetheiltes Pärchen dieser Art liegt nachfolgender Beschreibung zu Grunde.

Der Kopf ist breiter als lang, die Stirn parabolisch gerundet, mit einigen feinen Härchen besetzt; die Stirnschiene schmal, in der Mitte nur wenig verbreitert. Die Fühlerbucht ist ziemlich tief, das erste Antennenglied ragt nicht daraus hervor, das zweite ist etwas länger, die drei übrigen unter sich gleichen Glieder sind kürzer. Das Auge tritt nicht hervor, ist durch eine lange Borste markirt. Die geraden Schläfen divergiren stark; die abgerundet spitzwinkligen Schläfenecken tragen zwei Borsten. Die Hinterhauptsecken sind scharf, mit einem Dornspitzchen besetzt; das Hinterhaupt tritt ein wenig zurück. Die fleckenartigen Verbreiterungen an den Seiten der Hinterhauptsschiene sind sehr klein.

Der Prothorax ist trapezförmig, mit schwach divergirenden Seiten und einer Borste an den Hinterecken. Der Metathorax ist etwas breiter, seine Seiten sind sehr flach gewölbt, an den vom Abdomen kaum abgesetzten Hinterecken am breitesten und hier mit zwei Borsten besetzt. Der Hinterrand ist stark convex, in der Mitte mit zwei und jederseits nahe den Hinterecken mit einer Borste. Die Seitenschienen an beiden Brustsegmenten schmal. Die Beine sind von proportionirter Länge.

Das Abdomen ist beim Weibchen länger und schlanker, beim Männchen kurz und breiter; die Seiten an den abgerundeten Segmentecken sehr schwach eingekerbt. Das erste Segment ist ein wenig länger als die folgenden, das achte beim Männchen verhältnissmässig gross, ganz an den Hinterrand des Hinterleibes gerückt, das neunte ist schmal, ragt nicht weit hervor und ist abgestutzt. Beim Weibchen ist das achte mit dem neunten verschmolzen, am Rande vom siebenten kaum abgesetzt, abgerundet und in der Mitte des Hinterrandes mit einem Einschnitte versehen. An den Seiten der Geschlechtsöffnung stehen einige Borsten, davor nahe den Seiten jederseits eine nach innen gebogene schmale Chitinleiste.

Die Seitenschienen sind sehr schmal, an den Suturen umgebogen, nach innen verläuft eine zweite, welche mit den Randschienen an den Segmentecken zusammentrifft. Die Stigmen sind deutlich, die Suturen nur zwischen den ersten Segmenten auch in der Mitte zu erkennen. Die blassen Randflecke sind langgestreckt dreieckig, die Endsegmente einfarbig. Jedes Segment trägt jederseits nahe dem Rande eine Borste.

Die Färbung ist blassgelb, die Chitinschienen sind wenig dunkler.

Länge	♂ 0,96 mm.	♀ 1,29 mm.
Kopf	0,29 „	0,35 „
Thorax	0,14 „	0,16 „
Abdomen	0,53 „	0,78 „
3. Femur	0,16 „	0,18 „
3. Tibia	0,16 „	0,18 „
Breite:		
Kopf	0,40 „	0,47 „
Thorax	0,29 „	0,34 „
Abdomen	0,52 „	0,60 „

Auf *Phaps chalcoptera*.

Lipeurus N.

Diese artenreiche Gattung hat mit *Goniodes* die geschlechtliche Differenzirung der Antennen gemeinsam, besitzt dagegen einen an Schläfen und Hinterhaupt abgerundeten Kopf, wie die meisten übrigen Formen dieser Familie, so dass es ziemlich schwierig ist, eine scharfe Grenze zu finden, wenn man es bloss mit weiblichen Individuen zu thun hat. Namentlich ist es die Gattung *Nirmus*, mit welcher in einem solchen Falle leicht Verwechselungen eintreten können. Es will mir scheinen, als ob das einzige einigermaassen

sichere Unterscheidungsmerkmal für *Lipeurus* in der Anheftung des zweiten
und dritten Beinpaares ganz nahe am Thorakalrande zu erkennen sei. Hier-
durch ragen die Hüften fast in ihrer ganzen Länge seitlich hervor. Ich habe
daher auch solche Formen, wo dies nicht der Fall ist und welche man bisher
zu *Lipeurus* stellte, davon ausgeschlossen. Freilich finden sich auch unter
Nirmus einige Beispiele, wo die Hüften vortreten, doch gewöhnlich nur am
dritten Beinpaare. Ferner ist für *Lipeurus* sehr charakteristisch, dass der
Metathorax an den Vorderecken aufgetrieben ist, doch auch dieses Merkmal
findet sich bei einigen *Nirmus* wieder.

Die Körperform der *Lipeurus* ist im Allgemeinen langgestreckt und
schmal, was bei manchen Arten in ganz exquisiter Weise hervortritt, seltener
ist der Körper kurz und breit *(docophoroides)*. Der Kopf ist meist schmal,
gewöhnlich an den Schläfen erweitert, und hier stets abgerundet. Die Stirn
ist entweder vollständig abgerundet *(polytrapezius, taurnalis, longus* u. A.), oder
nur in der Mitte gerundet, an den Seiten geradlinig *(bifasciatus, annulatus)*,
oder sie bildet einen abgerundeten Winkel *(thoracicus)* oder ist ganz zugespitzt
(inaequalis, appendiculatus) oder endlich mehr oder weniger tief ausgeschnitten
(emarginatus, longipes), wodurch zuweilen die Seiten des Einschnittes zangenartig gestaltet erscheinen *(longiceps)*. In vielen Fällen setzt sich der mittelste
Theil des Vorderkopfes als Clypeus durch eine Naht vom übrigen Kopfe ab.
Derselbe ist dann häufig durch einen verschieden gestalteten, bald heller, bald
dunkler gefärbten Fleck (Signatur) ausgezeichnet. An der Sutur ist zuweilen
die Stirn auch mit einer Randeinkerbung versehen und diese mit einer besonders gestalteten Borste besetzt. Diese Verschiedenheiten nebst einigen
anderen durch die Beschaffenheit der Stirnschiene begründeten sind von Piaget
in sehr passender Weise zur Gruppeneintheilung verwerthet worden, worauf
wir noch zurückkommen. Der Vorderkopf ist jederseits mit einer Anzahl
(5—7) Borsten besetzt, die theils dorsal, theils ventral eingewurzelt sind.

Die Antennengrube pflegt im Allgemeinen nicht sehr tief zu sein, die
Vorderecke braucht als solche gar nicht ausgebildet zu sein, kann aber auch
mehr oder weniger weit vorragen und ein „Bälkchen" bilden. Die Fühler
sind in beiden Geschlechtern in ganz ähnlicher Weise wie bei *Goniodes* differenzirt. Beim Männchen ist das erste Glied lang und dick, zuweilen so lang,
wie alle folgenden zusammen; cylindrisch oder keulenförmig, zuweilen mit

einem Anhange versehen. Dieser kann, ebenfalls wie bei *Goniodes*, sehr verschiedene Ausbildung haben: er ist ein einfacher kegelförmiger Zapfen *(hebraeus,
grandis)* oder an der Basis verdickt und am Ende zugespitzt *(ferox)* oder
am Ende gegabelt *(foedus)*. Das dritte Glied hat entweder bloss eine vorgezogene obere Ecke oder diese entwickelt sich zu einem Fortsatze, welcher
hakenförmig gekrümmt sein *(hebraeus)* und die kurzen Endglieder in einer
mit der Längsachse der Fühler nicht zusammenfallenden Richtung tragen kann
(ferox). Beim Weibchen sind die Fühler einfach fadenförmig, das erste Glied
pflegt das dickste, das zweite das längste zu sein. Das Auge wölbt sich
mehr oder weniger hervor und ist häufig mit einer Borste besetzt.

Die Schläfen sind meist abgerundet, zuweilen gerade, divergirend
(longus) oder parallel *(variabilis)*, mit Borsten besetzt; die Schläfenecken, abgerundet, selten abgerundet winklig, pflegen die breiteste Stelle des Kopfes
zu bilden. Das Hinterhaupt tritt meist etwas zurück, ist selten convex *(polytrapezius, docophoroides)*. Davor steht auf dem Hinterkopfe häufig ein Fleck
(Signatur). Eine besondere Beachtung verdienen noch die Kopfschienen. Die
Hinterhauptsschiene ist schmal und entsendet nicht überall Verbindungsschienen
zu den Mandibeln. Wenn solche vorhanden sind, so können sie einander
parallel sein oder divergiren oder convergiren. Die Schläfenschienen beginnen
hinter dem Auge mit einer fleckartigen Verbreiterung: vor dem Auge steht
ebenfalls ein Chitinfleck. Die Stirnschiene kann den Vorderkopf ununterbrochen
umziehen *(circumfasciati)* oder an der Sutur des Clypeus aufhören; zuweilen
tritt sie an den Seiten des Clypeus selbst von Neuem auf *(pallidus, annulatus)*,
meist biegt sie sich nach innen um und legt sich an die Signatur des Clypeus,
in noch anderen Fällen an die zu dem Munde hinleitende Rinne an. An den
Vorderecken der Fühlerbucht biegt sich die Stirnschiene ebenfalls nach innen
um nach den Mandibeln zu. Die Stirnschiene braucht nicht immer parallele
Ränder zu haben und trägt zuweilen am Innenrande rundliche, fleckenartige
Anhänge, welche in der Zwei-, Vier- oder Sechszahl auftreten können und
charakteristisch sind für die auf Raubvögeln und Papageien lebenden Arten.

Der Prothorax ist rechteckig oder trapezisch, mit geraden oder ab-
gerundeten Seiten, vorn verschmälert und vom Hinterkopfe bedeckt, die
Hinterecken zuweilen spitz vortretend *(oviceps, hebraeus)*, mit oder ohne Borste.
Die Seiten sind mit Schienen belegt, die Mitte bleibt heller als die seitlichen

Partien, an welchen über den Hüften der Vorderbeine Flecke stehen. Der Metathorax ist selten *(heterographus)* ebenso lang wie der Prothorax, meist um das Doppelte und mehr länger als derselbe und stets etwas breiter. Die Vorderecken treten fast überall etwas vor und dahinter findet sich häufig eine mehr oder weniger tiefe Randeinkerbung, welche die Verschmelzung mit dem Mesothorax anzuzeigen scheint. Die Seiten sind gerade oder gewölbt, meist divergirend, seltener parallel, der Hinterrand ist entweder concav *(longicornis, setosus)* oder gerade *(temporalis, parviceps)* oder in der Mitte mehr oder weniger winklig *(mutabilis, hebraeus* und viele Andere). Die beiden Seitenschienen des Metathorax hören häufig an der Randeinkerbung auf; derselbe besitzt ferner zuweilen einen oder drei dunkle Querflecke, von denen der dritte randständig sein oder sich etwas davon entfernen und helle Pusteln für die Einwurzelung von Borsten tragen kann. Solcher stehen ein wenig nach einwärts vom Hinterrande jederseits eine Anzahl dicht bei einander, die meist sehr lang sind. An der Sternalseite bemerkt man zwischen den Hüften des ersten und zweiten Beinpaares stets zwei quere Chitinleisten, zuweilen zwischen den Hüften des zweiten Paares einen braunen verschieden gestalteten Fleck, dem in einigen Fällen *(polytrapezius)* ein zweiter folgen kann, welcher sich bis zum ersten Abdominalsegmente erstreckt.

Von den Beinen wurde schon anfangs hervorgehoben, dass sie im zweiten und dritten Paare durch die Insertion nahe am Rande des Thorax ausgezeichnet sind. Dadurch ragen die Hüften fast in ihrer ganzen Länge seitlich hervor und lassen die an sich schon langen Beine noch ausgedehnter erscheinen. Dagegen ist das erste Paar sehr viel kürzer, die Hüften desselben erreichen sich in der Mittellinie und ragen niemals an den Seiten hervor, die Schenkel sind breit, während sie an den beiden anderen Paaren meistens cylindrisch erscheinen. Sie sind gewöhnlich länger als die Schienen, in seltenen Fällen *(quadrimaculatus)* tritt das umgekehrte Verhältniss ein: aussen und innen tragen sie mehrere Borsten und zuweilen sind sie braun gefleckt. Die Schienen sind schlank, nach dem distalen Ende zu gewöhnlich etwas verbreitert. Die Klauen sind kurz und dick.

Das Abdomen ist in der Regel langgestreckt und schmal, sehr selten kurz und breit *(docophoroides)*. Die Segmente sind stets durch deutliche Suturen von einander getrennt, nur das achte und neunte sind mit einander

verschmolzen, doch ist an einer Randeinkerbung oder an einem Höckerchen
die ursprüngliche Getrenntheit zu erkennen. Die Segmentecken sind selten
spitz, meist erscheinen sie an den vorderen Segmenten stumpf, an den hinteren
ganz abgerundet.

Das Abdomen ist selten einfarbig *(appendiculatus)*, meist mit Flecken
versehen, welche viereckig, zungenförmig, ganzrandig oder ausgezackt sein
können, sich zuweilen nach den Geschlechtern verschieden verhalten und bei
unreifen Individuen stets einfacher erscheinen als im erwachsenen Zustande;
sie pflegen sich auch hier, wie bei *Goniodes,* aus mehreren ursprünglich getrennten Flecken durch Zusammenfliessen auszubilden. Die Seitenschienen
sind meist schmal und parallelseitig, sie können an den Suturen aufhören oder
ein Stück über dieselben hinausreichen, in welchem Falle sich das obere Ende
der nachfolgenden Schiene innen an das untere Ende der vorausgehenden anlegt. Zuweilen entsenden sie Fortsätze auf die Flächen, welche complicirte
Formen haben *(setosus, gyricornis, longicornis)* und sehr lang sein können.
Die Beborstung des Abdomens findet sich an den Segmentecken in der gewöhnlichen Weise, auf den Flächen können einzelne Borsten oder mehrere
Reihen derselben stehen. Das Endsegment ist beim Weibchen mehr oder
weniger tief ausgeschnitten, niemals abgerundet, auch beim Männchen nur
selten abgerundet, in der Regel mit einem Ausschnitte versehen. Der Copulationsapparat ist verhältnissmässig kurz, in dem einen Falle dick, im anderen
schlank, bald mit Anhängen versehen, bald ohne solche, überhaupt nach den
verschiedenen Arten im Einzelnen mannigfachen Variationen unterworfen. Die
weibliche Geschlechtsöffnung zeigt dieselben Verschiedenheiten wie bei *Goniodes;*
sie kann nackt, von Borsten in verschiedener Anordnung umgeben sein,
Genitalflecke können sich finden oder fehlen, stets bemerkt man an den Seiten
je eine schmale Chitinleiste.

Die Färbung schwankt im Grundton zwischen schmutzigweiss und
gelblich, darauf erscheinen die Flecke mehr oder weniger braun und die
Schienen stets dunkler, zuweilen schwärzlich.

Die Dimensionen schwanken in der Länge zwischen 1,33 mm *(docophoroides* ♂*)* und 8,56 mm *(ferox* ♂*)*.

Die Arten dieser Gattung haben eine weitere Verbreitung als die bisher von uns besprochenen Formen; sie finden sich auf Raubvögeln, Tauben,

Hühnern, Wadvögeln und besonders zahlreich auf Schwimmvögeln, in einigen Arten sind sie auf Papageien vertreten und nur in Ausnahmefällen bisher auf Singvögeln beobachtet worden.

Piaget führt in seiner Monographie 99 Arten dieser Gattung auf, von denen 66 ausführlich beschrieben werden. Drei derselben trenne ich von *Lipeurus* ab, nämlich *taurus* N., *latus* Piag. und *macrocnemis* N. Dieselben unterscheiden sich durch die gar nicht vorragenden Hüften und die Bildung der Beine, namentlich der Schenkel überhaupt. Sie haben die geschlechtliche Differenzirung der Antennen mit *Lipeurus* gemeinsam, bilden aber im Uebrigen Uebergänge zu anderen Gattungen. Die beiden ersten stelle ich in die neue Gattung *Eurymetopus*, wegen der breiten Stirn so genannt, für die dritte Art gründe ich das Genus *Bothriometopus*, auf einen grossen Stirnausschnitt bezüglich.

Die von Piaget genau beschriebenen Arten, sowie diejenigen schon früher benannten, aber ungenügend charakterisirten, welche mir vorlagen, führe ich nicht hier im Ganzen auf, sondern werde ich innerhalb der einzelnen Gruppen namhaft machen, in welche die Gattung *Lipeurus* durch Piaget in sehr geschickter Weise eingetheilt ist. Dieselben werden, wie schon erwähnt, nach der verschiedenen Ausbildung der Stirn und deren Schienen unterschieden und lassen sich nach folgender Tabelle leicht auffinden.

a. Die Stirnschiene ist mit zwei bis sechs rundlichen, tropfenförmigen Anhängen nach innen versehen. . . . . *guttati.*

b. Deren sind nur zwei klein median gelegene und symmetrische vorhanden. *biguttati.*

bb. Deren sind zwei asymmetrische oder sechs grössere vorhanden. *sexguttati.*

aa. Stirnschiene ohne Anhänge.

c. Die Stirnschiene, von der Fühlerbucht ausgehend, hört an der Naht des Clypeus auf. . . . . *clypeati.*

d. An dieser Naht steht jederseits eine breitere Borste. *clypeati bisetosi.*

dd. Die Borsten an der Naht des Clypeus sind gleich denen des übrigen Vorderkopfes.

e. Die Stirnschiene tritt auf dem Clypeus von Neuem auf. Die Naht des letzteren ist sehr deutlich. . . . . *clypeati sutura distincta.*

ee. Die Stirnschiene tritt auf dem Clypeus nicht wieder auf und biegt sich nach innen um. Die Naht des Clypeus undeutlich. *clypeati sutura indistincta.*

cc. Die Stirnschiene läuft ununterbrochen um den Vorderkopf herum. *circumfasciati.*

14*

f. Die Stirn ist mehr oder weniger abgerundet.

circumfasciati fronte rotundato.

ff. Die Stirn ist winklig. . . . . *circumfasciati fronte angulato.*

I. Typus der **sexguttati.**

An der Innenseite der Stirnschiene sitzen entweder zwei asymmetrische oder sechs zu je drei symmetrisch zur Mittellinie angeordnete tropfenförmige Anhänge an. Die hierhergehörigen Arten leben auf Raubvögeln. Sie sind nahe mit einander verwandt und nicht immer leicht zu unterscheiden. Durch Giebel ist die Artenzahl in ganz unberechtigter Weise vermehrt und die Erkennung der Arten sehr erschwert worden. Eine dieser Arten, *L. quadripunctatus* N., von *Gypaëtos barbatus* (Ins. epiz. p. 209), kann ohne Weiteres gestrichen werden, denn dieselbe ist begründet auf ein einziges weibliches Exemplar, welches noch dazu unreif ist. Es zeigt noch gar keine Flecke und hat noch die dicken Fühlerglieder, wie sie für jugendliche Individuen charakteristisch sind, während sie im ausgebildeten Zustande viel schlanker erscheinen.

Der von Piaget (p. 298, Pl. XXIV, f. 8) beschriebene *L. quadrimaculatus* ist identisch mit *L. aetheronomus* N. Als eigentliche Wohnthiere scheinen *Struthio camelus* und *Rhea americana* anzusehen zu sein, auf welchen Piaget diese Art in sehr grossen Mengen fand; einmal jedoch sammelte er sie ebenfalls zahlreich auf *Aquila fulva*, welche im zoologischen Garten zu Rotterdam nahe bei einer *Rhea* placirt war. Es ist möglich, dass das einzige Exemplar, welches sich in der Sammlung des zoologischen Museums zu Halle befindet, in ähnlicher Weise auf *Sarcorhamphus gryphus* gelangt ist. Möglich aber auch, dass Raubvögel die eigentlichen Träger unseres Thieres sind, und von diesen die Uebertragung auf die *Struthionen* geschehen ist, auf deren zerschlissenem Gefieder sie sich schnell heimisch gefühlt und zahlreich vermehrt haben. Die gegenseitige Länge der beiden letzten Fühlerglieder scheint individuellen Schwankungen unterworfen zu sein. Bei den auf *Struthio* gesammelten Exemplaren fand Piaget das fünfte Antennenglied doppelt so lang wie das vierte, bei den von *Rhea* stammenden war das vierte fast so lang wie das fünfte. Dieses letztere Verhältniss finde ich auch bei dem Nitzsch'schen Exemplare, wo ein Grössenunterschied zwischen den beiden Endgliedern kaum bemerkbar ist.

Ferner beschreibt Giebel einen *L. secretarius* von *Gypogeranus serpentarius*. Diese Art ist gut begründet und von Piaget genau beschrieben.[1] Ich erhielt sie auch von *Vultur fulvus*. Piaget fand eine wenig abweichende Varietät auf *Helotarsus (Circaëtos) ecaudatus*.

Ebenso ist *L. assessor* Gbl. (Ins. epiz. p. 207) von *Sarcorhamphus gryphus* durch Piaget genau bekannt geworden. Von beiden Arten habe ich die Nitzsch'schen und Piaget'schen Typen vergleichen können.

Der von Giebel beschriebene *L. perspicillatus* N. (Ins. epiz. p. 209) von *Vultur fulvus* ist identisch mit *secretarius*.

L. ternatus N. (Ins. epiz. p. 208) von *Sarcorhamphus papa* ist eine selbstständige Art und wird von uns unten näher beschrieben werden.

L. quadriguttatus Gbl. (Ins. epiz. p. 212) von *Cymindis hamatus* hat keine Existenzberechtigung, da diese Art auf zwei ganz unausgebildete weibliche Exemplare begründet ist. Dieselben sind wahrscheinlich auf *assessor* zu beziehen, mit welchem sie die abgerundete Stirn, die geringe Grösse des mittelsten Paares der Stirnschienenanhänge gegenüber dem ersten Paare und die Bildung der Hinterleibsspitze gemeinsam haben.

Ebenso wenig war Giebel berechtigt, auf ein einzelnes weibliches Exemplar von *Neophron percnopterus* eine Art als *L. frater* Gbl. (l. c. p. 210) zu begründen. Das typische Exemplar liegt mir vor; es ist leider zu schlecht erhalten und ist nicht ausgefärbt, so dass ich Nichts darüber sagen kann. Die Beschreibung der Randflecke bei Giebel weist schon auf ein unreifes Exemplar hin.

Die beiden Exemplare, welche mir von *L. monilis* N. (Gbl. l. c. p. 210) von *Neophron monachus* vorliegen, sind nicht in dem Erhaltungszustande, um diese Art sicher von anderen zu unterscheiden; dieselbe scheint selbstständig zu sein.

---

[1] Piaget ist bei Beschreibung der männlichen Fühler in einen eigenthümlichen Irrthum verfallen: was er zweites Glied nennt, ist erstes, das zweite hat er ganz übersehen oder vielmehr für eins mit dem dritten gehalten. Das von ihm als erstes Glied beschriebene Gebilde ist nur die durch das Deckgläschen etwas breit gedrückte Basis desselben resp. zur Fühlerbucht gehörig. Die Täuschung in bezug auf das zweite und dritte Glied kann durch etwas senkrechte Stellung derselben im mikroskopischen Präparate leicht hervorgerufen werden.

Der von Piaget (p. 297, Pl. XXIV, f. 3) beschriebene *L. elongatus* von *Spizaëtos cirratus* ist identisch mit *L. variopictus* Gbl. (l. c. p. 211) von *Aquila fulva* und *Haliaëtos albicilla*, wie ich nach der Vergleichung der beiderseitigen Typen, die Vermuthung Piaget's bestätigend, bemerken kann.

Damit stimmt auch *L. suturalis* Rud. (Beitrag p. 44; Zeitschrift f. ges. Naturwiss. XXXVI, 1870, p. 136) von *Aquila fulva* überein.

Ferner kann ich in *L. quadripustulatus* N. (Giebel, Ins. epiz. p. 208, Taf. XVII, f. 5; Piaget p. 296) höchstens eine Varietät voriger Art erkennen.

Endlich sind hierher als Synonyma zu ziehen *sulcifrons* Denny (p. 169, Pl. XIV, f. 1; Grube, Middendorf's Reise, Zoolog. I, p. 488, Taf. 2, f. 4) von *Haliaëtos albicilla*, und *L. Dennyi* Gbl. (p. 211) — *L. quadripustulatus* D. (p. 167, Pl. XVI) von *Aquila chrysaëtos.*

Von *Polyboras tharus* liegen mir aus der Hamburger Sammlung mehrere leider nicht ausgebildete Exemplare vor, über welche ich in Folge dessen mir kein Urtheil erlaube. Es bleibt also *L. Polybori* Rud. (Zeitschrift f. ges. Naturwiss. XXXVI, 1870, p. 126) noch eine fragliche Art. Nach der Handzeichnung und Beschreibung Rudow's zu schliessen, ist diese Art gar keine der *Sexguttati*, wie ich denn auch in einem Gläschen der Hamburger Sammlung neben einem ächten Raubvogel-*Lipeurus* noch ein zu den *Clypeati* gehöriges Individuum vorfand. Möglich, dass dieses dem Autor bei Beschreibung seines *L. Polybori* vorgelegen hat: denn er hebt die Aehnlichkeit mit *L. tadornae* hervor. „Die drei gelblichen Längsstreifen vorn am Kopf" lassen auch kaum auf die Anhänge der Stirnschiene schliessen; und die „graue" Grundfarbe erscheint sehr verdächtig. Es ist eben eine von jenen Arten, mit deren Aufstellung Rudow unsere Wissenschaft wenig bereichert hat.

Die genauer bekannten Arten fasse ich in folgender Bestimmungstabelle zusammen.

    a. Die Stirnschiene hat vorn zwei asymmetrische Anhänge. Die beiden Thorakalsegmente haben abgerundete Seiten, der Metathorax keine Einschnürung, die Abdominalsegmente mit einer Reihe Borsten. Die Randflecke sind für die Stigmen auf Segment 2—7 ausgeschnitten.   . *quadrimaculatus* Piag.

    aa. Die Stirnschiene hat sechs Anhänge.

    b. Die Seitenschienen des Abdomens biegen sich an den Suturen um und bilden einen ösenartigen Anhang. Beim Weibchen kommen die medianen Flecke des Abdomens mit den Randflecken in keine Berührung.

c. Das Abdomen trägt weder an den Ecken noch auf den Flächen der Segmente Borsten. Die Randflecke haben abgerundete Ecken und Innenseiten und sind etwas schräg nach hinten gerichtet. . . . . *oviceps* Piag. ♀.

cc. Auf den Segmenten des Abdomens stehen ausser an den Ecken zwei Reihen von Borsten. Die Abdominalflecke sind ziemlich viereckig und sind parallel zu den Suturen gerichtet. Beim Männchen sind die Randflecke des siebenten Segments durch keinen Medianfleck verbunden. Das achte trägt einen am Hinterrande concaven Fleck, das neunte ist fleckenlos. . . . *ternatus* N.

bb. Die Seitenschienen des Abdomens bilden an den Suturen keinen ösenartigen Anhang. Die Randflecke werden durch die medianen Flecke, wo solche vorhanden sind, verbunden.

d. Die Stirn ist breit abgerundet, eine Randeinkerbung an derselben nicht vorhanden.

e. Die beiden ersten Paare der Stirnschienenanhänge sind gleich. Beim ♂ werden die zungenförmigen Randflecke auf dem sechsten und siebenten Segmente durch keinen Medianfleck verbunden; zwischen dem achten und neunten eine deutliche Naht, dieses mit zwei oblongen kleinen Flecken, jenes mit einem Querflecke versehen. Die Abdominalflecke sind an den Rändern dunkler gefärbt als in der Mitte. Dieselben sind beim Weibchen auf dem zweiten bis siebenten Segmente durch mediane Flecke verbunden; auf dem achten verschmelzen die viereckigen Randflecke am Vorderrande mit einander. Auf dem siebenten Segmente liegt am Hinterrande des Fleckes ein selbstständiger langgestreckter Streif. . . . . *secretarius* Gbl.

ee. Das zweite Paar der Stirnschienenanhänge deutlich kleiner als das erste. Beim ♂ fehlt auf dem siebenten Segmente der Medianfleck, das achte hat einen Querfleck, der am Hinterrande stark concav ist; zwischen dem achten und neunten keine Naht sichtbar. Die Abdominalflecke in der Mitte ebenso dunkel wie an den Rändern. Beim ♀ ist das siebente Segment ohne Medianfleck; die Flecke des achten sind vereinigt und bis ans Ende des damit verschmolzenen neunten Segments verlängert, somit nach hinten zweispitzig. *assessor* Gbl.

dd. Die Stirn ist in der Mitte etwas vorgezogen und seitlich davon eingekerbt. Beim ♂ fehlen die medianen Verbindungsflecke auf Segment 5, 6 und 7; das achte mit Querfleck, das neunte mit zwei kleinen langgestreckten Flecken. Die Randflecke überall in der Mitte heller als an den Rändern. Naht zwischen Segment 8 und 9 deutlich. Beim ♀ sind die Randflecke auf Segment 1—7 durch einen Medianfleck verbunden; die des achten zu einem einzigen verschmolzen, der aber am Hinterrande gerade, nicht auf das mit dem vorletzten verschmolzene Endsegment verlängert ist. Das letztere ist durch einen medianen Einschnitt zweilappig.

f. Die beiden Lappen des Endsegments beim Weibchen abgestutzt, der mediane Einschnitt dazwischen sehr schmal. . . . . *elongatus* Piag.

ff. Die beiden Lappen etwas zugespitzt. Der Medianeinschnitt breiter.

var. *quadripustulatus* N.

L. ternatus N. (Taf. IV. Fig. 1, 1a, 1b, 1c).

Giebel, Ins. epiz. p. 208, Taf. XVII, f. 3, 4

Der Kopf ist verkehrt eiförmig, vorn etwas zugespitzt und abgerundet, mit zweimal sieben Borsten besetzt. Von den Anhängen der Stirnschiene ist das erste Paar grösser als das mittelste. Die Vorderecken der Fühlerbucht sind abgerundet; diese ist ziemlich flach. Beim Männchen ist das cylindrische erste Glied so lang wie die übrigen zusammen, in der Mitte mit einem an der Spitze gegabelten Fortsatze versehen, das zweite nur halb so lang, das dritte noch etwas kürzer, mit hakenförmigem Fortsatze; die beiden Endglieder gleichlang. An den fadenförmigen weiblichen Antennen sind die beiden ersten Glieder gleichlang, das dritte länger und zwar so lang wie die unter sich gleichen Endglieder zusammen. Das Auge wölbt sich flach vor und trägt eine kurze Borste. Die Schläfen sind abgerundet, beim Männchen mit grösster Breite dicht hinter dem Auge, beim Weibchen in der Mitte. Sie sind mit fünf kurzen Dornspitzchen besetzt. Das Hinterhaupt stark convex; davor steht eine lange, vorn zugespitzte Signatur. Die schmale Schläfenschiene ist am Innenrande wellig. Vor dem Auge und jederseits am Hinterhaupte steht ein dunkler Chitinfleck. Die Verbindungsschienen von letzterem zu den Mundtheilen sind ziemlich parallel und verbreitern sich nach vorn.

Der Prothorax ist trapezförmig, mit geraden Seiten und vortretenden Hinterecken; etwas einwärts von diesen steht eine kurze Borste. Die Seitenschiene verbreitert sich an den Hinterecken. Der breitere und längere Metathorax hat hinter den abgerundeten Vorderecken eine starke Einschnürung, an welcher die sonst schmale Stirnschiene sich fleckenartig verbreiternd aufhört. Die Seiten sind gerade und parallel, der Hinterrand in der Mitte ein wenig eingezogen. Ein wenig nach einwärts von den abgerundeten Hinterecken stehen eine sehr feine und noch weiter der Mittellinie genähert auf einem elliptischen helleren Flecke drei Borsten dicht bei einander.

Die Beine sind sehr lang: die Schenkel länger als die Schienen, beide an der Dorsalseite mit breitem Chitinsaume.

Das Abdomen ist langgestreckt, nach hinten verschmälert: das erste Segment kürzer als die folgenden, das achte und neunte beim Weibchen ohne Naht vereinigt. Das Endsegment ist beim Männchen zweispitzig mit abgerundeten Spitzen, beim Weibchen abgerundet mit medianem Einschnitte am Hinterrande. Die parallelseitigen Seitenschienen biegen sich auf Segment 2—7 an den Suturen um und bilden einen ösenartigen Anhang; auf dem achten fehlen sie beim Weibchen. Die Randflecke sind ziemlich viereckig, beim Männchen auf den sechs ersten Segmenten durch mediane Flecke verbunden, welch' letztere auf dem fünften und sechsten Segmente sehr schmal sind. Auf dem siebenten Segmente fehlt der mediane Fleck; das achte trägt einen breiten, am Hinterrande concaven Querfleck, das neunte ist ohne Fleck. Beim Weibchen fehlt auf dem ersten Segmente ein Medianfleck, auf Segment 2—7 ist je ein solcher vorhanden, auf dem zweiten und siebenten sehr schmal, auf den übrigen quadratisch. Niemals kommt er mit den Randflecken in Berührung. Das achte Segment trägt einen quer-oblongen Fleck, welcher in der Mitte noch durch einen längsgerichteten schmalen Streif verdunkelt wird. Das neunte ist in der vorderen Hälfte mit zwei Dreiecksflecken versehen und an den Hinterecken steht je noch ein schmaler Fleck.

An der Ventralseite steht beim Männchen auf den ersten sechs Segmenten jederseits nahe der Seitenschiene ein oblonger Fleck, welcher nach hinten zu auf jedem Segmente an Grösse zunimmt, auf dem ersten ganz klein und schmal, auf dem sechsten gross, pflaumenartig ist. Beim Weibchen finden sich ebensolche Flecke auf den sieben ersten Segmenten und diejenigen des sechsten sind mit denen des siebenten durch einen Längsstreif verbunden. Die letzteren treten durch schmale Streifen mit dem eigenthümlich gestalteten (Fig. 1b), am Hinterrande jederseits der Mittellinie mit einer Reihe von Borsten besetzten Genitalflecke in Verbindung. Jedes Segment ist ausser an den Ecken mit zwei Reihen von Borsten besetzt, von denen die erste auf dem ersten Segmente aus vier, sonst nur aus zwei Borsten besteht. An der Ventralseite finden sich beim Weibchen in der Umgebung des Genitalfleckes eine Anzahl sehr kleiner unregelmässig angeordneter Borstchen.

Die Grundfarbe des Thieres ist gelbbraun, die Flecke und Schienen
sind in verschiedenen Nuancirungen dunkler braun.

	♂ 4,65 mm.	♀ 4,83 mm.
Länge		
Kopf	0,89 „	0,93 „
Thorax	0,76 „	0,76 „
Abdomen	3,00 „	3,14 „
3. Femur	0,88 „	0,88 „
3. Tibia	0,70 „	0,70 „
Breite:		
Kopf	0,64 „	0,68 „
Thorax	0,79 „	0,80 „
Abdomen	0,90 „	1,05 „

Auf *Sarcorhamphus papa*, in der Sammlung des zoologischen Museums
zu Halle.

II. Typus der biguttati.

Die hierhergehörigen Formen sind ausgezeichnet durch zwei dunkle
rundliche Anhänge nahe der Mitte an der Innenseite der Stirnschiene. Sie
sind bisher nur auf Papageien gefunden.

L. falcicornis G. von *Centropus*, welchen Piaget als Parasit eines
Klettervogels zu diesem Typus rechnet (die Art ist ihm nur aus der ungenügenden Beschreibung Giebel's bekannt), gehört nicht hierher, sondern zu
den *clypeati*. *L. strepsiceros* N. wird von Piaget mit Recht hierher gezogen.
Derselbe hat ausserdem vier neue Formen beschrieben: *L. albidus (Coracopsis
vasa, C. nigra); circumfasciatus (Platycercus melanurus); interruptofasciatus
(Eclectus sinensis, Pl. puniceus); L. femoratus (Eclectus sp.? von Celebes).*
Es liegen mir davon die von Nitzsch aufgestellte Art und *circumfasciatus* Piag.
vor. Diese verschiedenen Arten lassen sich nach folgender Tabelle bestimmen.

a. Stirnschiene in der Mitte unterbrochen. Die Stirn abgestumpft spitzwinklig.
interruptofasciatus Piag.

aa. Stirnschiene nicht unterbrochen; Stirn abgerundet.

b. Das zweite Fühlerglied beim Männchen viel kürzer als das dritte, dieses mit
starker Erweiterung der oberen Ecke. Prothorax so lang wie breit, Metathorax im vorderen Drittel stark eingeschnürt. Färbung blass. *albidus* Piag.

bb. Das zweite Fühlerglied wenig kürzer oder länger als das dritte. Prothorax
   breiter als lang, Metathorax kaum eingeschnürt.

  c. Das zweite Fühlerglied beim Männchen etwas länger als das dritte, dieses
    an der Basis mit einem Höcker.

    d. Prothorax fast quadratisch, Metathorax kurz mit stark divergirenden Seiten.
      Hüften unter dem Thorax verborgen. Färbung hell. . *femoratus* Piag.

   dd. Prothorax mehr rechteckig, Metathorax länger mit weniger divergenten Seiten.
      Hüften ragen etwas an den Seiten vor. Färbung dunkler. *circumfasciatus* Piag.

  cc. Das zweite Fühlerglied beim Männchen kürzer als das dritte. Dieses am
    Innenrande ausgeschnitten, am Aussenrande convex, an der Basis mit einem
    kurzen, zapfenförmigen Fortsatze, die obere Ecke etwas vorgezogen, das dritte
    Glied am Innenrande in der Mitte eckig. Die Segmentecken treten namentlich
    an den mittleren Segmenten stark hervor. . . . . *strepsiceros* N.

Die einzelnen Arten sind sich zum Theil sehr ähnlich, und ich möchte
fast glauben, dass man die drei von Piaget aufgestellten Arten *interrupto-*
fasciatus, *circumfasciatus* und *femoratus* als Varietäten einer einzigen ansehen kann.

L. strepsiceros N. ♂ (Taf. III. Fig. 12. 12a).

    Giebel, Ins. epiz. p. 121.

Der Kopf ist verkehrt eiförmig, die Stirn wohl abgerundet, mit sechs
Borsten jederseits am Rande und zwei mittleren auf der Dorsalfläche nahe
dem Vorderrande. Die Stirnschiene ist schmal, an den Vorderecken der
Fühlerbucht verbreitert, vorn mit zwei kleinen runden Chitinanhängen. Die
Vorderecke der Antennengrube springt wie ein kleines Bälkchen vor. Die
letztere ist tief. Das Grundglied der langen Fühler ist lang und doppelt so
dick wie die folgenden, das zweite hat die gleiche Länge, das dritte ein wenig
länger, innen concav, aussen convex, an der Basis mit einem kleinen, zapfenförmigen Höcker, an der oberen Ecke vorgezogen; das vierte Glied ist das
kürzeste von allen, etwa ein Drittel so lang wie das vorhergehende, innen in
der Mitte eckig; das fünfte ist doppelt so lang, nach oben etwas verschmälert
und abgerundet. Das Auge tritt gar nicht hervor. Die Schläfen sind abgerundet, mit grösster Breite dicht hinter der Fühlerbucht; sie sind mit drei
sehr kurzen Borstchen versehen. Das gerade Hinterhaupt tritt nicht zurück.
Die Schläfenschienen sind sehr schmal. Auf dem Hinterkopfe steht eine nach
vorn zugespitzte Signatur.

                    15*

Der Prothorax hat abgerundete, nach vorn etwas verschmälerte Seiten und abgerundete, nackte Hinterecken. Der breitere Metathorax ist trapezförmig, vorn wenig eingeschnürt. Der Hinterrand ist gerade und trägt jederseits nahe den abgerundeten Ecken vier dicht bei einander stehende lange Borsten. Die Beine sind lang; die Hüften treten deutlich an den Seiten des Metathorax hervor, die cylindrischen Schenkel sind länger als die ähnlich geformten, an der Basis etwas verschmälerten Schienen, an der Innen- und Aussenseite sind sie mit einigen kurzen Borstchen besetzt.

Das Abdomen beträgt etwa die Hälfte von der Gesammtlänge des Thieres, es ist langgestreckt mit ziemlich parallelen Seiten, welche durch die vortretenden Segmentecken sägezahnartig eingeschnitten sind. Die Seiten der einzelnen Segmente sind gerade und divergiren, nur die der beiden letzten sind abgerundet und auch viel weniger am Rande von einander abgesetzt als die vorhergehenden. Das neunte Segment ist breit und flach abgerundet, am Hinterrande jederseits von der Mittellinie mit einem Büschel kurzer Borsten besetzt. Die Borsten an den Segmentecken sind kurz, auf der Fläche sind keine bemerkbar. Die Seitenschienen sind braunschwarz, die Segmente mit braunen Querflecken gezeichnet, zwischen denen nur die Suturen gelblich erscheinen. Der Copulationsapparat ist kurz und dick, er endigt mit zwei Spitzen. An der Ventralseite des achten Segments steht jederseits von der Mittellinie eine schräge, nach hinten divergirende Reihe kräftiger, dicht aneinander gedrängter Borsten.

Die Färbung ist im Allgemeinen kastanienbraun.

Länge	♂ 1,87 mm.	Breite	
Kopf	0,48 „	0,38 mm.	
Thorax	0,43 „	0,45 „	
Abdomen	0,96 „	0,49 „	
3. Femur	0,31 „		
3. Tibia	0,25 „		

Auf *Psittacus erithacus*, in der Sammlung des zoologischen Museums zu Halle in mehreren männlichen Exemplaren. Ein weibliches Stück habe ich ganz unberücksichtigt gelassen, weil es noch vollständig unausgebildet ist.

L. circumfasciatus Piag. (Taf. III. Fig. 13, 13a, 13b, 13c).

p. 301, Pl. XXIV, f. 6.

Der Kopf ist conisch, die Stirn abgerundet mit sechs Borsten jederseits von der Mittellinie. Die Stirnschiene ist breit, erweitert sich vor der Fühlergrube zu einem rundlichen Flecke und trägt vorn zwei runde Anhänge. Die Vorderecken der Antennengrube erscheinen wie kleine Trabekel. Die erstere ist beim Männchen tiefer als beim Weibchen. Die männlichen Fühler haben ein dickes Grundglied, ein wenig längeres schlankes zweites und ein kaum kürzeres drittes Glied, welches an der Basis ein kleines Höckerchen trägt und an der oberen Ecke fast gar nicht erweitert ist; das vierte Glied ist halb so lang wie das fünfte. An den langen dünnen weiblichen Fühlern ist das erste Glied so lang wie das dritte, das zweite etwas länger, von den beiden Endgliedern ist auch hier das fünfte doppelt so lang wie das vierte. Das Auge tritt unbedeutend vor. Die Schläfen sind abgerundet, mit grösster Breite gleich hinter der Fühlerbucht; sie tragen zwei sehr kurze und hinfällige Borstchen. Das Hinterhaupt tritt nur wenig zurück, davor steht auf dem Hinterkopfe eine Signatur. Die Schläfenschienen sind ausserordentlich schmal.

Der Prothorax hat die Form eines Rechtecks; seine Seiten sind schwach gewölbt, etwas nach einwärts von den abgerundeten Hinterecken steht eine Borste. Der längere Metathorax ist trapezisch, vorn kaum eingeschnürt; an den Hinterecken abgerundet, der Hinterrand gerade, jederseits nahe den Ecken mit fünf langen Borsten besetzt.

An den Beinen sind die Schenkel länger als die Schienen.

Das Abdomen ist langgestreckt, beim Männchen hinten ein wenig mehr verbreitert als beim Weibchen; an den Rändern treten die abgerundeten Segmentecken vor. Das erste Segment ist etwas kürzer als die folgenden; beim Männchen ist auch das achte etwas kürzer als die übrigen, vom neunten wenig abgesetzt; dieses abgerundet, mit zahlreichen Borsten besetzt. Beim Weibchen ist das achte von gleicher Länge wie die übrigen, dagegen das neunte sehr kurz und schmal, mit medianem Ausschnitte des Hinterrandes und wenigen Borsten. Der männliche Copulationsapparat ist ganz ähnlich wie bei voriger Art. Die Seitenschienen sind kastanienbraun, an den Suturen nicht umgebogen. Die Segmente werden fast ganz von etwas heller braunen Quer-

flecken eingenommen, zwischen welchen nur die Nähte hell bleiben. Ausser
den Borsten an den Segmentecken stehen auf der Fläche jederseits eine sehr
lange, nach dem Rande und nach der Mitte zu eine zweite etwas kürzere.
Am Hinterrande des achten Segments steht beim Männchen eine Reihe straffer
Borsten seitlich vom Copulationsorgane. Die Grundfarbe ist gelblichbraun.

Länge	♂ 1,75 mm,	♀ 2,05 mm.
Kopf	0,46 „	0,49 „
Thorax	0,38 „	0,38 „
Abdomen	1,01 „	1,18 „
3. Femur	0,30 „	0,29 „
3. Tibia	0,24 „	0,23 „
Breite:		
Kopf	0,34 „	0.36 „
Thorax	0,39 „	0,39 „
Abdomen	0,45 „	0,48 „

Obgleich die vorstehende Beschreibung in einigen Punkten von derjenigen Piaget's abweicht, möchte ich doch für die mir vorliegenden Thiere
keine neue Art begründen, um so weniger, da, wie schon erwähnt, auch die
zwischen *interruptofasciatus, circumfasciatus* und *femoratus* angegebenen Unterschiede vielleicht nur Varietäten einer Art anzeigen. Piaget fand seinen
L. circumfasciatus auf *Platycercus melanurus.* Die mir vorliegenden Exemplare
wurden von Herrn Dr. Meyer auf *Eclectus Linnei, Eclectus polychlorus,
Calyptorhynchus Leachi* und *Tropidorhynchus gilolensis* gesammelt.

III. Typus der clypeati.

Am Vorderkopfe ist ein Clypeus besonders abgesetzt dadurch, dass
die Stirnschiene niemals ganz um den Vorderkopf herumläuft. Dieselbe hört
in dem einen Falle am Hinterrande des Clypeus scharf conturirt auf und biegt
meist mehr oder weniger weit nach innen um, legt sich an den Hinterrand
der Signatur an und kann sich bis in die Nähe der Mandibeln herab erstrecken, ausserdem tritt an den Seiten des Clypeus von Neuem eine Schiene
auf, welche stets kurz ist und vor dem Vorderrande endet. Auf der Dorsalfläche des Clypeus steht eine scharf umschriebene, verschieden gestaltete

Signatur. In dem anderen Falle ist die Sutur des Clypeus meist gar nicht bemerkbar oder wird durch einen hellen, ungefärbten Streifen repräsentirt. Die Stirnschiene kann ebenfalls scharf conturirt aufhören und setzt sich an der Ventralseite als eine Chitinschiene fort, welche die vom Vorderrande des Kopfes nach den Mandibeln verlaufende Vertiefung (Futterrinne) seitlich begrenzt. Auf dem Clypeus kann eine neue Seitenschiene auftreten und denselben ganz umziehen. Die Stirnschiene kann aber auch ganz allmählich durch Hellerwerden der Färbung in derjenigen des vordersten Kopftheiles verschwinden und begrenzt ventral die Rinne nicht oder doch nur auf eine kurze Strecke. Diese Formen schliessen sich in Bezug auf die Bildung der Stirnschiene am nächsten an die *circumfasciati* an, und vor den Mandibeln findet sich wie bei diesen eine halbkreisförmige Vertiefung. Die Signatur ist niemals so ausgeprägt wie im ersten Falle. Wir wollen die eine Form der Ausbildung des Clypeus mit Piaget als Typus der *Clypeati sutura distincta*, die andere als *Clypeati sutura indistincta* bezeichnen. Eine dritte Gruppe ist durch den Besitz von zwei verbreiterten Borsten an der Sutur des Clypeus ausgezeichnet und wird als die der *Clypeati bisetosi* bezeichnet.

a) Clypeati sutura indistincta.

Hierher gehören folgende von Piaget näher beschriebene Arten: *L. baculus* N. (*Columba turtur, palumbus, domestica, bistorta, migratoria, tigrina, capensis*); *L. longiceps* Rud.[1] (*Carpophaga Paulina, perspicillata*); *angusticeps* Piag. (*Procellaria cinerea*); *subangusticeps* Piag. (*Thalassidroma Leachi*); *gracilicornis* Piag. (*Fregata minor*); *signatus* Piag. (*Anastomus lamelligerus*) mit var. *atrata* P. (*Ardea caledonica*) und var. *pallida* P. (*Ardea albolineata*); *praelongus* Piag. (*Tantalus lacteus*); *platalearum* Gbl. (*Platalea leucorodia*); *aequalis* Piag. (*Phoenicopterus erythrochus*); *versicolor* N. (*Ciconia alba*); *raphidius* N. (*Ibis cristata, falcinellus*); *leucopygus* N. (*Ardea cinerea*) mit var. *minor* P. (*Ardea purpurea*) und var. *fasciata* (*Ardea stellaris*); *subsignatus* Gbl. (*Phoenicopterus antiquorum*); *parviceps* Piag. (*Sterna hirundo*); *grandis* Piag. (*Thalassidroma pelagica*); *mutabilis* Piag. (*Procellaria glacialis* und *capensis*; *hebraeus* N. (*Grus cinerea, G. pavonina*); *emarginatus* Piag. (*To-*

---

[1] Ueber diese Art vergleiche unten.

tanus ochropus); longipes (Tinamus obsoletus); latus Piag. (Rhea americana); platyclypeatus Piag. (Perdix sp.? Celebes); exilicornis Piag. (Sterna sp.? Banka). Von diesen scheint mir gracilicornis zur nächsten Gruppe zu gehören. L. latus P. trenne ich ganz von dieser Gattung ab; platyclypeatus ♀ wäre ich geneigt, für einen Nirmus zu halten. Dagegen habe ich einige bisher unge- nügend bekannte und neue Arten zu beschreiben, von denen einige in folgender Bestimmungstabelle weggelassen sind.

Bestimmungstabelle für die Arten mit undeutlicher oder ungefärbter Sutur des Clypeus.

a. Die Stirnschiene ist am Hinterrande des Clypeus unterbrochen, biegt aber nicht nach innen auf den letzteren um, begrenzt auch die zum Munde ver- laufenden Furchen nicht, kann dagegen auf dem Clypeus wieder auftreten und diesen sogar ganz umgeben. Am Vorderrande des Clypeus stehen zwei lanzettförmige Borsten.

b. Der Vorderrand des Clypeus ist abgerundet, stumpf zugespitzt oder flach eingesenkt, rings von einer breiten Chitinschiene umgeben, der Hinterrand ist durch eine ungefärbte Naht vom übrigen Vorderkopfe abgegrenzt.

c. Der Vorderrand des Clypeus ist abgerundet.

d. Der Clypeus ist schmal, die Schiene hat jederseits einen rundlichen Anhang, welche in der Mittellinie nur durch eine schmale helle Naht getrennt sind; die Schläfen sind gerade, fast parallel; an den männlichen Fühlern ist das erste Glied das längste, das zweite schlank, nur wenig kürzer, das dritte nur halb so lang wie dieses. . . . . *baculus* N.

dd. Der Clypeus ist breiter, die Schiene sehr breit, ohne Anhänge; die Schläfen abgerundet. An den Fühlern des Männchens ist das zweite Glied viel kürzer als das erste, dick, am Innenrande mit einem Höcker, das dritte nur um ein Drittel kürzer. . . . . *fortis* m.

cc. Der Vorderrand des Clypeus ist flach eingesenkt, das zweite Glied der männ- lichen Fühler ist ebenso lang wie das erste, sonst wie *baculus*.

baculus var. *cavifrons* m.

ccc. Der Vorderrand des Clypeus ist abgestumpft winklig, so dass der ganze Clypeus dreieckig erscheint. . . . . *Piageti* m.

bb. Der Vorderrand des Clypeus ausgeschnitten; die Seiten des Clypeus abge- rundet, mit etwas nach einwärts geneigten Spitzen endigend. Die Stirn- schiene, mit zwei seitlichen rundlichen Anhängen versehen, hört am Aus- schnitte auf. An den männlichen Fühlern ist das zweite Glied das längste, das dritte nicht viel kürzer als das erste. Schläfen gerade, ziemlich parallel.

longiceps Rud.

aa. Die Stirnschiene hört etwas vor dem Vorderrande des Kopfes auf, aber ohne
Sutur, zuweilen nur durch allmähliches Blasserwerden der Färbung, in ein-
zelnen Fällen biegt sie ein wenig nach innen um. Zur Umgrenzung der zum
Munde verlaufenden Rinne dient sie gar nicht oder nur eine ganz kurze
Strecke. Eine Naht des Clypeus ist oft gar nicht bemerkbar.

e. Vorderrand des Clypeus ausgeschnitten.

f. Metathorax in der Mitte des Hinterrandes winklig vortretend. Vorderecken
der Fühlerbucht trabekelartig selbstständig. Beine auffallend lang. Flecke
des Abdomens durch eine helle Längsnaht in der Medianlinie getrennt.

longipes Piag.

ff. Metathorax mit geradem Hinterrande; Vorderecken der Fühlerbucht gewöhnlich; Beine normal. Flecke des Abdomens ununterbrochen quer.

emarginatus Piag.

ee. Vorderrand des Clypeus nicht ausgeschnitten.

g. Die Stirnschiene biegt sich am Hinterrande des Clypeus mit einem kurzen
Fortsatze nach innen um.

h. Kopf verhältnissmassig klein, Clypeus kurz mit einer bis zum Rande reichenden Signatur, ohne deutliche Sutur. Schläfen abgerundet. Metathorax mit
geradem Hinterrande. . . . . *parviceps* Piag.

hh. Kopf nicht auffallend klein, Clypeus durch eine wellige Naht abgegrenzt,
ganz gefärbt. Schläfen gerade, nach hinten etwas winklig abgerundet. Metathorax mit convexem Hinterrande. . . . . *exilicornis* Piag.

gg. Die Stirnschiene biegt sich am Hinterrande des Clypeus nicht nach innen um.

i. Die Sutur des Clypeus ist deutlich; dieser ist vorn breit abgerundet. Die
allgemeine Färbung ist blass. Metathorax doppelt so lang wie der Prothorax.
Mediane Borsten fehlen auf dem Abdomen. . . . . *subsignatus* Gbl.

ii. Die Sutur des Clypeus ist nicht deutlich.

k. Kopf vorn breit, gerundet.

l. Seitenschienen des Abdomens breit, in der Mitte des Innenrandes ausgeschweift.
Clypeus mit einer schmalen, quer-oblongen Signatur. *macrocnemis* Gbl.

ll. Seitenschienen des Abdomens schmal, parallelseitig. Erstes Fühlerglied beim
Männchen mit einem kleinen Höckerchen nahe der Basis. Hinterrand des
Metathorax in der Mitte winklig, alle Flecke des Abdomens quer.

mutabilis Piag.

kk. Kopf vorn verschmälert, hoch gewölbt oder etwas winklig in der Mitte.

m. Erstes Antennenglied beim Männchen mit Fortsatz. Kopf vorn etwas winklig.
Metathorax in der Mitte des Hinterrandes winklig. Die Abdominalflecke sind
auf jedem Segmente doppelt, linienförmig, nach der Mitte hin verwischt.

grandis Piag.

mm. Erstes Antennenglied ohne Fortsatz.

   n. Dasselbe ist so lang wie die beiden folgenden zusammen, alle mit etwas convexem Aussenrande, das dritte endigt mit einer etwas hakenförmigen Spitze und trägt die Endglieder ausserhalb der Längsachse der Fühler. Metathorax hat gerade Seiten, ohne Einschnürung. Erstes Abdominalsegment kürzer als die folgenden. . . . . *falcicornis* Gbl.

  nn. Metathorax eingeschnürt; erstes Abdominalsegment so lang wie die folgenden; die Abdominalflecke alle durch eine mediane Längsfurche getheilt. Lehmfarbig.

                                    testaceus m.

aaa. Die Stirnschiene hört am Hinterrande des Clypeus auf und biegt nach hinten um, zur Umgrenzung der zum Munde verlaufenden Rinne. Auf dem Clypeus erscheint die Seitenschiene nicht wieder.

   o. Erstes Fühlerglied beim Männchen mit Fortsatz. Färbung weisslich mit schwarzen Seitenschienen und schwarzen Zeichnungen, welche auf dem Abdomen an hebräische Buchstaben erinnern. . . . . . . *hebraeus* N.

  oo. Erstes Fühlerglied beim Männchen ohne Fortsatz.

   p. Der Stirnrand ist an der Grenze des Clypeus mit einer kleinen Erhöhung versehen. Vorderecken der Fühlerbucht selbstständige Trabekeln.

                                docophorus Gbl.

  pp. Der Stirnrand ist an der Grenze des Clypeus mit einer kleinen Einkerbung versehen.

   q. Metathorax in der Mitte des Hinterrandes winklig.

   r. Die Flecke der drei ersten Abdominalsegmente sind durch eine mediane Naht getrennt. Die drei letzten Fühlerglieder sind dunkler als die ersten. Die Signatur ungefärbt. . . . . *versicolor* N.

  rr. Die Flecke aller Abdominalsegmente sind quer. Signatur gefärbt, punktirt oder runzlig.

   s. Die Signatur in der Mitte getheilt. . . . . *aequalis* Piag.

  ss. Die Signatur ungetheilt.

   t. Abdominalflecke beim ♂ quer, beim ♀ in der Mitte getheilt, auf jedem Segmente zwei mediane Borsten, Schiene am Aussenrande mit drei Borsten.

                                  signatus Piag.

  tt. Abdominalflecke nur am Rande, jedes Segment mit vier Borsten, von denen die mittleren länger sind. Schläfenecken stark verbreitert. Schienen am Aussenrande mit zwei Borsten. . . . . *praelongus* Piag.

qq. Metathorax mit geradem Hinterrande.

  u. Färbung blass.

v. Die Signatur reicht bis zum Rande. Die Hüften gefärbt; Schenkel mit einem
   Fleck am proximalen und einem Halbringe am distalen Ende. *leucopygos* N.
 vv. Signatur durch einen ungefärbten Zwischenraum vom Rande getrennt. Beine
   ungefärbt.
  w. Signatur halb getheilt. Letztes Abdominalsegment beim Männchen abgestutzt,
   beim Weibchen ausgeschnitten. . . . . *platalearum* Gbl.
 ww. Signatur ganz getheilt. Letztes Segment beim Männchen sehr schmal, zugespitzt; beim Weibchen abgerundet. . . . . *pseudoraphidius* Piag.
  uu. Färbung ausgeprägt.
   x. Metathorax schmäler als der Kopf. Die Abdominalsegmente sind unter einander gleich. Die Schläfen nackt. . . . . *subangusticeps* Piag.
  xx. Metathorax breiter als der Kopf. Die drei ersten Abdominalsegmente länger
   als die folgenden. Schläfen mit einer Borste. . . . *angusticeps* Piag.

Bemerkungen zu L. baculus N.

1) Dass *L. antennatus* Gbl. (Ins. epiz. p. 213) nichts Anderes ist
als *L. baculus*, kann als sicher angesehen werden. Das einzige Exemplar
der Hallischen Sammlung ist offenbar nur zufällig auf *Baza lophotes* angetroffen worden.

2) *L. bacillus* N. und *L. baculus* sind unter keiner Bedingung als
verschiedene Arten, nicht einmal als Varietäten aufzufassen.

3) *L. angustus* Rud. (Beiträge p. 34; Zeitschrift f. ges. Naturwiss.
XXXVI (1870) p. 137). Die mir aus der Hamburger Sammlung vorliegenden
Exemplare eines *Lipeurus* von *Phaps chalcoptera* muss ich für identisch mit
baculus erklären. Dass dieselben von Rudow zur Aufstellung seines *L. angustus* benutzt worden sind, kann ich freilich nur als wahrscheinlich hinstellen.

L. baculus liegt mir in einer Anzahl von Exemplaren von verschie-
denen Tauben der Südsee vor in Exemplaren, welche nur durch bedeutendere
Grösse von den gewöhnlichen Bewohnern unserer Haustaubenrassen abweichen.
Ich stelle hier die Maasse nebeneinander: das erstere ist auf Exemplare von
Columba domestica, das zweite auf solche von *Myristicivora Reinwardti* bezüglich.

	Länge			Breite	
	♂ 2,28 mm,	♀ 2,44 mm.			
Kopf	0,52 „	0,56 „	♂ 0,28 mm,	♀ 0,28 mm.	
Thorax	0,45 „	0,42 „	0,28 „	0,28 „	
Abdomen	1,31 „	1,46 „	0,36 „	0,39 „	

16*

Länge	♂ 2,76 mm,	♀ 3,13 mm.	Breite	
Kopf	0,63 „	0,63 „	♂ 0,34 mm,	♀ 0,36 mm.
Thorax	0,58 „	0,58 „	0,35 „	0,38 „
Abdomen	1,55 „	1,92 „	0,43 „	0,50 „

Diese grösseren Exemplare (Taf. III. Fig. 9) liegen mir aus der Sammlung des Herrn Dr. Meyer von folgenden Tauben vor: *Macropygia Reinwardti, Carpophaga pinon, C. Zoeae, C. magnifica, C. luctuosa (spilorrhoa), Leucosarca plicata, Eutrygon terrestre, Ptilopus puellus.*

Beiläufig will ich bemerken, dass alle Exemplare, auch die von unserer Haustaube, auf jedem Segmente zwei feine mediane Borsten tragen, welche Piaget übersehen hat.

Var. **cavifrons** (Taf. III. Fig. 9a)

weicht durch eine flache Einsenkung des vorderen Clypeusrandes ab; ferner ist beim Männchen das erste Antennenglied nicht länger als das zweite (während es bei der gewöhnlichen Form das längste von allen ist), und daher ist auch der Grössenunterschied zwischen dem dritten und ersten Gliede nicht so bedeutend.

Länge ♂ 2,84 mm; ♀ 2,94 mm.

Diese Varietät liegt mir vor von: *Carpophaga aenea, badia,* und von *Paradisea apoda* (in der Berliner Thierarzneischule) und *Haliaëtos* (von Dr. Meyer gesammelt), auf welch' letzteren Vögeln sie sicherlich nur zufällig angetroffen ist.

L. longiceps Rud. (Taf. III. Fig. 10).

Zeitschrift f. ges. Naturwiss. XXXVI (1870) p. 122.

Diese Art ist nicht identisch mit der von Piaget (p. 305, Pl. XXV, f. 3) beschriebenen. Dass dem Letzteren betreffs der Identificirung kein Vorwurf zu machen ist, versteht sich von selbst; denn Rudow's Beschreibung giebt nur in Bezug auf das Wohnthier einen Anhalt. Leider liegen mir keine Rudow'schen Typen vor, indess aus seiner Zeichnung ergiebt sich die Verschiedenheit mit der von Piaget beschriebenen Art aufs Sicherste und ermöglicht es, in derselben eine Form wiederzuerkennen, von welcher mir einige Exemplare vorliegen. Sie steht dem gewöhnlichen *baculus* im Allgemeinen so nahe, dass es genügt, die Unterschiede hervorzuheben. Der Clypeus ist deutlich vom übrigen Vorderkopfe getrennt und zwar durch eine dreieckige ungefärbte Naht. Die Seiten sind etwas gewölbt, mit breiter gelbbrauner Chitinschiene belegt, welche an den durch den Ausschnitt des Vorderrandes spitz vortretenden Ecken aufhört. Ausser den beiden lanzettförmigen Borsten, von denen je eine seitlich vom Ausschnitte steht, ist noch eine gewöhnliche feine Borste vorhanden. Die Chitinschienen haben je einen seitlichen abgerundeten Anhang, wie bei *baculus*. An den männlichen Fühlern ist das erste Glied wohl dicker, aber nicht länger als das zweite, das dritte nur halb so lang. An den weiblichen Fühlern findet sich dasselbe gegenseitige Längenverhältniss der Glieder wie bei *baculus*. Auch die Form des Thorax und Abdomens, die Flecke und Borsten sind dieselben; die Beine sind kürzer.

		♂ 2,40 mm.	♀ 2,68 mm.
Länge			
	Kopf	0,61 „	0,61 „
	Thorax	0,44 „	0,45 „
	Abdomen	1,35 „	1,62 „
	3. Femur	0,29 „	0,28 „
	3. Tibia	0,23 „	0,23 „
Breite:			
	Kopf	0,34 „	0,34 „
	Thorax	0,31 „	0,34 „
	Abdomen	0,37 „	0,48 „

Diese Art wurde zuerst von Rudow auf *Carpophaga perspicillata* gesammelt. Mir liegt sie von folgenden Tauben vor: *Henicophaps albifrons*, *Carpophaga roseicincta*, *C. Paulina*, *C. aenea*, *C. Zoeae*, *Myristicivora melanura*, *Ptilopus puellus*. Ein Exemplar wurde durch Zufall von Herrn Dr. Meyer auch auf *Cacatua triton* angetroffen.

Die von Piaget als *L. longiceps* beschriebene Art mag den Namen *Piageti* m. führen. Ich habe dieselbe in der Bestimmungstabelle unter denjenigen Formen aufgeführt, welche durch den Besitz der beiden lanzettförmigen Borsten ausgezeichnet sind, obgleich Piaget derselben nicht Erwähnung thut. Ich vermuthe jedoch, dass sie abgebrochen waren, was sehr leicht geschieht. Piaget fand seine Art auf *Carpophaga perspicillata* und *Paulina*, nur in weiblichen Exemplaren.

L. fortis m. (Taf. III. Fig. 11).

Auch diese Art gehört in die nähere Verwandtschaft von *L. baculus*
und weicht von derselben in folgenden Punkten ab.

Der Clypeus ist kürzer und breiter, durch eine gerade helle Naht nach
hinten abgegrenzt. Die Stirnschiene, welche auf demselben wieder auftritt,
ist sehr breit und lässt nur eine sehr kleine ungefärbte Stelle zwischen sich
und dem übrigen Vorderkopfe frei. An den männlichen Fühlern ist das erste
Glied bei weitem das längste und dickste, das zweite nur halb so lang,
ziemlich dick, am Innenrande mit einem kleinen Höcker versehen; das dritte
ist wieder nur halb so lang wie das zweite und von den beiden Endgliedern ist
das fünfte das längere. Beim Weibchen ist das zweite Fühlerglied das längste,
das dritte nur halb so lang. Das Auge tritt deutlich vor. Die Schläfengegend
ist breit, die Schläfen selbst abgerundet. Die Hinterhauptsschienen sind viel
entwickelter als bei *baculus*, etwas nach vorn gerichtet und seitlich verbreitert.

Der Prothorax hat divergente Seiten und abgerundete Hinterecken.
Der Metathorax ist kürzer als bei *baculus*, hat etwas divergente, geradlinige
Seiten, an den Hinterecken drei lange Borsten. Die Beine sind kürzer. Das
Abdomen ist eiförmig, mit abgerundeten Seiten, welche ihre grösste Breite am
vierten Segmente erreichen. Das neunte Segment ist beim Männchen am abgerundeten Hinterrande kaum eingeschnitten, beim Weibchen ebendaselbst abgestutzt und ebenfalls wenig eingeschnitten. Die Seitenschienen sind breiter,
die Flecke durch eine hellere Mittelnaht getrennt. Ausser den Borsten an
den Ecken trägt jedes Segment zwei mediane.

	♂			♀	
Länge	2,23	mm,		2,64	mm.
Kopf	0,56	„		0,64	„
Thorax	0,48	„		0,48	„
Abdomen	1,19	„		1,52	„
3. Femur	0,32	„		0,35	„
3. Tibia	0,23	„		0,26	„
Breite:					
Kopf	0,40	„		0,45	„
Thorax	0,40	„		0,44	„
Abdomen	0,54	„		0,65	„

Auf *Otidiphaps nobilis* von Herrn Dr. Meyer gesammelt.

L. lepidus N. ((Giebel, Ins. epiz. p. 225) ist identisch mit *L. signatus* Piag. (p. 310. Pl. XXV, f. 7). Letzterer ist auf *Anastomus lamelligerus* gesammelt, ersterer auf *A. pondicerianus.* Von *A. lamelligerus* liegen mir einige Exemplare aus der Berliner Thierarzneischule vor.

L. loculator Gbl. (Ins. epiz. p. 225.)

Eine ausreichende Beschreibung kann ich von dieser Art wegen des schlechten Erhaltungszustandes der beiden typischen Exemplare nicht geben. (Das Weibchen hat keine Antennen, das Männchen nur eine und keine Hinterleibsspitze). Ich sehe nur so viel, dass sie sehr nahe verwandt ist mit *L. praelongus* Piag. von *Tantalus lacteus,* namentlich die weibliche Hinterleibsspitze ist genau so gebildet. Vielleicht würden sich beide Formen bei reichlicherem Vergleichungsmateriale nur als Varietäten, wenn nicht als identisch ergeben. Der Prothorax ist parallelseitig, vorn nicht verschmälert. Die Segmente des Abdomens tragen beim Männchen braune Querflecke, die am Vorder- und Hinterrande concav sind, so dass an den Suturen ein rautenförmiger heller Raum bleibt. An dieser Bildung erkenne ich auch nach der Rudow'schen Handzeichnung die Uebereinstimmung seines *L. linearis* ebenfalls von *Tantalus loculator* mit *L. loculator.* Beim Weibchen scheinen die Querflecke zu fehlen, was auch mit *L. praelongus* zusammenstimmen würde. Die Maasse des Weibchens sind:

	Länge		Breite	
	4,27	mm.		
Kopf	0,86	„	0,60	mm.
Thorax	0,63	„	0,54	„
Abdomen	2,78	„	0,84	„
3. Femur	0,53	„		
3. Tibia	0,40	„		

Auf *Tantalus loculator,* im Hallischen Museum.

L. versicolor N.

Die auf dem schwarzen Storche lebende Form kann wohl kaum als besondere Varietät, entschieden nicht als besondere Art *L. maculatus* N. (Giebel, Ins. epiz. p. 225) angesehen werden. Was Piaget von den auf *Ciconia nigra* gesammelten Exemplaren angiebt, passt vollständig auf die mir vorliegenden sehr schlecht erhaltenen zwei typischen Exemplare.

Einige in der Hallischen Sammlung vorhandene *Lipeurus* von *Ciconia argula* stimmen ebenfalls mit *versicolor* überein.

Die Typen des jedenfalls ebenso damit übereinstimmenden *L. fisso-maculatus* Gbl. (Ins. epiz. p. 225) von *Mycteria crumenifera* sind in der Hallischen Sammlung nicht aufgefunden.

L. trapezoides Rud. (Zeitschr. f. ges. Naturwiss. XXXVI, 1870, p. 131) ist, nach der Handzeichnung des Autors zu urtheilen, nicht verschieden von *L. subsignatus* G. Beide sind auf *Phoenicopterus antiquorum* gesammelt. Die medianen Flecke auf dem Abdomen giebt Rudow jedenfalls zu dunkel an; sie müssten denn bei einer besonderen Varietät so erscheinen, wie er sie beschreibt und zeichnet, einen Artunterschied könnte dies sicherlich nicht ab-gehen.

Wenn nicht identisch mit *L. subsignatus,* so doch höchstens eine wenig abweichende Varietät davon ist auch

L. candidus Rud. (l. c. p. 135) von *Phoenicopterus ruber,* der mir leider auch nur in einer Zeichnung vorliegt.

Piaget ist vollkommen im Rechte, wenn er *L. leucoproctus* N. (von *Ardea purpurea*) als var. *minor* P. und *stellaris* Denny (von *Botaurus stellaris*) als var. *fasciatus* P. zu *L. leucopygus* N. zieht. Die Exemplare, auf welche hin Giebel die Artberechtigung dieser Formen bestätigt, liegen mir vor und sprechen mit Entschiedenheit gegen solche Auffassung, zumal die Individuen von *Ardea purpurea,* welche noch nicht ausgebildet sind.

Giebel beschreibt ein weibliches Individuum von *Lestris pomarina* als *L. modestus* G. (Ins. epiz. p. 233). Dasselbe ist nichts Anderes als *L. leucopygos* N. ♀.

L. raphidius N. ist nicht identisch mit der unter gleichem Namen von Piaget beschriebenen Art. Ich lasse der Nitzsch'schen, weil der alten Art, obigen Namen, und nenne die von Piaget beschriebene Art

L. pseudoraphidius m. — *L. raphidius* Piag. (non Nitzsch).

L. raphidius N. (Taf. V. Fig. 5).

Giebel, Ins. epiz. p. 229.

Der Kopf ist langgestreckt conisch, der Clypeus durch eine deutliche Randeinkerbung vom übrigen Vorderkopfe abgesetzt und hier mit zwei Borsten

besetzt; vorn stark gerundet, die rundliche Signatur ist fast in der ganzen
Länge getheilt, nur vorn eine kurze Strecke ungetheilt. Die Stirnschiene ist
dorsal breiter als ventral und biegt sich an der Sutur des Clypeus nach innen
um, sich mit zugespitzten Enden an die Signatur anlegend. Ventral reicht
sie als schmaler Streif etwas weiter nach vorn und biegt sich zur Umgrenzung
der zum Munde führenden Rinne um. Die Vorderecken der Fühlerbucht sind
kurz und ungefärbt. Die Fühlerbucht ist flach. An den männlichen Fühlern
ist das erste Glied bei weitem das längste, es ist dick und cylindrisch, das
zweite nur halb so lang und das dritte nur halb so lang wie dieses, mit
etwas vorgezogener oberer Ecke. Von den beiden Endgliedern ist das fünfte
etwas länger. An den weiblichen Fühlern sind die Glieder 1, 3 und 4 gleichlang, das fünfte etwas und das zweite uns Doppelte länger als diese. Die
Augen treten deutlich hervor. Die Schläfen sind beim Männchen geradlinig,
beim Weibchen schwach gewölbt, die Schläfenecken wohl gerundet, mit einer
kurzen Borste besetzt, das Hinterhaupt flach concav. Schläfen- und Hinterhauptsschienen sind schmal, die von letzteren zu den Mundwerkzeugen verlaufenden Verbindungsschienen convergiren. An den Seiten des Vorderkopfes
stehen ausser den Borsten am Clypeusrande noch drei andere jederseits.

Der Prothorax ist trapezisch mit geraden, sehr schwach divergirenden
Seiten und abgerundeten, mit einer Borste besetzten Hinterecken. Der Metathorax hat dieselbe Gestalt, ist doppelt so lang, hat gerade, schwach divergirende Seiten, abgerundete Hinterecken und einen geraden Hinterrand. Etwas
einwärts von den Ecken stehen vier nicht sehr lange Borsten. Die Seitenschienen hören im vorderen Drittel auf und von da gehen auf die Fläche
zwei linienartige dunklere Zeichnungen, erst convergirend, dann parallel dicht
nebeneinander herlaufend nach hinten. Die Beine haben lange Hüften; die
Schenkel sind länger als die Schienen, nach dem distalen Ende hin etwas
verbreitert, und ebenso verhalten sich die Schienen.

Das Abdomen ist langgestreckt schmal, in der Mitte etwas verbreitert.
Das erste Segment ist länger als die folgenden, namentlich beim Weibchen,
wo es ziemlich die Länge des Metathorax erreicht; auch das zweite, beim
Männchen sogar das zweite und dritte, sind etwas länger als die folgenden.
Das achte und neunte sind bei beiden Geschlechtern verschmolzen. Die
Seitenschienen sind schmal, überragen die Suturen etwas und biegen sich auch

mit einem kurzen Fortsatze nach innen und schräg nach hinten um. Das
Endsegment ist bei beiden Geschlechtern am schmalen Hinterrande mit
einem Ausschnitte versehen. Das Copulationsorgan ist sehr kurz, indem es
nur die beiden letzten Segmente durchsetzt. Der Rand des letzteren ist mit
Borsten besetzt. Solche stehen auch an den Segmentecken und je vier vor
den Suturen. Beim Männchen haben die Segmente Querflecke, welche auf
dem vierten bis siebenten am Hinterrande concav sind. Beim Weibchen sind
mit Ausnahme des einfarbigen ersten und letzten Segments viereckige Randflecke vorhanden, die in der Mittellinie einen breiten, aber nur wenig heller
gefärbten Zwischenraum zwischen sich lassen. Die gesammte Färbung ist
braun, die Schienen etwas dunkler als die Umgebung.

Länge	♂ 2,93	mm,	♀ 3,34	mm.
Kopf	0,59	„	0,59	„
Thorax	0,64	„	0,61	„
(Prothorax	0,18	„)	(0,16	„)
Abdomen	1,70	„	2,14	„
3. Coxa	0,15	„	0,15	„
3. Femur	0,39	„	0,39	„
3. Tibia	0,25	„	0,25	„
Breite:				
Kopf	0,31	„	0,33	„
Thorax	0,34	„	0,41	„
Abdomen	0,42	„	0,53	„

Auf *Ibis falcinellus*, in der Sammlung des Hallischen Museums.
L. raphidius Piag. wurde auf demselben Wirthe und auf *I. cristata* gefunden.
Die von Giebel (p. 229) erwähnte Form von *Ibis rubra* ist höchstens eine
Varietät der obigen Art und scheint mir, trotz der gegentheiligen Behauptung
des Autors, noch nicht ganz ausgebildet zu sein.

L. hebraeus N. (Taf. IV. Fig. 4, 4a.)

Giebel, Ins. epiz. p. 226, taf. XVI, f. 5, 6; Piaget p. 326, Pl. XXVII, f. 2.

Diese Art ist schon seit sehr langer Zeit bekannt (zuerst von Redi
als *Pulex gruis* beschrieben) und durch ihre helle Färbung mit den eigenthümlichen schwarzen Zeichnungen unverkennbar. Das von mir abgebildete

Männchen ist noch nicht ganz ausgebildet und in Folge dessen in einzelnen
Punkten mit der Beschreibung nicht ganz übereinstimmend. Ich habe jedoch
absichtlich ein solches Individuum gezeichnet, um auf die Unterschiede mit
dem Erwachsenen, von welchem ich wenigstens den Kopf in einer Copie nach
Piaget beifüge, aufmerksam zu machen; denn Giebel hat auf derartige
Jugendformen nicht selten eigene Arten begründet.

Der Kopf ist lang und breit, der Vorderkopf conisch mit kleinen, ganz
ungefärbten und nur dadurch abgesetzten Clypeus, dessen Vorderrand beim
Männchen abgerundet, beim Weibchen gerade abgestutzt ist und seitlich je
vier Borsten trägt. Auf diese folgen an jeder Seite des Vorderkopfes noch
zwei, die letzte kurz vor der deutlich vortretenden Vorderecke der Fühlerbucht. Diese ist beim Männchen tief, beim Weibchen flach. Die männlichen
Antennen sind sehr gross: das dicke Grundglied so lang wie die übrigen
zusammen, mit einem Fortsatze an der Basis; das zweite nur halb so lang,
das dritte noch kürzer, hakenförmig umgebogen, die unter sich gleichen Endglieder sind kurz und schmal. Der Haken am dritten Gliede ist beim ausgebildeten Thiere sehr dunkel gefärbt, auch stärker gebogen. Die weiblichen
Antennen sind viel kürzer, das zweite Glied ist das längste, das dritte etwas
kürzer als das dicke erste, die kürzeren Endglieder untereinander gleich; das
zweite und dritte Glied vor den übrigen durch dunkle Färbung ausgezeichnet.
Das Auge tritt sehr deutlich vor. Die Schläfen sind gleichmässig abgerundet,
mit zwei kürzeren und einer längeren Borste besetzt. Das Hinterhaupt tritt
zurück, ist beim Weibchen etwas stärker concav als beim Männchen. Der
Hinterkopf trägt beim ausgebildeten Thiere eine grosse dreieckige Signatur,
von der man im Jugendzustande erst Andeutungen findet. Das Hinterhaupt
ist durch eine Schiene verstärkt, von da gehen zwei ziemlich parallele Verbindungsschienen zu den Mundtheilen und geben hier je eine schräge Schiene
nach den Augen ab. Die Stirnschiene ist sehr hell und biegt am Clypeus
zur Umgrenzung der zum Munde führenden Rinne um; zwischen dieser äusseren
und inneren Schiene stehen jederseits zwei schwarze Flecke übereinander.

Der Prothorax ist kurz (besonders in der Jugend), trapezisch mit
geraden, ziemlich stark divergirenden Seiten und etwas vortretenden, mit
einer Dornspitze besetzten Hinterecken. In der Nähe der Hinterecken steht
eine kurze schwarze, etwas gebogene Linie, zwei ebenfalls gebogene ziehen

17*

über die Fläche. Der Metathorax ist viel länger, auch trapezisch, im vorderen
Drittel eingeschnürt. Die abgerundeten Hinterecken mit vier Borsten besetzt,
der Hinterrand gerade, nur in der Mitte eine kleine Spitze bildend. Von den
Hinterecken bis zur Einschnürung verläuft eine Seitenschiene, an ersterer steht
jederseits ein rundlicher Fleck, vor dem Hinterrande jederseits ein circumflex-
förmiger Fleck, unter jedem derselben drei Borsten. Ventral finden sich am
Vorderrande zwei schmale Streifen und zwei solche in der Mitte, nach hinten
divergirend, sowie zwei seitliche, die breit, aber wenig gefärbt sind.

Die Beine sind lang; die Hüften mit einem schwarzen Flecke, die
Schenkel mit einer Seitenschiene, ebenso die kürzeren Schienen, beide innen
und aussen mit Borsten besetzt; der Tarsus ist dunkel, die Klauen verhältnissmässig kurz.

Das Abdomen ist langgestreckt eiförmig, nur an den Segmentecken
beborstet. Das erste Segment viel kürzer als die folgenden, mit parallelen
Seiten; das neunte ist bei beiden Geschlechtern vom achten getrennt; beim
Männchen abgerundet, beim Weibchen schmal, durch einen tiefen Ausschnitt
zweispitzig, jederseits mit einem Dornspitzchen besetzt. An jeder Seite eine
Borste und auf der Fläche ein dreieckiger Fleck. Auch auf dem männlichen
Endsegmente stehen zwei dreieckige Flecke und die Seiten werden durch
schwarze Bogenlinien gesäumt, welche in der Mitte des Hinterrandes getrennt
bleiben. Die Seiten sind mit vier dicht beieinander stehenden Borsten besetzt.
Die Seitenschienen der übrigen Abdominalsegmente sind schmal, an den Suturen
etwas nach innen gebogen. Die Flecke bestehen jederseits von der Mittellinie
aus einem vorderen nach der Mittellinie hin gebogenen und einem hinteren
geraden Streifen. Auf den letzten Segmenten kommen diese zur Vereinigung
und bilden dann ein hebräisches Kaph (כ) resp. Bet (ב), nicht Daleth (ד),
wie Piaget angiebt. Auf dem kurzen ersten Segmente sind auch die vorderen
Streifen ziemlich gerade. Uebrigens scheinen diese Zeichnungen nicht nur
nach dem Alter, sondern auch individuell etwas zu variiren. Auf der Ventralseite tragen die Segmente 2—7 jederseits von der Mittellinie einen etwas
helleren längsgerichteten, nach der Mittellinie hin gebogenen Streifen, welche
man bei der Durchsichtigkeit des Thieres auch dorsalwärts durchscheinen sieht,
indem sie dann die beiden dorsalen Streifen nahe der Aussenseite schneiden.
Der Copulationsapparat ist kurz und breit, mit Anhängen am Ende, welche im

herausgestülpten Zustande schräg nach vorn gerichtet sind. (In dem von uns abgebildeten Individuum ist von diesem Apparate noch gar nichts entwickelt.)

Die allgemeine Färbung ist schmutzigweiss, nach den Seitenschienen zu und auf den letzten Segmenten (bei ausgebildeten Thieren) gelblich; die ersteren und die Zeichnungen auf den Segmenten schwarz.

	♂ 4,10 mm,	♀ 5,24 mm.
Länge		
Kopf	0,90 „	1,08 „
Thorax	0,78 „	1,16 „
Abdomen	2,42 „	3,00 „
3. Femur	0,65 „	0,80 „
3. Tibia	0,50 „	0,61 „
Breite:		
Kopf	0,71 „	1,04 „
Thorax	0,78 „	1,08 „
Abdomen	0,94 „	1,37 „

Diese Art ist bisher bekannt von *Grus cinerea* und *paronina*; mir liegt sie ausserdem vor von *Grus virgo* und *Grus Novae Hollandiae*, von Herrn Dr. Meyer gesammelt.

Piaget hat vollständig Recht, wenn er *L. maximus* Rud. (Beiträge p. 37; Zeitschrift f. ges. Naturwiss. XXXVI, 1870, p. 122) für dieselbe Art ansieht. Die Handzeichnung Rudow's, welche mir vorliegt, lässt darüber gar keinen Zweifel.

L. nigrolimbatus Gbl. (Ins. epiz. p. 233) von einer nicht näher bestimmten *Procellaria* des hohen Nordens liegt mir in den beiden typischen Exemplaren (Weibchen) vor. Nach dem mir gleichfalls in mehreren Exemplaren von Piaget freundlichst übersandten

L. mutabilis Piag. (p. 324, Pl. XXVII, f. 1) sind diese beiden Arten identisch. Letztgenannter Autor sammelte dieselbe auf *Procellaria glacialis* und *capensis*.

In diese Verwandtschaft gehört auch

L. melanocnemis Gbl. (Taf. V. Fig. 7)

Ins. epiz. p. 233.

eine Art, welche Giebel jedenfalls mit vollem Rechte mit *L. obscurus* Rud. (Zeitschrift f. ges. Naturwiss. XXXVI, 1870, p. 125) identificirt.

Der Kopf ist breit und conisch; die Seiten des Vorderkopfes etwas
gewölbt, der Clypeus sehr klein, vorn abgerundet, mit einer bräunlich gefärbten quer-oblongen Signatur. Am Rande, welcher durch keine Einkerbung
markirt ist, stehen jederseits zwei Borsten, auf welche an den Seiten des
Vorderkopfes noch je vier andere folgen. Die Vorderecke der Fühlerbucht
tritt beim Weibchen etwas hervor, beim Männchen ist sie abgerundet. Die
Fühlerbucht ist ziemlich tief, namentlich beim Männchen. Das erste Fühlerglied bei letzterem ist dick und so lang, wie die übrigen zusammen, nach
dem distalen Ende zu keulenförmig verdickt, das zweite ist weniger als halb
so lang, das ziemlich ebenso lange dritte ist hakenförmig gebogen; die beiden
Endglieder sind leider bei dem mir vorliegenden Männchen abgebrochen. Die
einzelnen Glieder sind mit Borstchen besetzt. Die weiblichen Antennen sind
kurz; die beiden ersten Glieder haben gleiche Länge, ebenso die kürzeren
drei anderen unter sich. Das Auge wölbt sich halbkuglig vor. Die Schläfen
sind abgerundet, mit grösster Breite gleich hinter dem Auge; sie sind mit
einer Borste und mehreren Dornspitzchen besetzt. Das breite Hinterhaupt ist
gerade und tritt nicht zurück. Die Schläfen- und Hinterhauptsschienen sind
sehr schmal und nicht gefärbt; an jeder Seite des Hinterhaupts steht ein
grosser schwarzer dreieckiger Fleck, ein ebenso gefärbter rundlicher am Auge.
Die Stirnschiene hört am Clypeus auf, hat unregelmässige Innenränder und
biegt sich an der Fühlerbucht mit einem langen Fortsatze schräg nach den
Mundwerkzeugen um. Auf der Fläche des Kopfes stehen einzelne Borsten.

Der Prothorax ist kurz und breit, rechteckig mit abgerundeten Hinterecken, welche etwas vortreten. Der wenig breitere Metathorax ist doppelt so
lang, ziemlich quadratisch; die Hinterecken abgerundet, mit vier Borsten besetzt, der Hinterrand gerade. Die Seitenschienen des Prothorax sind in der
vorderen Hälfte heller gefärbt und biegen sich an den Hinterecken etwas auf
den Hinterrand um; die des Metathorax erreichen die Vorderecken nicht und
erweitern sich an ihrem Ende zu einem grossen runden Flecke. Die Beine
haben lange Hüften, dicke Schenkel und Schienen, welch' letztere kürzer sind,
beide mit Seitenschienen.

Das Abdomen ist lang eiförmig, beim Weibchen breiter als beim
Männchen. Das neunte Segment ist beim Männchen kurz und schmal, zugespitzt-abgerundet, mit einem sehr kleinen medianen Einschnitte. Beim Weibchen

ist es noch kürzer, aber breiter, in der Mitte flach ausgeschnitten; fast mit dem achten vereinigt. Die Seitenschienen sind schmal und haben an der Innenseite zwei Anhänge, von denen der vordere länger ist. Ausser den Borsten an den Segmentecken ist das Abdomen nackt. Ueber die Flecke vermag ich nach den alten Spiritusexemplaren, welche mir vorliegen, kein sicheres Urtheil zu gewinnen.

Die Grundfarbe scheint gelblichbraun zu sein, die Schienen sind schwarzbraun bis schwarz.

	♂		♀	
Länge	3,23	mm,	3,63	mm.
Kopf	0,83	„	0,80	„
Thorax	0,69	„	0,74	„
Abdomen	1,61	„	2,09	„
3. Femur	0,48	„	0,50	„
3. Tibia	0,34	„	0,26	„
Breite:				
Kopf	0,67	„	0,74	„
Thorax	0,60	„	0,68	„
Abdomen	0,70	„	1,00	„

Auf *Procellaria gigantea*, in mehreren schlecht erhaltenen Exemplaren in der Sammlung des Hallischen Museums.

L. testaceus m. ♀ (Taf. V. Fig. 3).

Kopf verkehrt eiförmig, Vorderkopf zugespitzt abgerundet, Clypeus kaum davon abgesetzt. Die Stirnschiene verliert sich allmählich in eine lichtere Färbung des vordersten Stirntheiles. An den Seiten des Vorderkopfes stehen fünf Borsten, die zwei vordersten am Ende der Stirnschiene. Diese biegt sich an der Fühlerbucht schräg nach innen und hinten zu den Mundtheilen um. Die Vorderecke der Fühlerbucht ist klein, aber deutlich, sehr hell gefärbt. Die letztere ist flach. Die Antennen sind kurz mit dicken cylindrischen Gliedern, von denen die beiden ersten unter sich gleich lang sind. Das Auge wölbt sich deutlich vor. Die Schläfen sind vollkommen abgerundet, mit drei kurzen Dornspitzen besetzt. Das Hinterhaupt ist gerade, nur in der Mitte ein wenig concav.

Der Prothorax hat Rechtecksform, die Ecken sind abgerundet; der etwas breitere Metathorax ist ziemlich quadratisch, mit deutlicher Einschnürung in der vorderen Hälfte. An derselben hören die Seitenschienen mit fleckenartiger Verbreiterung auf. An den abgerundeten Hinterecken stehen vier Borsten. der Hinterrand ist gerade. An den Beinen sind die Hüften lang, die Schienen viel kürzer als die Schenkel, beide mit schmaler Schiene an der Aussenseite.

Das Abdomen ist schmal, langgestreckt, hinten zugespitzt. An den abgerundeten Segmentecken stehen nur kurze Borsten. Es sind merkwürdiger Weise zehn Segmente vorhanden, zwischen denen die Suturen deutlich sind. (Ob Jugenform?) Die schmalen Seitenschienen biegen an denselben etwas nach innen um, aber geradlinig. Jedes Segment trägt zwei Flecke, welche ungefähr rechteckig sind und in der Mitte getrennt bleiben, nur auf dem Endsegmente fliessen sie zusammen. Dasselbe ist kurz und schmal, zugespitzt mit medianem Einschnitte und jederseits davon zwei kurze Borsten. Zwei solcher stehen auch auf jedem Segmente in der Mitte.

Die allgemeine Färbung ist lehmgelb, die Schienen sind braun. Die zwischen den Flecken frei bleibenden Stellen des Abdomens sind schmutziggelblichweiss.

	Länge	♀ 2,54 mm.	Breite.	
	Kopf	0,70 „	0,46 mm.	
	Thorax	0,45 „	0,41 „	
	Abdomen	1,39 „	0,45 „	
	3. Femur	0,33 „		
	3. Tibia	0,20 „		

Von Herrn Dr. Meyer in einigen Exemplaren auf *Procellaria capensis* gesammelt.

L. falcicornis Gbl. ♂. (Taf. IV. Fig. 2).

Ins. epiz. p. 244.

Der Kopf ist lang, der Vorderkopf conisch, der Hinterkopf ungefähr quadratisch. Ersterer ist vorn abgerundet, ohne deutlich abgesetzten Clypeus, die Stirnschiene hört, wie bei voriger Art, in der lichteren Umgebung allmählich auf, sie bildet vor der Fühlerbucht nur eine fleckenartige Verbreiterung. Die Seiten des Vorderkopfes mit fünf Borsten besetzt. Die Vorderecken der Fühlerbucht spitz, ungefärbt. Diese trotz der starken Entwickelung der Fühler flach. Diese haben ein sehr langes, dickes Grundglied; das zweite ist etwas kürzer, schlanker und etwas gebogen, ebenso das noch etwas kürzere dritte, welches mit einer hakenförmigen Spitze endet; dasselbe trägt ausserhalb der Längsachse der Fühler die beiden Endglieder, welche an dem einzigen vorliegenden Exemplare abgebrochen sind, aber ihre Ansatzstelle noch erkennen lassen (sie sind in der Abbildung ergänzt). Dass überhaupt nur drei Antennenglieder vorhanden seien, wie Herr Giebel als Curiosum angiebt, ist unrichtig. Das erste Glied hat eine breite braune Schiene an der Aussenseite, die übrigen sind an beiden Seiten mit solchen, aber schmäleren, belegt. Augen deutlich vorgewölbt. Die Schläfen sind schwach gewölbt, fast parallel, mit drei kurzen Dornspitzchen besetzt. Das Hinterhaupt tritt stark zurück. An den Seiten des Hinterhaupts und an den Augen finden sich ein Paar dunkle Flecken.

Der Prothorax ist ziemlich lang, mit geraden, sehr wenig divergenten Seiten und abgerundeten Hinterecken. Der Metathorax ist etwas breiter und länger, hat dieselbe Form, ist nicht eingeschnürt, die Hinterecken sind nicht abgerundet und sind mit einer Borste besetzt. Etwas einwärts davon stehen am geraden Hinterrande jederseits sieben lange Borsten.

Die Beine sind sehr lang, am letzten Paare Schenkel und Schienen schlank, cylindrisch, an der Dorsalseite mit braunem Chitinsaume.

Das Abdomen ist langgestreckt, nach hinten etwas verbreitert. Das erste Segment kürzer als die folgenden, mit ziemlich parallelen Seiten. Das neunte Segment ist zweispitzig, die Spitzen abgerundet, mit zwei Borsten besetzt, zwischen denselben ein tiefer Ausschnitt. Dazwischen ragt der stark entwickelte Copulationsapparat hervor, welcher mit zwei langen dünnen Spitzen, wie eine Gabel, endigt; dieselben nehmen den cylindrischen Penis zwischen sich. Ausserdem befinden sich seitlich an dem Chitingerüst desselben zwei zapfenartige, stark beborstete Anhänge.

Die Seitenschienen sind schmal, an den Suturen nicht umgebogen. Die Segmente tragen Querflecke, welche auf dem zweiten bis achten in der Mitte durch eine helle Naht getrennt sind, und auf dem fünften bis siebenten nach der Mitte hin sich bedeutend verschmälern. Die Suturen bleiben überall frei und erscheinen gelblichweiss. Das erste und letzte Segment sind einfarbig braun. Jedes Segment trägt ausser an den Ecken zwei mediane und je eine seitliche Borste. Die Flecke des Abdomens sind kastanienbraun, Kopf, Thorax und Beine etwas heller braun, die Seitenschienen schwärzlich.

Länge	♂ 3,88 mm.	Breite
Kopf	0,80 „	0,54 mm.
Thorax	0,81 „	0,60 „
Abdomen	2,27 „	0,71 „
3. Femur	0,69 „	
3. Tibia	0,56 „	

Auf *Centropus Menbeki*, im Hallischen Museum.

L. docophorus Gbl. (Taf. IV. Fig. 5).

Ins. epiz. p. 214; *L. abyssinicus*, Zeitschr. f. ges. Naturwiss. XXVIII (1866) p. 379.

Der Kopf ist umgekehrt herzförmig; der Clypeus wenig abgesetzt, durch eine flache Randerhabenheit, welche mit einer Borste besetzt ist, vom übrigen Vorderkopfe abgesetzt, vorn zugespitzt-abgerundet. Am Clypeus stehen ausserdem noch drei, an den Seiten des Vorderkopfes noch zwei Borsten. Die Stirnschiene biegt sich am Clypeus zur Umgrenzung der zum Munde ziehenden Furche um. Die Vorderecke der Fühlerbucht ist selbstständig trabekelartig, und ragt stumpfspitzig vor. Die Fühlerbucht ist beim Männchen mässig tief, beim Weibchen flach. Die männlichen Antennen haben ein langes cylindrisches, an der Basis etwas verengtes Grundglied, das zweite ist etwas kürzer, von den drei letzten bedeutend kürzeren ist das dritte das längste, mit einer stumpfausgezogenen Ecke versehen. Von den kurzen weiblichen Fühlern haben die beiden ersten und die kürzeren drei übrigen je untereinander gleiche Länge. Die Augen treten deutlich hervor und sind etwas einwärts mit einer langen Borste besetzt. Die Schläfen sind breit abgerundet, mit einer langen und zwei kürzeren Borsten besetzt, das Hinterhaupt ist flach concav.

Der Prothorax ist kurz und breit, mit abgerundeten Seiten; der Metathorax ist etwas breiter und länger mit divergenten, schwach gewölbten Seiten, abgerundeten Ecken und geradem Hinterrande, der nahe den letzteren jederseits vier lange Borsten trägt. Die Beine sind lang und ziemlich plump.

Das Abdomen ist langgestreckt, aber ziemlich breit, beim Männchen mit grösster Breite in der Mitte, beim Weibchen hinter derselben. Die Seiten sind ziemlich parallel, an den abgerundeten Segmentecken eingekerbt. Das neunte Segment endigt beim Männchen mit zwei abgerundeten Spitzen, zwischen welchen ein tiefer dreieckiger Ausschnitt liegt. Der Copulationsapparat ist sehr kurz und endet zangenartig. Beim Weibchen ist das neunte Segment nur durch eine mit zwei Borsten besetzte Randeinkerbung vom achten abgesetzt, und endigt mit zwei langen Spitzen, welche einen schmalen tiefen Ausschnitt begrenzen.

Die Seitenschienen sind schmal, etwas nach innen gebogen. Beim Männchen tragen die Segmente 1—7 schmale, zungenförmige Randflecke, welche zunächst den Seitenschienen in der Umgebung der Stigmen heller erscheinen und in der Mittellinie durch einen deutlichen Zwischenraum getrennt sind. Die letzten Segmente sind einfarbig. Beim Weibchen sind diese Flecke breiter und kürzer und in der Mitte durch einen medianen etwas helleren Fleck verbunden. Die beiden Endsegmente sind ebenfalls einfarbig. Auf den ersten sechs Segmenten haben die Randflecke und in gleicher Weise die Medianflecke beim Weibchen gezackte Hinterränder, worin die Borsten stehen, die Medianflecke ausserdem davor helle Stellen für eine obere Borstenreihe. Beim Männchen sind nur auf den drei ersten Segmenten die Hinterränder gezackt. Jedes Segment trägt eine doppelte Reihe von Borsten, von denen die hintere fast die ganze Breite einnimmt (sie reicht jederseits bis in die Nähe des Stigmas), während die vordere viel kürzere nur den Raum zwischen je zwei Randflecken resp. die Breite des Medianflecks (♀) einnimmt. Die beiden letzten Segmente haben nur wenige Borsten. Diese selbst sind lang, ziemlich breit und spitzen sich erst ganz am Ende zu; sie verleihen durch ihre grosse Anzahl und ihre Form unserem Thiere ein ganz besonderes Ansehen.

Die Grundfarbe ist gelbbraun, Kopf, Thorax, Beine und Abdominal-flecke dunkler braun, die Seitenschienen sind schwärzlich.

Länge	♂ 2,80 mm,		♀ 3,46 mm.	
Kopf	0,81	„	0,88	„
Thorax	0,44	„	0,58	„
Abdomen	1,55	„	2,00	„
3. Femur	0,41	„	0,45	„
3. Tibia	0,34	„	0,36	„
Breite:				
Kopf	0,73	„	0,84	„
Thorax	0,66	„	0,79	„
Abdomen	0,80	„	0,98	„

Auf *Buceros abyssinicus*, in der Hallischen Sammlung, in einem nicht besonders gut erhaltenen Pärchen.

L. luridus N. (Taf. V. Fig. 4).

Denny, p. 182, Pl. X, f. 12; Giebel, Ins. epiz. p. 230, taf. XVI, f. 4.

Kopf langgestreckt, conisch; Clypeus ziemlich deutlich abgegrenzt, vorn hoch gewölbt, an den Seiten mit vier kurzen Borsten besetzt; Signatur rundlich, in der Mitte des Hinterrandes winklig, der Länge nach durch eine helle Naht getheilt. Seiten des Vorderkopfes gerade, noch mit drei kurzen Borsten besetzt; Stirnschiene vor der Fühlerbucht sowie am Hinterrande des Clypeus ein wenig nach innen umgebogen. Vorderecken der Fühlerbucht sehr kurz, aber deutlich vortretend; diese flach; die Fühler in der Länge der einzelnen Glieder wenig verschieden. Das Auge ist nur sehr flach vorgewölbt. Schläfen gerade, wenig divergirend; die abgerundeten Schläfenecken mit einer Borste. Hinterhaupt flach concav. Die Signatur des Hinterkopfes nach vorn zugespitzt.

Prothorax mit geraden, sehr wenig divergirenden Seiten und abgerundeten Hinterecken. Metathorax länger, trapezisch, mit geringer Einschnürung; an den Hinterecken stehen je eine, nahe dabei am geraden Hinterrande drei lange und eine kurze Borste.

Die Beine haben lange Hüften, der Trochanter ist mit zwei kleinen schwarzen Flecken, die cylindrischen Schenkel und Schienen mit schwarz gesäumten Seiten versehen.

Das Abdomen ist langgestreckt schmal. Das erste nach vorn verengte Segment sendet einen dreieckigen Fortsatz unter den Metathorax. Das neunte Segment ist fast ganz mit dem achten vereinigt, nur durch eine leichte Randeinbuchtung mit zwei Borsten getrennt, und endigt zweispitzig, auf jeder Spitze eine kurze Borste tragend. Die Seitenschienen sind schmal, an den Suturen etwas nach vorn verlängert, so dass sich jede folgende Schiene mit dem oberen Ende innen an das untere Ende der vorhergehenden anlegt. Die Segmentecken treten gar nicht vor, die Seiten des Hinterleibes sind an diesen Stellen nur unbedeutend gekerbt. Alle Segmente haben breite braune Querflecke, zwischen welchen nur die Nähte etwas heller erscheinen; das neunte Segment ist etwas lichter gefärbt. Borsten fehlen auf der Fläche. Die Färbung ist durchweg braun, die Schienen etwas dunkler als die übrigen Theile.

Länge	♀ 3,20 mm.	Breite	
Kopf	0,65 „	0,40 mm.	
Thorax	0,61 „	0,49 „	
Abdomen	1,94 „	0,63 „	
3. Femur	0,32 „		
3. Tibia	0,24 „		

Diese Art wurde von Nitzsch und Denny auf *Fulica atra* und *Gallinula chloropus* gefunden. Von beiden Wohnthieren liegen mir die Nitzsch-schen Typen vor, leider nur ein etwas verletztes und ein unreifes Männchen. An ersterem finde ich vom Weibchen abweichend nur die Bildung der Antennen. Diese haben ein langes dickes Grundglied, ein halb so langes zweites, ein kurzes drittes mit ausgezogener Ecke; von den beiden Endgliedern ist das letzte das längere. Das Endsegment ist ebenfalls zweispitzig, die Spitzen nur etwas abgerundet. (Gesammtlänge 2,62 mm.

L. foedus N. 3 (Taf. VI. Fig. 10).

Giebel, Ins. epiz. p. 232.

Das einzige Exemplar (♂), welches sich von dieser Art in der Halli-schen Sammlung befindet, ist leider in einem so schlechten Erhaltungszustande, dass eine genaue Beschreibung davon zu geben unmöglich ist.

Der Kopf ist conisch, vorn abgestutzt, ein Clypeus nur dadurch an-gedeutet, dass die Stirnschiene nahe dem Vorderrande des Kopfes aufhört und zur Umgrenzung der vor den Mandibeln gelegenen Furchen umbiegt; an den Vorderecken der Fühlerbucht sendet sie lange Fortsätze zu den Maxillen. Diese Vorderecken sind lang und sehr spitz; die männlichen Antennen sehr charakteristisch. Das Grundglied ist dick und ziemlich so lang, wie die übrigen zusammen, an der Basis mit einem an der Spitze zweitheiligen Fort-satze versehen, das zweite ist weniger als halb so lang, das dritte noch etwas kürzer, mit einem spitzen Fortsatze versehen, das fünfte Glied etwas länger als das vierte. Das Auge flach vorgewölbt; die Schläfen abgerundet, mit einer Borste besetzt; das Hinterhaupt concav, durch eine Chitinschiene verstärkt. Die Verbindungsschienen sind von den Mundtheilen her divergirend angedeutet, erreichen aber das Hinterhaupt nicht.

Der Prothorax hat Rechtecksform, etwas ausgeschweifte Seiten und spitze Hinterecken; der Metathorax ist etwas breiter, kaum länger, hat gewölbte Seiten, deren grösste Breite an den Hinterecken liegt. Die Hinterbeine sind lang, die schlanken Schienen etwas länger als die Schenkel, die Klauen lang und dünn.

Das Abdomen ist langgestreckt, in der Mitte am breitesten, die Seiten durch die deutlich vortretenden Segmentecken gesägt. Das achte und neunte Segment verschmolzen, mit geraden, convergenten Seiten, in der Mitte des Hinterrandes mit dreieckigem Ausschnitte. Copulationsapparat reicht bis zum vierten Segmente hinauf. Die Seitenschienen sind sehr schmal, an den Suturen ein wenig umgebogen. Auf jedem Segmente steht eine Reihe (von etwa 14) Borsten. Die Flecke sind quer, ungetheilt. Die Färbung ist ein lichtes Braun.

	Länge	♂ 1,81 mm.	Breite	
Kopf	0,54	„	0,48	mm.
Thorax	0,38	„	0,45	„
Abdomen	0,89	„	0,50	„
3. Femur	0,28	„		
3. Tibia	0,33	„		

Auf *Psophia crepitans*.

b) Clypeati sutura distincta.

In dieser Gruppe ist der Clypeus stets deutlich vom übrigen Vorderkopfe abgesetzt. Die Stirnschiene biegt sich am Hinterrande desselben nach innen um und kommt in der Mittellinie meist in sehr nahe Berührung mit dem gleichen Fortsatze der anderen Seite, ja es kann sogar zu einer vollständigen Vereinigung kommen, so dass dann eine schmale Chitinschiene den Clypeus vom Kopfe abgrenzt. Nur bei *ferox* hört die Stirnschiene am Clypeus einfach auf, ohne sich umzubiegen. Auf dem Clypeus selbst tritt stets eine neue Seitenschiene auf, welche aber kurz ist, niemals den Vorderrand umgiebt. Ueberall ist eine deutliche, bei den verschiedenen Arten verschieden gestaltete Signatur vorhanden.

In dieser Abtheilung werden von Piaget folgende Arten ausführlich beschrieben: *L. taurus* N. *(Diomedea exulans)*; *longicornis* Piag. *(Phalacrocorax carbo et cristatus)*; *setosus* Piag. *(Phalacrocorax sulcirostris)* mit var. *brevisignatus* P. *(Carbo javanicus)*; *subsetosus* Piag. *(Phalacrocorax melanotus)*;

brevicornis Piag. *(Carbo africanus)*; *gyricornis* D. *(Sula australis)*; *pallatus* N. *(Sula alba* et *fusca)*; *annulatus* Piag. *(Sula fusca)*; *bifasciatus* Piag. *(Pelecanus crispus)*. Von diesen trenne ich *taurus* N. von *Lipeurus* ab. Ausser diesen Arten stelle ich auch L. *gracilicornis* Piag. *(Fregata minor)* hierher, während ihn Piaget zur vorigen Gruppe rechnet; ferner habe ich einige Nitzsch'sche Typen und mehrere neue Formen zu beschreiben.

Bestimmungstabelle für die Arten mit deutlicher Sutur des Clypeus.

a. Die Stirnschiene biegt sich am Hinterrande des Clypeus nicht nach innen um. Männliche Fühler sehr gross, erstes Glied mit einem starken Fortsatze. Signatur am Hinterrande wie eine abgestumpfte Pfeilspitze gestaltet. *ferox* Gbl.

aa. Die Stirnschiene biegt sich am Clypeus nach innen um.

b. Die Seitenschienen des Abdomens biegen sich an den Suturen nicht einfach um, sondern entsenden einen haken- oder T-förmigen Fortsatz auf die Fläche oder sie sind am Innenrande mit rundlichen Anhängen versehen.

c. Es sind Fortsätze vorhanden, welche an den Suturen abgehen.

d. Die Fortsätze der Abdominalschienen haben die Form eines Hakens.

e. Der Clypeus ist vorn breit abgerundet. Die Signatur mit zwei kleinen seitlichen Flecken. Erstes Fühlerglied 3 erscheint wie gedreht. Die hakenförmigen Fortsätze der Abdominalschienen sind lang und schräg nach hinten gerichtet. . . . . *gyricornis* D.

ee. Der Clypeus ist vorn schmal abgerundet, der ganze Vorderkopf zugespitzt. Die Signatur ohne Flecke. Das erste Fühlerglied beim Männchen nicht gedreht. Die hakenförmigen Anhänge der Abdominalschienen kurz und wenig nach hinten gerichtet. . . . . *toxoceras* Gbl.

dd. Die Fortsätze der Abdominalschienen haben die Form eines T, dessen oberer Strich dem Seitenrande parallel gerichtet ist.

f. An den Schläfen stehen fünf bis sieben Borsten.

g. Das dritte Fühlerglied beim Männchen mit einem ungefärbten blattartigen Anhange, das zweite kürzer als das erste. Signatur langgestreckt. Schläfen mit sieben Borsten. . . . . *setosus* Piag.

Drittes Fühlerglied am oberen Ende einfach erweitert. Signatur kurz. var. *brevisignatus* Piag.

gg. Drittes Fühlerglied beim Männchen am oberen Ende erweitert; das zweite ebenso lang wie das erste; Schienen mit fünf Borsten. . . *subsetosus* Piag.

ff. An den Schläfen steht eine Borste und ein bis zwei Stachelspitzen.

h. Antennen des Männchens viel kürzer als bei den verwandten Arten. Drittes Glied mit kurzem Fortsatze. . . . . *brevicornis* Piag.

hb. Antennen des Männchens sehr lang; drittes Glied ohne Fortsatz, am Innenrande ungefärbt; erstes Glied etwas gebogen. Signatur mit zwei Chitinstrichen. Genitalflecke des Weibchens rautenförmig, hinten sehr spitz.

longicornis Piag.

cc. Von den Suturen gehen keine Fortsätze aus, sondern der Innenrand der Abdominalschienen ist mit Anhängen versehen.

i. Die Stirnschienen sind am Hinterrande des Clypeus durch eine Querbrücke verbunden; der letztere breit und kurz, die Signatur quer oblong. Die Abdominalschienen sind mit zwei gleich grossen tropfenartigen Anhängen versehen. . . . . *Gurlti* m.

ii. Die Stirnschienen entsenden am Hinterrande des Clypeus Fortsätze, welche sich nicht vereinigen; dieser ist schmal und lang, die Signatur langgestreckt viereckig, hinten zugespitzt. Die Abdominalschienen verbreitern sich an beiden Enden und erscheinen dadurch in der Mitte des Innenrandes ausgeschnitten.

gracilicornis Piag.

bb. Die Seitenschienen sind einfach, ohne Anhang, oder biegen sich höchstens an den Suturen nach innen um.

k. Die Färbung blass. Abdomen langgestreckt, fast parallelseitig. Randflecke in der Mitte nicht vereinigt. . . . . *bifasciatus* Piag.

kk. Die Färbung ist dunkel.

l. Erstes Fühlerglied beim Männchen mit einem zweispitzigen Fortsatze versehen. Erstes Abdominalsegment kürzer als die folgenden. Querflecke beim ♂ auf allen Segmenten durch eine mediane Naht getrennt. Achtes Segment zangenförmig das neunte zwischen sich nehmend. *forficulatus* N.

ll. Erstes Fühlerglied beim Männchen ohne Fortsatz.

m. Die Stirnschienen bilden am Hinterrande des Clypeus eine Querbrücke. Antennen sehr kurz. Abdominalschienen breit und schwarz. . *lugubris* m.

mm. Die Stirnschienen bleiben mit ihren Fortsätzen getrennt.

n. Auf dem Vorderkopfe finden sich zwei schmale Chitinleisten, welche auf der Signatur beginnen und die bis zu den Mundwerkzeugen herabgebogenen inneren Fortsätze der Stirnschiene schneiden.

o. Diese Chitinleisten sind nach der Mittellinie zu etwas gebogen. Der Vorderrand des Clypeus ist abgerundet stumpfwinklig. Letztes Hinterleibssegment beim Weibchen lang, zugespitzt, das achte mit ausgeschweiften Seiten.

fuliginosus m.

oo. Die Chitinleisten sind gerade. Der Vorderrand des Clypeus gewölbt. Letztes Hinterleibssegment beim Weibchen kurz, das achte mit geraden Seiten.

clypeatus Gbl.

nn. Derartige Chitinleisten fehlen auf dem Vorderkopfe.

p. Antennen blass, Hinterkopf an den Schläfen marmorirt. Beine sehr lang. Schenkel geringelt. Die Flecke des ersten und dritten Abdominalsegments durch mediane Naht getrennt. . . . . *annulatus* Piag.

pp. Antennen gefärbt. Hinterkopf an den Schläfen einfarbig. Beine kurz. Die Flecke der vier ersten Abdominalsegmente durch mediane Naht getrennt.
pullatus N.

L. ferox Gbl. (Taf. V. Fig. 1. 1a).

Ins. epiz. p. 235.

Pediculus Diomedae Fbr., Ent. Syst. IV. p. 424.

Philopterus Diomedae Dufour, Ann. d. l. Soc. Ent. France IV (1835) p. 671. Pl. f. 1. 2.

Philopterus pedeniformis Duf., ibid. p. 676. f. 4. (juv.)

Die grösste aller bisher bekannten Läuse. Der Kopf ist viel länger als breit, der Vorderkopf ist conisch, der Hinterkopf fast viereckig. Der Vorderrand des Clypeus ist polsterartig vorgewölbt, gelb, an den Seiten tritt eine kurze Chitinschiene auf und stehen drei lange Borsten. Die Signatur ist sehr gross und eigenthümlich geformt: auf einem abgestumpften Dreiecke sitzt eine ebenfalls abgestumpfte Pfeilspitze auf. Die nach hinten divergirenden geraden Seiten des Vorderkopfes sind mit weiteren drei Borsten besetzt, von denen die mittelste kleiner ist als die beiden anderen, endlich stehen auf der stark vorspringenden Ecke vor den Fühlern noch eine längere und eine kürzere Borste. Eine eigentliche Fühlerbucht ist nicht vorhanden. Der Kopfrand ist oberhalb der Ansatzstelle der Antennen etwas verbreitert, geradlinig und tritt hinter derselben mit einer rechtwinkligen Ecke vor, an welcher die breiteste Stelle des Kopfes liegt. Der Mangel einer Fühlerbucht steht im Zusammenhange mit dem enorm entwickelten Grundgliede der männlichen Fühler. Dieses ragt daher in seiner ganzen Länge vor, ist sehr dick und so lang wie die beiden folgenden zusammen. Der dem Körperende zugewendete Rand ist convex, der andere flach concav, in seiner ersten Hälfte mit einem langen, von breiter Basis sich erhebenden und am Ende stark zugespitzten Fortsatze versehen. Derselbe trägt am distalen Rande eine Borste, eine zweite steht neben dem Fortsatze am Rande des Grundgliedes. Ersterer, sowie die zweite Hälfte des letzteren sind schwarzbraun, die erste Hälfte desselben gelblich. Das kürzere und schlankere zweite Glied setzt sich unter einem Winkel an das erste an, so dass es fast senkrecht davon nach vorn absteht; es hat breite

dunkle Chitinschienen und ist am distalen Ende schräg abgeschnitten; an der
Innenseite stehen in der zweiten Hälfte zwei Borsten. Das nicht viel kürzere
dritte Glied ist etwas gekrümmt und endet abgestumpft mit zugespitzter
Innenecke. Am distalen Ende stehen drei kurze Borstchen, eben so viele an
der Innenseite. Etwas vor dem abgestumpften Ende setzen sich die beiden
Englieder an, von denen das vierte mehr als das Doppelte des fünften misst.
Das helle Auge wölbt sich fast halbkuglig vor. Die Schläfen sind gerade,
fast parallel, sehr wenig nach hinten divergirend, mit drei kurzen Borsten
besetzt. Zwei solche, eine längere und eine kürzere, stehen auch an den abgerundeten Schläfenecken. Das concave Hinterhaupt tritt ziemlich weit zurück.
Die Stirnschienen, Schläfenschienen und zwei dreieckige Flecke am Hinterhaupte sind schwarzbraun und breit, die ersteren biegen sich am Clypeus
nicht nach innen um, sondern hören etwas abgerundet auf. Dadurch schliesst
sich diese Art unmittelbar an die vorige Gruppe an, von welcher ich sie nur
wegen der kurzen Seitenschienen des Clypeus und der stark ausgebildeten
Signatur desselben abtrenne. Die Schläfenschienen gehen nach der Mitte des
Kopfes zu in Kastanienbraun über. Diese selbst bleibt vor und hinter den
Mundtheilen hell; eine Signatur auf dem Hinterkopfe fehlt.

Der Prothorax hat die Form eines Rechtecks, die Seiten sind gerade,
die Vorderecken treten höckerartig vor, die Hinterecken sind abgerundet. Der
breitere Metathorax ist über das Doppelte länger, in der vorderen Hälfte ein
wenig eingeschnürt; an den Hinterecken steht eine kurze Borste, nahe dabei
jederseits am geraden Hinterrande stehen auf einer hellen elliptischen Stelle
fünf sehr lange, straffe Borsten, welche bis ans Ende des zweiten Abdominalsegments reichen. Der Prothorax erscheint nur in einem schmalen Mittelstreifen hell, der Metathorax sogar nur in der Nähe des Hinterrandes, während
beide im Uebrigen kastanienbraun sind und schwarzbraune Seitenschienen
haben.

Die Beine sind lang und kräftig, fast überall dunkelbraun gefärbt, an
Hüften, Schenkel und Schienen mit einer Anzahl ziemlich langer Borsten be-
setzt, namentlich an den letzteren, wo innen und aussen je vier stehen. Die
Klauen sind kurz und dick, sehr stumpf.

Das Abdomen ist langgestreckt, ziemlich parallelseitig, ganz am Ende
etwas zugespitzt. Die vier ersten Segmente sind kürzer als die folgenden,

das neunte ist sehr schmal, in der ersten Hälfte mit convergirenden Seiten
und endet mit einer spatelförmigen Spitze. Die Seiten der Segmente sind
ziemlich gerade, am achten deutlich gewölbt, die Ecken sind deutlich und
reichen ein wenig über die etwas eingezogenen Vorderecken des nächstfolgenden
Segments herab. Das neunte Segment hat eine schwarz eingefasste helle
Längslinie. Die breiten schwarzen Seitenschienen biegen sich an beiden Enden
etwas nach innen. Die Segmente haben kastanienbraune Querflecke, die selbst
an den Suturen nur zwischen dem sechsten und siebenten Segmente einen
helleren Streifen frei lassen, dagegen auf dem ersten Segmente noch von
schwarzbraunen Querlinien durchzogen werden. Borsten stehen an den
Segmentecken, an den Seiten des achten Segments, in der Mitte der Seiten
des neunten je eine schräg nach vorn gerichtete, jederseits am Hinterrande
des achten je zwei auf einer hellen elliptischen Stelle eingewurzelte, und auf
jedem Segmente jederseits eine seitliche, und, wie es scheint, auch mediane,
von denen mir aber meist nur die Ansatzstellen sichtbar geworden sind.

Länge	♂ 8,56 mm.	Breite
Kopf	1,69 „	1,19 mm.
Thorax	2,06 „	1,70 „
Abdomen	4,81 „	1,65 „
3. Femur	1,62 „	
3. Tibia	1,16 „	

Die vorstehende Beschreibung bezieht sich ausschliesslich auf das
Männchen. Herr Dr. Meyer hat auch ein weibliches Exemplar gesammelt,
welches ich darum gesondert beschreibe, weil es in mehrfacher Beziehung
nicht unerheblich abweicht. Ein Theil dieser Verschiedenheiten, namentlich
in Färbung und Grösse, sind aus dem noch nicht vollendeten Entwickelungs-
zustande abzuleiten. Ich betone dies besonders deshalb, weil die nachfolgende
Beschreibung auf ein erwachsenes Individuum nicht in jeder Beziehung passen
wird, und deshalb bei einem späteren Beobachter Zweifel an der Artidentität
resp. an der Richtigkeit meiner Beschreibung hervorgerufen werden könnten.

Der Kopf ist conisch, vorn ebenso wie beim Männchen kissenartig
gewölbt und an dieser Stelle hell gefärbt; im Uebrigen ist der Clypeus nicht
weiter abgesetzt, sondern der Vorderkopf ist breit schwarz gesäumt, so dass

19*

er fast wie beim Typus der *circumfasciati* erscheint.[1]) Die Vorder- und
Hinterecken der kaum angedeuteten Fühlerbucht springen nicht so weit vor
wie beim Männchen. Die Antennen sind keulenförmig, in der Dicke der
Glieder vom ersten zum letzten allmählich abnehmend; die beiden ersten
gleichlang, von den folgenden jedes etwas kürzer als das vorhergehende.
Dass die Fühler ganz hell erscheinen, ist sicherlich nur dem Jugendzustande
zuzuschreiben. Das Auge wölbt sich halbkuglig vor. Das Hinterhaupt ist
ganz anders als beim Männchen. Die Schläfen sind bereits von den Augen
an abgerundet und tragen sieben ganz kurze Borstchen. Das Hinterhaupt ist
concav. Die braune Färbung auf dem Kopfe ist noch nicht so ausgedehnt
wie beim Männchen, ebenso bleibt der ganze übrige Körper in der Mitte
farblos. Die Thorakalsegmente verhalten sich wie beim Männchen. Die Abdominalsegmente haben an den Rändern jederseits erst einen schwarzbraunen
viereckigen Fleck, welcher nach innen zu unregelmässig contourirt ist und
sich im Alter offenbar weiter nach der Mitte ausdehnt, wahrscheinlich sogar
mit dem der anderen Seite zu einem Querflecke verschmilzt. Die Segmentecken sind nicht nach unten gezogen; das kurze und schmale neunte Segment
ist am Hinterrande tief ausgeschnitten, wodurch die Seiten als abgerundete
Spitzen endigen.

Länge	♀ 6,24 mm.	Breite	
Kopf	1,24 „	1,11 mm.	
Thorax	1,75 „	1,32 „	
Abdomen	3,25 „	1,46 „	
3. Femur	1,25 „		
3. Tibia	0,81 „		

Auf *Diomedea exulans* von Meyer in den beiden beschriebenen Exemplaren gesammelt. Auf demselben Wohnthiere wurde diese Art auch von
Dufour gefunden, welcher ganz jugendliche Individuen als besondere Art
Philopterus pedeariformis beschrieben hat. Giebel fand das seiner Beschreibung zu Grunde gelegte Männchen auf *Diomedea melanophrys*.

---

[1]) Auch bei anderen zu dieser Gruppe gehörenden Formen habe ich im Jugendzustande
ein ähnliches Verhalten gefunden, woraus hervorgeht, dass sich der Clypeus erst in späterer
Zeit der Ausbildung vom übrigen Kopfe absetzt.

Wohin *Metopeuron inerce* Rud. (Zeitschr. f. ges. Naturwiss. XXXVI
p. 123 u. 140; Beiträge p. 32) von einer unbestimmten *Diomedea* der Südsee
gehören mag, ist weder aus der Beschreibung noch aus der mir vorliegenden
Handzeichnung mit Sicherheit zu ersehen. Ich vermuthe, dass es eine Jugendform ist, vielleicht sogar zu *ferox* gehörig; denn die Rudow'sche Zeichnung
erinnert sehr an die Abbildung von *pederiformis* Duf.

Von der anderen Form, welche Rudow von einer *Diomedea fuliginosa*
als *L. meridionalis* beschreibt, liegt mir ein jugendliches Exemplar aus dem
Hamburger Museum vor. Diese Art ist identisch mit dem von Piaget von
demselben Vogel beschriebenen *L. tricolor* (p. 363, Pl. XXX, f. 4), welchen
dieser Autor zu den *circumfasciati* stellt. Möglicherweise gehört diese Form
richtiger in die Verwandtschaft von *L. mutabilis* Piag.

L. toxoceras Ghl. (Taf. IV. Fig. 7).

> Ins. epiz. p. 237.
>
> *L. gyroceras* N., l. c. p. 237.

Diese Art gehört in die nächste Verwandtschaft von *L. appicornis* Denny.

Der Kopf ist wenig länger als breit; der Vorderkopf conisch, nach
vorn stark verschmälert, am Vorderrande des Clypeus flach abgerundet. Die
Seiten desselben haben eine kurze, aber breite Schiene, die Signatur hat die
Form eines Quadrats, dessen Hinterrand in der Mitte winklig ist. Die Stirnschiene ist sehr breit, am Clypeus zu einem schnabelartigen Fortsatze umgebogen, vor der Fühlerbucht um etwas verbreitert. Am Rande des Vorderkopfes stehen jederseits sechs Borsten, davon drei am Clypeus. Die Vorderecke
der Fühlerbucht ist kurz, besonders beim Männchen; diese selbst ist kaum
angedeutet. Das Auge tritt nur wenig hervor. Die Schläfen sind breit gerundet, mit fünf Borsten besetzt. Das Hinterhaupt ist concav, davor eine zugespitzte Signatur. Die Antennen des Männchens sind sehr lang, wie bei
L. longicornis und *brevicornis* nach vorn gebogen. Das Grundglied ist so lang
wie die übrigen zusammen, es hat dicht an der Basis einen Höcker, behält
die gleiche Dicke in der ganzen Länge bei, das nur halb so lange zweite ist
nach dem distalen Ende hin verschmälert, das dritte ist wieder halb so lang
wie dieses, am oberen Ende mit verbreiterter stumpfer Ecke, von den beiden
Endgliedern ist das fünfte doppelt so lang wie das vierte. Die einzelnen

Glieder haben am hinteren Rande Chitinschienen und tragen einzelne Borstchen. Beim Weibchen sind die Fühler sehr kurz; das erste Glied am dicksten, das zweite am längsten. Vor dem Auge steht ein Chitinfleck, hinter demselben beginnt die sehr schmale Schläfenschiene ebenfalls mit fleckenartiger Verbreiterung.

Der Prothorax ist trapezförmig, mit geraden Seiten, abgerundeten, mit einer Borste besetzten Hinterecken: an den letzteren biegen die Seitenschienen etwas um, die Fläche hat nur in der Mitte eine helle Naht. Der Metathorax ist breiter und verhältnissmässig kurz, im vorderen Drittel ein wenig eingeschnürt, von da an mit wenig divergirenden, schwach gewölbten Seiten, abgerundeten, mit einer kurzen Borste besetzten Hinterecken und geradem Hinterrande, an welchem nahe den letzteren jederseits fünf lange Borsten stehen. Die Beine sind lang und kräftig, die Hüften lang, die cylindrischen Schenkel länger als die Schienen.

Das Abdomen beim Männchen langgestreckt, ziemlich schmal, beim Weibchen lang eiförmig; die Seiten gekerbt, die Segmentecken treten beim Weibchen mehr hervor. Das erste Segment hat beim Männchen parallele Seiten; das achte ist mit dem neunten vereinigt, die ursprüngliche Trennung nur an einer leichten Randeinschnürung kenntlich. Das Endsegment ist am Hinterrande abgestutzt und mit einer Anzahl Borsten besetzt. Beim Weibchen sind die beiden letzten Segmente ebenfalls vereinigt, das Hinterleibsende ist flach concav, mit mehreren kurzen Borsten besetzt. Die Seitenschienen sind schmal und entsenden auf Segment 3—7 an den Suturen einen kurzen, wenig schräg nach hinten gerichteten Hakenfortsatz. Beim Männchen bleiben die Randflecke auf den ersten vier Segmenten durch eine hellere Naht getrennt und werden auf dem dritten und vierten nach der Mitte zu schmäler. Beim Weibchen sind die Randflecke kürzer und niemals zu Querflecken vereinigt, aber es schiebt sich mit Ausnahme des Endsegments ein medianer Fleck dazwischen ein. Auf jedem Segmente stehen vier mediane Borsten.

Die weibliche Geschlechtsöffnung ist von zahlreichen strahlenförmig angeordneten Borsten umgeben, seitlich steht je eine schmale, etwas gebogene Chitinleiste. Der Genitalfleck ist in der Mitte des Hinterrandes lang zugespitzt.

Länge	♂ 2,87 mm,	♀
Kopf	0,69 ,,	0,64 mm.
Thorax	0,55 ,,	0,54 ,,
Abdomen	1,63 ,,	1,56 ,,
3. Femur	0,47 ,,	0,37 ,,
3. Tibia	0,37 ,,	0,27 ,,
Breite:		
Kopf	0,65 ,,	0,61 ,,
Thorax	0,61 ,,	0,60 ,,
Abdomen	0,75 ,,	0,96 ,,

Auf *Halieus carbo*, in der Sammlung des zoologischen Museums zu Halle. Der als besondere Art *L. gyroceros* N. (Giebel p. 237) beschriebene *Lipeurus* von *Halieus brasiliensis* ist identisch mit *taraceros*.

L. Gurlti m. (Taf. V. Fig. 6, 6a).

? *L. caudatus* Rud., Beiträge p. 31 ; Zeitschr. f. ges. Naturwiss. XXXVI (1871) p. 125.

Der Kopf ist verkehrt eiförmig. Der Clypeus vorn hoch gewölbt, mit quer-oblonger Signatur und kurzen Seitenschienen, welche sich nach innen umbiegen, den Hinterrand der Signatur bedecken und nahe der Mittellinie nochmals eine Biegung machen, so dass sie mit zwei Fortsätzen nach hinten gerichtet sind. Die Stirnschienen vereinigen sich am Hinterrande des Clypeus zu einer Querbrücke und entsenden an der Fühlerbucht einen Fortsatz nach innen. An den Seiten des Vorderkopfes stehen je sechs Borstchen. Die Vorderecke der Fühlerbucht ist kurz, aber spitz. Diese selbst ist sehr flach, und die Antennen sind sehr kurz. Beim Männchen hat das dritte Glied eine vorgezogene Ecke, in beiden Geschlechtern sind die beiden ersten Glieder und die drei letzten je untereinander an Länge etwa gleich. Das Auge tritt kaum bemerkbar vor. Die Schläfen sind abgerundet, mit einer Borste und zwei Dornspitzchen besetzt. Das gerade Hinterhaupt tritt nur unbedeutend zurück. Die von dem letzteren ausgehenden Verbindungsschienen divergiren etwas nach vorn und vereinigen sich unter einem Bogen mit den Schläfenschienen dicht hinter den Antennen.

Der Prothorax ist sehr kurz, aber breit, hat abgerundete Seiten, welche eine Borste tragen. Der Metathorax ist etwas breiter, quadratisch, ohne Einschnürung an den Hinterecken, mit fünf Borsten besetzt. Der Hinterrand ist gerade. Die Seitenschienen hören in der Mitte auf und erweitern sich zu einem grossen rundlichen Flecke. Die Beine haben dicke Schenkel und Schienen.

Das Abdomen ist langgestreckt und schmal, das erste Segment kürzer als die folgenden, das achte beim Männchen länger, das neunte sehr kurz, wenig davon abgesetzt, mit abgerundetem Hinterrande. Der Copulationsapparat besteht aus zwei langen, dünnen, borstenartigen Chitinstäbchen. Beim Weibchen ist das neunte Segment mit dem achten vereinigt, abgerundet zugespitzt und am Hinterrande mit einem flachen Ausschnitte versehen. Die schmalen Seitenschienen haben am Innenrande zwei tropfenartige Anhänge, ähnlich wie an der Stirnschiene der Raubvogel-*Lipeuren*. Dieselben fehlen am ersten Segmente, wo dafür die Seitenschiene um so breiter ist, und am Endsegmente, wo die letztere ganz fehlt. Die Segmente haben durchgehende Querflecke, welche beim Weibchen breiter sind als beim Männchen, und zwischen denen nur die Nähte heller erscheinen. Ausser an den Ecken stehen auf den Segmenten zwei mediane Borsten und auf dem achten Segmente jederseits an der Seitenschiene vier nach der Mittellinie hin gerichtete dicht bei einander. Die weibliche Geschlechtsöffnung ist nackt. Die Grundfarbe ist schmutziggelb, die Flecke sind gelbbraun, die Chitinschienen kastanienbraun.

Ich gebe die Maasse nur vom Weibchen, weil die mir vorliegenden Männchen nicht erwachsen sind.

	Länge		Breite	
	♀ 2,97	mm.		
Kopf	0,65	„	0,46	mm.
Thorax	0,40	„	0,39	„
Abdomen	1,92	„	0,53	„
3. Femur	0,30	„		
3. Tibia	0,18	„		

Das grösste mir vorliegende Männchen misst 2,13 mm. Die Länge des Hinterleibes ist 1,16, die Breite 0,44 mm, derselbe ist also etwas breiter als beim Weibchen.

Diese Art liegt mir in mehreren Exemplaren aus der Berliner Thierarzneischule von *Procellaria capensis* und in einem Exemplare (♀) aus dem Hamburger Museum von *Procellaria glacialoides (= Smithi)* vor. Ich habe mir erlaubt, sie nach dem um die Sammlung der Berliner Thierarzneischule

hochverdienten Gurlt zu benennen. Ob der von Rudow von demselben
Wohnthiere beschriebene *L. caudatus* mit unserer Art identisch ist, lässt sich
weder aus seiner Beschreibung noch aus der mir vorliegenden Handzeichnung
ersehen.

L. lugubris m (Taf. VI. Fig. 9).

? *L. Sulae* Rud., Zeitschrift f. ges. Naturwiss. XXXVI (1870) p. 134.

Diese Art steht der vorigen sehr nahe, so dass es genügen wird, die
Unterschiede hervorzuheben. Sie ist kleiner, der Kopf ebenso geformt. Die
Seitenschienen des Clypeus biegen sich in der gleichen Weise nach innen und
hinten um, die Stirnschiene der einen Seite vereinigt sich mit der der anderen
zu einer Querbrücke. Der Vorderrand des Clypeus ist nicht so hoch gewölbt,
die ungefähr elliptische Signatur reicht bis an denselben heran, während er
bei voriger Art farblos erscheint. Die Antennen sind ebenso wie bei letzterer.
Am Hinterhaupte stehen zwei grosse dreieckige, vor dem Auge ein rundlicher
schwarzer Fleck, welcher es nicht deutlich erkennen lässt, ob auch hier eine
Vereinigung der Schläfenschienen mit den vom Hinterhaupte ausgehenden statt-
findet. Das Hinterhaupt tritt gar nicht zurück. Die beiden Thoraxsegmente
verhalten sich wie bei voriger Art.

Das Abdomen ist langgestreckt, in der Mitte etwas verbreitert; das
erste ebenso lang wie die folgenden, das neunte sehr kurz, beim Männchen
am Hinterrande abgestutzt, mit ganz unbedeutenden medianen Einschnitten,
beim Weibchen mit einem tiefen Ausschnitte versehen. Der Copulationsapparat
genau so wie bei voriger Art. Die Seiten des Abdomens sind an den
Segmentecken eingeschnitten. Die Seitenschienen sind breit und schwarz, die
sich daran anschliessenden braunen Flecke quer, nicht unterbrochen, aber
ziemlich schmal, so dass dazwischen die Nähte als breite, hellere Streifen
erscheinen. Die Segmente tragen nur an den Ecken Borsten.

Die Grundfarbe ist gelbbraun, die Abdominalflecke dunkler braun, und
die Schienen aller Körperabschnitte schwarz.

Die Maasse beziehen sich nur auf das Männchen, weil die mir vorliegenden Weibchen unreif sind.

Länge	♂ 1,92 mm.	Breite
Kopf	0,55 „	0,39 mm.
Thorax	0,33 „	0,34 „
Abdomen	1,04 „	0,44 „
3. Femur	0,19 „	
3. Tibia	0,15 „	

Diese Art liegt mir in mehreren Exemplaren aus dem Hamburger Museum von *Sula fiber* vor und ist wahrscheinlich die von Rudow als *L. Sulae* beschriebene Form; doch ist die Beschreibung des letzteren für eine Identificirung völlig unbrauchbar. Ausser den ausgebildeten Formen finden sich eine Anzahl unreife Individuen darunter, welche von der beschriebenen Bildung des Clypeus noch nichts zeigen; es geht vielmehr die Stirnschiene wie bei den *circumfasciati* um den Kopf herum, welcher nur am vordersten Rande nach auswärts davon etwas hell erscheint. Wahrscheinlich bildet sich aus diesem Saume der Clypeus allmählich aus. Natürlich, dass bei jenen Exemplaren auch die Flecke des Abdomens erst angedeutet sind.

L. clypeatus Gbl. (Taf. V. Fig. 2, 2a, 2b).

Ins. epiz. p. 236.

Der Kopf ist lang, der Vorderkopf länger als der Hinterkopf. Der Clypeus am Vorderrande hoch gewölbt, die Signatur hat einen dem letzteren parallelen Vorderrand. Der Hinterrand ist in der Mitte zweispitzig. Die Seiten des Vorderkopfes divergiren nur wenig, die Stirnschienen biegen sich am Clypeus bis zu den Mandibeln um und werden geschnitten von einer schmalen Chitinleiste, welche auf dem Clypeus beginnt; an der Fühlerbucht biegen sie mit langem schmalem Fortsatze nach innen um. Am Vorderkopfe stehen jederseits sechs Borsten. Die Vorderecke der Fühlerbucht springt spitz vor; diese ist beim Männchen etwas tiefer als beim Weibchen. Die Fühler sind bei ersterem mässig lang. Das dicke, an der Basis verengte Grundglied ist so lang wie die übrigen zusammen, das zweite nicht halb so lang, das noch kürzere dritte hat eine vorgezogene Ecke, von den Endgliedern ist das fünfte das längere. Die weiblichen Fühler sind fadenförmig, das erste und zweite Glied sind gleichlang, ebenso die drei übrigen kürzeren untereinander. Das Auge tritt wenig vor. Die Schläfen sind abgerundet, mit zwei Borsten besetzt; es sind abgerundete Hinterhauptsecken vorhanden; das sehr schmale Hinterhaupt ist concav. Die Verbindungsschienen nach den Mundtheilen sind deutlich und convergiren etwas, die Schläfenschienen sind sehr schmal; vor den Augen steht ein Chitinfleck. Die Signatur des Hinterkopfes reicht bis zur Unterlippe hinauf.

Der Prothorax ist trapezisch, die Seiten ein wenig gewölbt, die Hinterecken abgerundet. Der Prothorax ist breiter, die Seiten divergiren etwas und sind im vorderen Drittel wenig eingeschnürt, die Hinterecken abgerundet, mit einer kurzen Borste besetzt, auf welche sehr bald am geraden Hinterrande drei lange folgen. An der Sternalseite trägt der Prothorax einen langgestreckt dreieckigen Fleck, der Metathorax einen rundlichen Fleck, welcher hinten in einen T-förmigen Anhang übergeht. Die Beine haben nichts Eigenthümliches.

Das Abdomen ist langgestreckt, schmal, beim Männchen parallelseitig, beim Weibchen in der Mitte etwas verbreitert, an den Segmentecken eingekerbt. Das erste Segment ist wenig kürzer als die folgenden, an der Basis etwas verjüngt, das achte ist etwas kürzer und schmäler, hat beim Männchen abgerundete, beim Weibchen gerade convergirende Seiten, das neunte ist in beiden Geschlechtern sehr klein, beim Männchen abgestutzt, beim Weibchen zweispitzig durch einen tiefen Ausschnitt.

Die Seitenschienen sind schmal, an den Suturen nicht umgebogen; die Flecke sind quer und nehmen das ganze Segment ein, selbst die Nähte erscheinen nicht heller. Beim Männchen werden die der mittleren Segmente von dunkleren Querlinien durchzogen. Ausser den Borsten an den Ecken trägt jedes Segment zwei mediane. Die weibliche Geschlechtsöffnung ist nackt, seitlich davon steht eine dunkele Chitinleiste, davor finden sich zwei länglich-runde Genitalflecke.

Die Grundfarbe ist dunkelbraun, die Seitenschienen schwärzlich.

Länge:	♂ 2,43 mm,	♀ 2,55 mm.
Kopf	0,63 „	0,69 „
Thorax	0,43 „	0,45 „
Abdomen	1,37 „	0,71 „
3. Femur	0,30 „	0,31 „
3. Tibia	0,19 „	0,19 „

20*

Breite:

Kopf   0,39 mm,   0,46 mm.

Thorax   0,44   „   0,44   „

Abdomen   0,39   „   0,56   „

Auf *Pachyptila coerulea*, in der Sammlung des Hallischen zoologischen Museums.

L. fuliginosus m. (Taf. IV. Fig. 3).

Diese Art steht der vorigen sehr nahe. Sie ist grösser, der Vorderrand des Clypeus ist beim Weibchen stumpfwinklig, beim Männchen hoch gewölbt, bei jenem reicht die Signatur bis heran, bei diesem ist sie durch einen farblosen Zwischenraum getrennt. Die Signatur hat ungefähr die Form wie bei voriger Art, ist aber länger. Die Chitinleisten, welche auf der letzteren beginnend die umgebogenen Stirnschienen schneiden, sind nach der Mittellinie zu etwas gebogen. An den Seiten des Vorderkopfes stehen je fünf Borsten. Die Antennen verhalten sich in beiden Geschlechtern wie bei voriger Art. Das Auge trägt eine kurze Borste; an den Schläfen stehen deren drei. Hinterhauptsecken sind nicht entwickelt; das Hinterhaupt ist breit und gerade. Der Prothorax hat Rechtecksform, gerade Seiten und abgerundete Hinterecken. Der Metathorax, die Beine, die Form des Hinterleibes ist im Allgemeinen wie bei voriger Art. An der Sternalseite des Prothorax steht ein oblonger Fleck, derjenige des Metathorax ist ähnlich wie bei voriger Art, doch mehr länglichrund und hinten in einen allmählich dünner werdenden langen Fortsatz ausgezogen, der am Ende T-förmig ist. Das achte Segment des Abdomens ist nicht kürzer, aber schmäler als die vorhergehenden, beim Männchen mit abgerundeten Seiten, beim Weibchen mit convergirenden, etwas ausgeschweiften Seiten. Das neunte ist beim Männchen kurz, aber ziemlich breit, in der Mitte des abgestutzten Hinterrandes schwach eingekerbt, beim Weibchen ist es etwas länger, mit convergirenden Seiten, und endigt mit zwei abgestumpften Spitzen, von denen ein schmaler, aber tiefer Einschnitt begrenzt wird. Die Segmentecken treten beim Männchen stärker vor als beim Weibchen. Die Seitenschienen und Querflecke wie bei voriger Art. Auf den Flächen fehlen Borsten. Die Färbung ist im Allgemeinen dunkelbraun, die Schienen sind schwärzlich.

Länge	♂ 3,32 mm,	♀ 3,72 mm.
Kopf	0,89 „	0,90 „
Thorax	0,63 „	0,69 „
Abdomen	1,80 „	2,13 „
3. Femur	0,40 „	0,50 „
3. Tibia	0,24 „	0,34 „
Breite:		
Kopf	0,55 „	0,59 „
Thorax	0,50 „	0,56 „
Abdomen	0,58 „	0,66 „

Diese Art wurde von Herrn Dr. Meyer in einer Anzahl von Exemplaren auf *Diomedea exulans* und *chlororhyncha* gesammelt.

L. forficulatus N. (Taf. IV. Fig. 6, 6a, 6b).

Giebel, Ins. epiz. p. 238.

Die Vermuthung Piaget's, dass diese Art identisch sei mit dem von ihm beschriebenen *L. bifasciatus* (von *Pelicanus crispus*) erweist sich bei Untersuchung der Nitzsch'schen Typen als irrig; freilich liess sich das aus der Giebel'schen Beschreibung nicht ersehen. Jedenfalls stehen sich beide Arten nahe, sind aber sofort an der Bildung der männlichen Fühler zu unterscheiden, welche bei unserer Art am Grundgliede einen oben gegabelten Fortsatz besitzen.

Der Kopf ist länger als breit, die Seiten des Vorderkopfes stark divergent, daher der Clypeus ziemlich schmal, am Vorderrande sehr flach abgerundet, fast abgestutzt, von der fünfeckigen Signatur vollständig eingenommen; die kurzen Seitenschienen biegen sich nach innen und hinten um. Auch die Stirnschiene ist sehr kurz; sie biegt sich am Clypeus mit schnabelförmigem Fortsatze um und verlässt schon ein Stück vor der Fühlerbucht den Seitenrand, um sich mit einem kolbigen Ende den Mundtheilen entgegenzubiegen. An der Seite des Vorderkopfes stehen acht Borsten. Die Vorderecken der Fühlerbucht sind namentlich beim Männchen stark ausgebildet; bei diesem ist auch die Fühlerbucht ziemlich tief und weit. Die männlichen Antennen haben ein langes, dickes Grundglied, welches ebenso lang ist wie die folgenden zusammen; es ist an der Basis verjüngt und in der Mitte des Hinterrandes

mit einem an der Spitze zweihöckrigen Fortsatze versehen; das zweite Glied
ist nur halb so lang, das etwas kürzere dritte bildet einen starken Fortsatz,
von den beiden Endgliedern ist das fünfte das längere. Die weiblichen Antennen sind kurz und von gewöhnlicher Bildung. Das Auge tritt deutlich
vor und trägt eine kurze Borste. Die Schläfen sind gewölbt und beginnen
ihre Rundung beim Weibchen gleich am Auge, während sie beim Männchen
nach dem letzteren zu stark abfallen. Sie sind mit einer langen und drei
kurzen Borsten besetzt. Das Hinterhaupt ist sehr breit und gerade, tritt nicht
zurück. Vor dem Auge steht ein dunkler Chitinfleck, in ähnlicher Weise beginnen dahinter die schmalen Schläfenschienen. Vom Hinterhaupte gehen die
Verbindungsschienen ziemlich parallel zu den Mundtheilen. Die dazwischen
gelegene Signatur des Hinterkopfes ist lang und vorn zugespitzt.

Der Prothorax ist breit, trapezförmig, im vordersten Theile vom Kopfe
bedeckt; an den etwas vortretenden, abgestumpften Hinterecken steht eine
Borste. Der Metathorax ist etwas breiter, verhältnissmässig kurz; an den
Vorderecken abgerundet, dann wenig eingeschnürt und mit geraden Seiten.
Der Hinterrand ist gerade und trägt jederseits nahe den Ecken fünf Borsten.
Die Seitenschienen, welche an der Einschnürung mit geringer Verbreiterung
aufhören, setzen sich ein wenig über die Hinterecken hinaus fort. Die Beine
sind lang, sonst nicht besonders ausgezeichnet.

Das Abdomen ist beim Männchen langgestreckt, in der vorderen Hälfte
gleichbreit, parallelseitig, in der hinteren etwas verschmälert; beim Weibchen
ist es langgestreckt eiförmig Die abgerundeten Segmentecken treten deutlich
vor, beim Männchen wenigstens an den ersten Segmenten. Das erste Segment
ist kürzer als die folgenden. Die beiden Endsegmente haben eine sehr eigenthümliche Bildung. Das achte Segment endet mit zwei zangenförmigen, oben
abgerundeten und mit einer Anzahl Borsten besetzten Fortsätzen, zwischen
welchen das neunte Segment gelegen ist. Dieses wird beim Weibchen von
den Fortsätzen des achten weit überragt und ist mit einem tiefen Ausschnitte
versehen, in welchem kurze Borstchen stehen. Beim Männchen ragt das
ebenfalls mit einem Ausschnitte am Hinterrande versehene Endsegment etwas
über das achte vor und ist seitlich von dem letzteren mit einer Anzahl Borsten besetzt. Eigenthümlich ist die Bildung des Copulationsapparates, welcher
mit seinen äusseren Anhängen in den beiden mir vorliegenden männlichen

Exemplaren etwas hervorragt und so das Endsegment fast ganz unsichtbar macht. Diese Anhänge sind beilförmig und tragen am chitinösen Hinterrande eine Anzahl warzenartige Erhebungen. Der mittlere Theil des Chitingerüstes ist zangenförmig, am Ende zugespitzt.

Die schmalen Seitenschienen biegen sich an den Suturen etwas nach innen um und sind am Ende dieses Theiles ungefärbt. Die Randflecke bleiben beim Männchen in der Mitte getrennt, sie sind auf den vier ersten Segmenten ziemlich viereckig und lassen zwischen sich nur die Nähte heller erscheinen. Auf den folgenden Segmenten werden sie viel schmäler, haben auf dem fünften noch viereckige Form, während sie auf dem sechsten und siebenten dreieckig erscheinen. Die letzten Segmente sind einfarbig. Ueber die Flecke des Weibchens kann ich keine Angaben machen, weil das eine mir vorliegende Individuum nicht ganz ausgebildet, das andere sehr schlecht erhalten ist. Ausser an den Ecken tragen die Segmente auf der Dorsalfläche vier mediane Borsten, während ventral eine grössere Anzahl solcher stehen.

Die Färbung ist braun, welches auf den Flecken und Schienen etwas dunkler erscheint als in der Umgebung.

	♂		♀	
Länge	3.26	mm.	3.07	mm.
Kopf	0,67	,,	0,71	,,
Thorax	0,56	,,	0,54	,,
Abdomen	2,03	,,	1,82	,,
3. Femur	0,57	,,	0,51	,,
3. Tibia	0,41	,,	0,41	,,
Breite:				
Kopf	0,60	,,	0,71	,,
Thorax	0,64	,,	0,69	,,
Abdomen	0,75	,,	1,00	,, (in der Mitte).

(am 3. und 4. Segmente;
an dem 6. und 7. 0,53 mm.)

Auf *Pelecanus onocrotalus*, in der Sammlung des Hallischen zoologischen Museums.

L. crenatus Gbl. ♀ (Taf. VII. Fig. 1).

Ins. epiz. p. 237.

Der Kopf ist lang, conisch, der Clypeus sehr lang, vorn abgerundet, an den Seiten mit sehr deutlichen Schienen, die Signatur lang, viereckig, am Hinterrande abgerundet winklig. Die Stirnschiene biegt sich am Clypeus weit vor der Fühlerbucht nicht nach innen um. An den Seiten des Vorderkopfes stehen je sieben Borsten. Die Vorderecke der Fühlerbucht tritt deutlich vor, diese selbst ist sehr flach. Die Antennen sind fadenförmig, das erste Glied das dickste, das zweite das längste, die unter sich wenig verschiedenen drei letzten Glieder machen die Hälfte des Fühlers aus. Das Auge wölbt sich deutlich vor. Die Schläfen abgerundet, mit einer Borste und fünf ganz kurzen Dornspitzchen besetzt. Das Hinterhaupt tritt etwas zurück und ist concav. Die Schläfenschienen sehr schmal, hinter dem Auge mit einem kleinen Flecke beginnend, ein solcher steht auch vor dem Auge. Die Verbindungsschienen verlaufen vom Hinterhaupte ziemlich parallel nach den Mundtheilen.

Der Prothorax ist fast rechteckig, mit sehr schwach divergirenden Seiten; an den Hinterecken steht eine Borste. Der Metathorax ist an der vorderen Hälfte etwas eingeschnürt, die Seiten sind schwach gewölbt, die Hinterecken abgerundet, der Hinterrand gerade mit je vier Borsten nahe an den Ecken.

Die Beine sind lang, braun gefärbt, die Schienen wenig kürzer als die Schenkel, die Klauen lang und spitz.

Das Abdomen ist langgestreckt eiförmig, an den Segmentecken gekerbt, doch durchaus nicht auffällig, wie der Giebel'sche Artname vermuthen lassen könnte. Das achte Segment ist mit dem neunten vollständig vereinigt, dieses hat convergente Seiten und einen abgestutzten, in der Mitte eingeschnittenen Hinterrand, an welchem einige kurze Borsten stehen. Die Seitenschienen sind sehr schmal, an den Suturen umgebogen in Form eines ungefärbten ovalen oder runden Anhanges.

Die Randflecke sind viereckig und kurz und werden in der Mitte durch einen ebenfalls viereckigen aber beiderseits deutlich abgegrenzten Fleck verbunden. Das Endsegment (und wahrscheinlich auch das durch Darminhalt verdeckte erste Segment) einfarbig. Ausser den Borsten an den Ecken stehen auf jedem Segmente vier mediane.

Die Farbe ist ein lichtes Braun, der Vorderrand des Clypeus erscheint ganz farblos und die Nähte zwischen den Abdominalsegmenten sind schmutzigweiss.

Länge:	♀ 3,07 mm.	Breite
Kopf	0,74 „	0,50 mm.
Thorax	0,48 „	0,46 „
Abdomen	1,85 „	0,70 „
3. Femur	0,40 „	
3. Tibia	0,31 „	

Diese Art ist von Giebel nach zwei nicht ganz ausgefärbten Weibchen von *Tachypetes leucocephalus* aus dem Hallischen Museum beschrieben. Ich sammelte ein vollständig ausgebildetes Exemplar, leider auch Weibchen, auf einem trockenen Balge von *Tachypetes aquila* bei Herrn Schlüter.

Anmerkung. *L. lineatus* (Giebel, Ins. epiz. p. 230) von *Cursorius isabellinus* ist auf ein einziges weibliches, vollständig unreifes Exemplar begründet und kann daher vorläufig gestrichen werden.

L. runcinatus N. (Giebel, Ins. epiz. p. 238) ist gar keine dieser Gattung zugehörige Art, sondern ein *Nirmus*, und zwar *N. fuscomarginatus* D., welcher wohl synonym mit *N. podicipis* D. ist. Piaget hat, ohne es weiter zu erwähnen, die Zugehörigkeit des vermeintlichen *Lipeurus* zu *Nirmus* vermuthet; denn er citirt bei ersterem (p. 344) „Denny (*N. podicipis?*) tab. X. f. 9." Die beiden Nitzsch'schen Typen, welche in der Hallischen Sammlung erhalten sind, sind weibliche Exemplare und stimmen genau überein mit einem solchen, welches ich auf *Colymbus cristatus* gesammelt habe und welches sich nach Piaget's Beschreibung und Abbildung (p. 202, Pl. XVI. f. 6) als der oben erwähnte *Nirmus* herausgestellt hat.

L. sagittiformis Rud. (Beitrag p. 40; Zeitschrift f. ges. Naturwiss. XXXVI, 1871, p. 130) von einem unbestimmten Schwimmvogel der Südsee, muss, nach der Handzeichnung des Autors zu urtheilen, auf ein jugendliches Exemplar begründet sein, bei welchem das Hinterleibsende wegen seiner Weichheit zusammengeschrumpft war.

c) Clypeati bisetosi.

Diese Gruppe ist dadurch ausgezeichnet, dass an der Sutur des Clypeus jederseits eine breite nach oben zugespitzte Borste steht. Der Clypeus ist am

Rande durch eine Einkerbung vom übrigen Vorderkopfe abgesetzt oder bildet mit diesem einen stumpfen Winkel. Die Stirnschiene hört hier auf und biegt sich etwas nach innen um, die Signatur kann fehlen, der Hinterrand des Clypeus ist meist deutlich. Die hierher gehörigen Arten sind nur von Enten und Gänsen bekannt.

Piaget beschreibt folgende: *L. squalidus* N. (*Anas domestica, punctata, clypeata, acuta, crecca, boschas, Stelleri, glocitans*) mit var. *maior* P. (*A. gibberiformis*), var. *colorata* P. (*A. melanotus*), var. *pallida* P. (*Cygnus buccinator*), var. *antennata* P. (*Cygnus atratus*); *L. thoracicus* Piag. (*Anas radjah*); *L. lacteus* N. (*Anas tadorna*); *L. jejunus* N. (*Anser domesticus, cinereus, canadensis, aegyptiacus, albifrons*); *L. temporalis* N. (*Mergus merganser* et *serrator*).

Für dieselben giebt Piaget folgende Bestimmungstabelle.

a. Die Vertiefung vor den Mandibeln abgerundet und scharf umgrenzt.

b. Die Signatur des Clypeus hat parallele Ränder; die Schläfen nur mit einer Stachelspitze. Der Hinterrand des Metathorax gerade. Die Seitenschienen der Abdominalsegmente mit einem schrägen Fortsatze.   . *temporalis* N.

bb. Die Signatur hinten convex; Schläfen mit einer Borste und einem Dornspitzchen; Hinterrand des Metathorax ein wenig concav. Seitenschienen der Abdominalsegmente ohne Fortsatz. . . . . *squalidus* N.

aa. Die Vertiefung vor den Mandibeln nicht deutlich.

c. Färbung blass; Abdomen ohne Flecke. Seitenschienen schwärzlich. *lacteus* Gbl.

cc. Färbung dunkler; Abdomen mit Flecken.

d. Die Signatur des Clypeus gefärbt. Metathorax doppelt so lang wie der Prothorax. Die langen Borsten am Hinterrande nahe den Ecken stehen auf keiner hellen Stelle. Die Flecken des Hinterleibes sind ganzrandig.

thoracicus Piag

dd. Der Clypeus ist ungefärbt; Metathorax nur um ein Drittel länger als der Prothorax, die Borsten an den Hinterecken stehen auf einer breiten hellen Stelle. Die Abdominalflecke am Vorderrande ausgeschnitten.   *jejunus* N.

Bemerkungen zu **L. squalidus** N.

Piaget ist vollkommen im Rechte, wenn er die von Giebel von verschiedenen Entenarten beschriebenen *Lipeuren* nicht als Species anerkennen will. Zwischen *squalidus* N., *sordidus* N. (von *Anas crecca* und *clypeata*),

depuratus N. *(Anas strepera* und *penelope), frater* Gbl.[1] *(Anas glacialis)* und
A. gracilis Gbl. (nach einem unreifen Weibchen von *Anas spectabilis)* bestehen keine bedeutenderen Unterschiede, als jene kleinen individuellen Abweichungen, welche sich fast immer unter zahlreichen Exemplaren einer Art
auffinden lassen und die sich in unserem Falle besonders auf die grössere
oder geringere Ausbildung der Abdominalflecke beziehen. Die von Giebel
angegebenen Unterschiede sind entweder unausgebildeten Formen entnommen
oder überhaupt falsch beobachtet.

Auch *L. rubromaculatus* Rud. (Zeitschr. f. ges. Naturwiss. XXXVI,
1871, p. 128) von *Anas mollissima* kann höchstens als Varietät angesehen
werden. Ich finde an dem von Rudow dem Hallischen Museum mitgetheilten
Pärchen, dass der Kopf im Verhältniss zur Länge breiter ist als bei der
Hauptform, namentlich erscheint der Vorderkopf weniger schlank. Das weibliche Endsegment ist an den Seiten mehr gerundet, ein Unterschied, welcher
sicherlich auf das noch nicht ausgebildete Entwickelungsstadium zurückzuführen
ist, in welchem sich diese Exemplare befinden. Darauf sind auch die hellen,
nicht rothen Randflecke des Abdomens zu beziehen, von denen Rudow
den Artnamen entlehnt hat.

Ueber *L. punctulatus* Rud. (l. c. p. 137) von *Anas (Oidemia) fusca*
kann ich kein endgiltiges Urtheil abgeben, da mir nur die Handzeichnung des
Autors vorliegt. Das Exemplar, wonach dieselbe entworfen ist, gehört sicher
noch dem Jugendalter an, und so wird man mit grosser Wahrscheinlichkeit
Piaget beipflichten können, dass es sich auch hier nur um *L. squalidus* handelt. Dasselbe gilt von *L. Nyrocae* Rud. (ibid. p. 128) von *Anas (Nyroca)
australis,* von welchem mir ebenfalls eine Zeichnung und ein männliches
Individuum aus dem Hamburger Museum vorliegt. (Diese Art ist früher von
Rudow als *L. cinereus* beschrieben.)

Es liegen mir zu *L. squalidus* gehörige Individuen auch von *Anas
moschata* aus dem Hallischen Museum vor. Giebel thut derselben (p. 242)
Erwähnung und erklärt sie für verschieden von ersterem, wobei er u. A.

---

[1] Piaget macht bereits darauf aufmerksam, dass Giebel den Namen *frater* zweimal
in dieser Gattung verwendet hat, indem ihn auch ein Parasit von *Neophron percnopterus* führt.
Da beide *frater* als Arten nicht haltbar sind, braucht der Name nicht geändert zu werden.

hervorhebt: „Sie haben die Ecken am Vorderkopf mit breiter platter Borste."
Sie haben das Endsegment beim Weibchen etwas schmäler als die typische Form.

Einige Exemplare von *Merganetta armata* aus dem Hamburger Museum
gehören gleichfalls hierher. Der Vorderkopf ist breiter als bei der gewöhnlichen Form; das Abdomen trägt viereckige Randflecke.

Bemerkungen zu **L. jejunus** N.

Zwischen *L. jejunus* N. und *L. serratus* N. (von *Anser albifrons*)
sind keine anderen Unterschiede vorhanden als solche, welche durch Altersverschiedenheiten bedingt werden. Die beiden Arten sind identisch.

Hierher gehört auch *L. cygnopsis* Rud. (Zeitschr. f. ges. Naturwiss.
XXXVI, 1871, p. 129) von *Cygnopsis cygnoides*; wahrscheinlich nach einem
jugendlichen Individuum beschrieben, bei welchem die Randflecke des Abdomens noch nicht ausgebildet waren.

Die mir vorliegenden Exemplare eines *Lipeurus* von *Anser aegyptiacus*
aus dem Hamburger Museum, von Rudow (l. c. p. 132) als *L. asymmetricus*
beschrieben, stimmen, wie auch Piaget vermuthet, gleichfalls mit *jejunus*
überein.

L. australis Rud. (Beiträge p. 38; Zeitschr. f. ges. Naturwiss. XXXVI,
1871, p. 130) ist nahe verwandt mit *jejunus* und unterscheidet sich, soweit es
das mir vorliegende Material erkennen lässt, hauptsächlich durch die breiteren
schwarzen Seitenschienen der Abdominalsegmente; sie sind auf den letzten
Segmenten an der Innenseite etwas ausgeschweift. Die Flecke sind durch
einen kleinen Zwischenraum von jenen getrennt und sind klein oval hellbraun.
Die Länge beträgt bei einem ausgebildeten Weibchen 3,82 mm.

Kopf		0,78 mm lang, 0,56 mm breit.
Thorax		0,19 „ „ 0,63 „ „
Abdomen	2,35 „ „ 0,83 „ „

Auf *Cereopsis Novae Hollandiae*, im Hamburger Museum.

IV. Typus der circumfasciati.

Bei den hierher gehörigen Formen ist der Clypeus nicht vom übrigen
Vorderkopfe abgesetzt, sondern die Stirnschiene läuft gleichmässig um denselben herum. Die Stirn ist entweder abgerundet oder zugespitzt, wonach

Piaget zwei Abtheilungen unterscheidet. Die Vertiefung vor den Mandibeln ist halbkreisförmig. Die so gebildeten Arten leben fast sämmtlich auf Hühner-vögeln.

Piaget beschreibt deren folgende: *L. heterogrammicus* N. (*Perdix cinerea*) nebst var. *maculipes* Piag. (*Ortyx virginianus*); *cinereus* N. (*Perdix coturnix*); *unicolor* Piag. (*Perdix javanica*); *inaequalis* Piag. (*Megapodium rubripes*); *appendiculatus* Piag. (*Megapodium rubripes*) mit var. *maior* P. (*Tinamus canus*); *docophoroides* Piag. (*Ortyx californicus*); *dissimilis* Piag. (*Ortyx virginianus*); *heterographus* N. (*Gallophasis Curieri, Gallus domesticus, Phasianus pictus*) mit var. *major* P. (*Pavo spiciferus*); *mesopelius* N. (*Phasianus pictus* et *nycthemerus*); *tricolor* Piag. (*Diomedea fuliginosa*): *variabilis* N. (*Gallus domesticus* et *furcatus*; var. *a—ι* auf *Lophophorus impeganus, Gallus bankiva, Gallophasis Curieri, Phasianus Reevesi* und *Francolinus capensis*); *polytrape-zius* N. (*Meleagris gallopavo*); *intermedius* Piag. (*Euplocamus ignitus*); *longus* Piag. (*Tragopan satyras* et *Temmincki*); *ochraceus* N. (*Tetrao urogallus*); *tur-malis* N. (*Otis tarda*); *antilogus* N. (*Otis tetrax*); *megalops* ♀ Piag. (*Cryptonyx coronatus*); *paramsetosus* ♀ Piag. (*Rhynchaea luzigata*); *uncinatus* Piag. (*Cryp-tonyx coronatus*).

Von den ohne ausführliche Beschreibung von Piaget ferner zu dieser Gruppe gerechneten Arten haben wir *L. docophorus* Gbl. und *foedus* N. schon früher kennen gelernt; *macrocnemis* N. stellen wir zur Gattung *Bothriometopus*, und von den folgenden werden wir die mit einem * bezeichneten im Nach-stehenden nach den Typen beschreiben, dazu auch einige neue Arten.

L. orthopleurus N. (*Argus giganteus*); *quadrinus N. (*Crax carunculata*); *concolor* Rud. (*Crax Yarrelli — carunculata*); *helvolus N. (*Scolopax rusticola*).

Die sämmtlichen bisher bekannten Arten der *Circumfasciati* lassen sich nach folgender Tabelle bestimmen. Mehrere der im Nachstehenden entweder als neu oder als wenig gekannt beschriebenen Arten habe ich in dieselbe nicht aufgenommen, weil ich nach dem mir zu Gebote stehenden Materiale die sonst zur Erkennung aufgestellten Merkmale nicht gleichmässig verwenden konnte.

    a. Vorderkopf mehr oder weniger zugespitzt.

    b. Körperform breit, ähnlich den *Docophori*: Beine kurz und dick; Metathorax etwas kürzer als der Prothorax, ersterer mit sehr divergenten Seiten. Flecke des Abdomens beim Männchen zungenförmig, beim Weibchen viereckig; jedes Segment mit einer Borstenreihe. . . . . *docophoroides* Piag.

bb. Körperform langgestreckt. Beine lang, nach den Typen dieser Gattung.

  c. Erstes Fühlerglied beim Männchen mit Fortsatz. Grösste Breite des Kopfes vor der Fühlerbucht; Stirn erst in der Mitte wenig zugespitzt, Stirnschiene daselbst sehr verbreitert. Abdominalschienen beim Männchen in der Mitte des Innenrandes ausgeschweift. Endsegment des Männchens mit zwei stumpfen zangenförmigen Fortsätzen, des Weibchens flach ausgeschnitten. *sinuatus* m.

  cc. Erstes Fühlerglied des Männchens ohne Fortsatz. Stirn in eine längerere Spitze ausgezogen. Grösste Breite an den Schläfen.

  d. Die Seitenschienen des Abdomens haben am oberen Ende eine dreieckige Chitinlamelle und sind ventral breiter als dorsal.

  e. Metathorax mit zahnartig vorspringenden Vorderecken. Stirnschiene fast parallelseitig. Das dritte Fühlerglied des Männchens mit blattartigem, ungefärbtem Anhange. . . . . *appendiculatus* Piag.

  ee. Metathorax ohne vorspringende Vorderecken mit ganz geraden Seiten. Stirnschiene vorn stark verbreitert. Drittes Fühlerglied des Männchens mit zugespitztem, ungefärbtem Fortsatze. . . . . *oxycephalus* m.

  dd. Seitenschienen des Abdomens einfach.

  f. Metathorax mit concavem Hinterrande, nach den vorspringenden Vorderecken stark eingeschnürt. Stirnschiene sehr schmal. Abdomen mit medianen Flecken, welche beim Weibchen durch eine Längsnaht getheilt sind. Auf jedem Segmente vier mediane Borsten. . . . . *heterogrammicus* N.

  ff. Metathorax in der Mitte des Hinterrandes mit einer Spitze vortretend.

  g. Stirnschiene vorn sehr verbreitert. Abdomen ohne mediane Borsten. Letztes Segment beim Weibchen zangenartig, beim Männchen mit zwei kurzen Spitzen endigend. *inaequalis* Piag.

  gg. Stirnschiene parallelseitig. Letztes Abdominalsegment des Weibchens zweilappig.

  h. Metathorax ebenso lang wie der Prothorax. Abdomen mit medianen Flecken. *cinereus* N.

hh. Metathorax länger als der Prothorax. Abdomen ohne Flecke. *unicolor* Piag.

aa. Vorderkopf mehr oder weniger abgerundet.

  i. Vorderkopf parabolisch gerundet.

  k. Metathorax bedeutend länger als der Prothorax. Schläfen mit einer Borste.

  l. Metathorax mit winkligem Hinterrande, der nahe den Hinterecken Borsten trägt, ohne seitliche Einschnürung. Abdominalflecke auf den ersten sechs

Segmenten durch eine mittle Naht getrennt; zwei mediane Borsten. Endsegment beim Männchen ausgeschweift, beim Weibchen zweispitzig.

mesopelius N.

ll. Metathorax mit flach convexem Hinterrande, ohne Borsten an den Ecken,
mit seitlicher Einschnürung. Abdominalflecke quer, ungetheilt, keine medianen Borsten. Endsegment bedeutend schmäler als das vorhergehende,
beim Männchen lang, zapfenförmig, mit abgerundeter Spitze; beim Weibchen
sehr kurz, zweilappig. . . . . *tricolor* Piag.

kk. Metathorax wenig länger als der Prothorax. Schläfen mit zwei Borsten.
Abdominalflecke beim Männchen quer.

m. Stirn fast zugespitzt (einen Uebergang zu a bildend). Abdominalflecke beim
Weibchen auf den sechs ersten Segmenten viereckig, auf dem siebenten und
achten quer mit einer kleinen Ausrandung am Vorderrande. Jedes Segment
mit einer Reihe von Borsten, die der letzten Segmente besonders lang. Endsegment beim Männchen mit ausgeschweiftem Hinterrande, beim Weibchen
zweilappig. Metathorax länger als der Prothorax, mit seitlicher Einschnürung.

dissimilis Piag.

mm. Stirn parabolisch gewölbt. Abdominalflecke beim Weibchen median in der
Mitte getheilt, nach den Seitenschienen zu verwischt, am Vorder- und Hinterrande dunkler gefärbt. Seitenschienen hinten verbreitert. Jedes Segment
mit sechs Borsten. Endsegment beim Männchen durch einen tiefen Einschnitt
zweilappig, beim Weibchen wenig eingeschnitten. . . . *heterographus* N.

n. Vorderkopf vollständig abgerundet.

n. Der Kopf hat beim Männchen seine grösste Breite an der Fühlerbucht, beim
Weibchen an den Schläfen. Das erste Fühlerglied des Männchens mit Fortsatz.

o. Grosse Arten (3,75 mm). Auf dem Sternum zwei mediane Flecke.

p. Der Fortsatz des ersten Fühlergliedes (Männchen) sitzt an der Basis. Der
Kopf in beiden Geschlechtern vollständig abgerundet. Das letzte Abdominalsegment beim Männchen breit und flach ausgerandet, beim Weibchen durch
einen tiefen Ausschnitt zweispitzig. Die Seitenschienen am Innenraude mit
zwei Vorsprüngen. Die Flecke in der Mittellinie des Körpers durch einen
breiten Zwischenraum getrennt, am medialen Rande abgerundet, nach der
Seitenschiene zu blasser werdend. Auf dem sechsten und siebenten Segmente
beim Weibchen ein hinten zugespitzter Genitalfleck. . *polytrapezius* N.

pp. Der Fortsatz des ersten Fühlergliedes sitzt nahe der Mitte. Der Kopf des
Männchens vorn abgerundet, des Weibchens parabolisch. Das letzte Abdominalsegment beim Männchen wie bei voriger Art, beim Weibchen mit zwei
langen, zangenförmig nach innen gebogenen Spitzen endigend. Die an der

Ventralseite breiteren Seitenschienen mit parallelem Innenrande. Die Flecke beim Männchen quer, am Hinterrande ausgeschweift, beim Weibchen in der Mitte durch einen breiten Zwischenraum getrennt, viereckig, nach den Seitenschienen hin blasser. Genitalfleck fehlt . . . . . . *intermedius* Piag.

oo. Kleine Arten (2,37 mm). Auf dem Sternum ein Medianfleck. Abdominalflecke median, schmal, an den Seiten wie ausgewaschen. Letztes Segment bei beiden Geschlechtern ausgerandet.

q. Genitalfleck beim Weibchen lanzenförmig. Hinterleibsende beim Weibchen zweilappig. Hinterkopf ohne Signatur und Verbindungsschienen nach den Mundtheilen hin. . . . . *variabilis* N.

qq. Genitalfleck fehlt; letztes Hinterleibssegment beim Weibchen endigt zangenförmig. Eine deutliche, sehr zugespitzte Signatur auf dem Hinterhaupte, Verbindungsschienen deutlich. . . . . *variabilis* var. Piag.

nn. Der Kopf hat bei beiden Geschlechtern seine grösste Breite an den Schläfen. Erstes Fühlerglied beim Männchen ohne Fortsatz.

r. Metathorax kaum länger als der Prothorax. Die Abdominalflecke durch einen breiten medianen Zwischenraum getrennt.

s. Stirnschiene mit gezacktem Innenrande, in der Mitte nicht verbreitert. Letztes Abdominalsegment beim Weibchen abgerundet mit schmalem, medianem Einschnitte, beim Männchen ausgerandet. Flecke auf den ersten sieben Segmenten dreieckig, mit abgerundeter Spitze, achtes und neuntes Segment einfarbig; beim Männchen sind die Flecke langgezogener und weniger deutlich. Genitalfleck beim Weibchen vorhanden. . . . . *tarmalis* Gbl.

ss. Stirnschiene mit gezacktem Innenrande, in der Mitte verbreitert. Letztes Abdominalsegment abgestutzt. Männchen mit zungenförmigen, auf den drei letzten Segmenten mit queren Flecken; beim Weibchen quere Flecke. Kein Genitalfleck. Kleiner als vorige Art . . . . *antilogus* N.

rr. Metathorax bedeutend länger als der Prothorax. Abdominalflecke beim Männchen quer, beim Weibchen durch eine Mittelnaht getheilt.

t. Dunkel gefärbte, grosse Art. Letztes Segment beim Männchen breit, parallelseitig, am Hinterrande ausgeschweift; Penis lang und dunkel gefärbt. Beim Weibchen bildet das letzte Segment eine lange Zange. Genitalflecke fehlen.
longus Piag.

tt. Blass gefärbte, kleinere Art. Letztes Segment beim Männchen schmal und kurz, mit divergenten Seiten und tiefem Ausschnitte des Hinterrandes. Penis kurz und wenig gefärbt. Beim Weibchen ist das letzte Segment zweispitzig. Es sind beim Weibchen zwei kleine Genitalflecke vorhanden. *ochraceus* N.

a) Circumfasciati fronte rotundato.

Bemerkungen zu **L. heterographus** N.

Giebel beschreibt einen *L. obscurus* Gbl. (Ins. epiz. p. 220) von *Perdix rubra*. Piaget (p. 361) vermuthet darin eine dunkler gefärbte Varietät von *heterographus*. Die typischen Exemplare bestätigen die Vereinigung mit letzterer Art vollständig, die dunklere Färbung ist die Folge des schlechten Erhaltungszustandes und des langen Verweilens in schlechtem Spiritus, bedingt daher nicht einmal eine Varietät. Ich habe selbst auf *Perdix rubra* Exemplare gesammelt, welche vollständig mit *heterographus* übereinstimmen; eben solche besitze ich auch von *Perdix saxatilis* und *graeca*.

Piaget fügt seiner Beschreibung des *L. heterogrammicus* (p. 353) folgende Worte bei: Giebel a décrit la tête comme arrondie et n'a pas reconnu la différence réelle entre les taches de l'abdomen pour les deux sexes. L'abd. n'est pas „dicht beborstet". Es ist nicht zu verwundern, dass sich in der Giebel'schen Beschreibung solche Differenzen mit den Beobachtungen Piaget's finden; denn Herr Giebel beschreibt unter dem Namen *L. heterogrammicus* irrthümlicher Weise Exemplare von *L. heterographus*, wie ich mich nach der Hallischen Sammlung überzeugen konnte. Ob Nitzsch überhaupt keine von *heterographus* abweichende Art auf *Perdix cinerea* sammelte oder ob seine Exemplare verloren gegangen sind und Giebel selbst gesammelte beschrieben hat, kann ich natürlich nicht mit Sicherheit entscheiden, doch scheint mir das letztere das Wahrscheinliche. Jedenfalls sind die in der Sammlung unter dem Namen *heterogrammicus* befindlichen Exemplare diejenigen, welche Giebel „öfter gesammelt" und die „trotz dieser Häufigkeit anderen Beobachtern entgangen sind"; sicher sind es ganz gewöhnliche *heterographus*, deren Uebereinstimmung mit solchen vom Haushuhne dem Autor entgangen ist.

L. robustus Rud. (Zeitschr. f. ges. Naturwiss. XXXVI, 1871, p. 124) von *Nycthemerus linearis* ist, nach der Handzeichnung des Autors zu schliessen, identisch mit *L. mesopelius*, wie es Piaget auch vermuthet.

Dass *L. meridionalis* Rud. (l. c. p. 123) von *Diomedea fuliginosa* gleich *L. tricolor* Piag. ist, wurde schon oben (p. 149) erwähnt.

Ob *L. himalayensis* Rud. (l. c. p. 123) von *Tragopan Hastingi* zu *L. longus* Piag. (p. 370, Pl. XXIX, f. 8) gehört, kann ich leider nicht entscheiden, da mir keine Exemplare vorliegen, und die Rudow'sche Zeichnung gar kein Urtheil erlaubt.

Was *L. orthopleurus* N. (Giebel, Ins. epiz. p. 217) von *Argus giganteus* anlangt, so wäre es nicht ganz unmöglich, dass unter diesem Namen das Weibchen von *Goniodes curvicornis* N. von dem gleichen Wirthe zu verstehen ist. Dasselbe weicht vom Männchen, wie wir früher gesehen haben (p. 32), ziemlich bedeutend ab, und der Name *orthopleurus* würde ganz gut darauf passen. Doch können dies nur Vermuthungen sein, da unter obigem Namen sich kein *Lipeurus* in der Hallischen Sammlung findet.

L. variabilis N.

Zu den zahlreichen Wirthen, auf welchen diese Art in mehr oder weniger ausgezeichneten Varietäten gefunden ist, kann ich noch *Phasianus colchicus* hinzufügen, von welchem mir ein Männchen dieses *Lipeurus* aus dem Hamburger Museum vorliegt. Das Hinterhaupt ist gerade, nicht convex, wie bei der Hauptform. Die Abdominalflecke sind ziemlich quer, erscheinen an den Seiten nicht wie ausgewaschen, sondern nehmen nach den Schienen hin an Intensität der Färbung ab, während sie in der Mitte nicht dunkler sind.

L. Burmeisteri m. ♂ (Taf. VI. Fig. 4).

Der Kopf ist lang, an den Vorderecken der Fühlerbucht am breitesten; der Vorderkopf hoch gewölbt mit schmaler, an der Fühlerbucht etwas verbreiteter Stirnschiene; mit zweimal fünf Borsten besetzt. Vorderecken der Fühlerbucht spitz, aber kurz. Diese weit und tief. Die Antennen sind lang. Das dicke Grundglied etwas länger als die beiden folgenden zusammen, an der Basis stark verengt, mit einem kurzen zahnartigen Fortsatze, das zweite etwas mehr als halb so lang, nach dem distalen Ende zu ein wenig verschmälert, das dritte halb so lang mit etwas vorgezogener Ecke; von den beiden Endgliedern ist das fünfte das längere. Die Augen treten deutlich hervor. Die Schläfen sind abgerundet, in der Mitte am breitesten, mit zwei Dornspitzchen und einer langen Borste besetzt. Das Hinterhaupt flach concav. Die Schläfenschienen breit, am Innenrande wellig; vor dem Auge ein rundlicher Chitinfleck.

Der Prothorax hat Rechtecksform und gerade Seiten. Der Metathorax ist bedeutend länger, mit ausgeschweiften, geradlinigen, nach hinten stark divergirenden Seiten, abgerundeten, mit kurzen Borsten besetzten Hinterecken und geradem, nur in der Mitte mit einer Spitze vortretenden Hinterrande. Nahe den Ecken stehen auf dem letzteren jederseits sechs sehr lange Borsten.

Das Abdomen ist langgestreckt, nach hinten verbreitert, mit deutlich vortretenden Segmentecken, wodurch der Seitenrand gesägt erscheint. Das erste Segment ist bedeutend kürzer als die folgenden und hat parallele Seiten; vom fünften an sind die Segmente wieder etwas kürzer als die vorhergehenden; sie haben gerade, das achte etwas gerundete Seiten; das neunte ist sehr kurz und hat einen tiefen, dreieckigen Ausschnitt des Hinterrandes. Die Seitenschienen sind schmal, vorn ein wenig über die Sutur hinaus verlängert. Die Flecke sind durch eine schmale hellere Naht auf den sechs ersten Segmenten in der Mitte getheilt, viereckig, auf dem sechsten Segmente nach der Mitte zu verschmälert. Die letzten Segmente sind einfarbig. Ausser an den Ecken finden sich je zwei mediane Borsten. Die allgemeine Färbung ist braun, das Mittelfeld des Kopfes und die Mittelstreifen des Abdomens gelblich, die Schienen dunkler braun. Die ganze Oberfläche erscheint wie chagrinirt.

	Länge		Breite:
	♂ 2,69 mm.		
Kopf	0,64	„	0,45 mm.
Thorax	0,55	„	0,49 „
Abdomen	1,50	„	0,60 „

Ein bisher unbeschriebenes Männchen dieser Art, nicht in besonderem Erhaltungszustande, befindet sich in der Sammlung des Hallischen Museums und stammt von *Lophophorus impeyanus.* Ich erlaube mir, dasselbe zu Ehren des früheren Directors unseres Museums zu benennen.

Mit diesem Männchen in einem Gläschen vereinigt, findet sich ein weibliches Individuum, welches in vielen Punkten zu sehr abweicht, als dass ich es ohne Weiteres für zugehörig halten könnte. Ich beschreibe es daher gesondert, ohne es mit einem definitiven Namen zu belegen, und habe es Taf. VI. Fig. 5 abgebildet. Sollte es sich als neue Art herausstellen, so mag dieselbe *eurycnemis* heissen.

Der Vorderkopf ist schmäler, mit zweimal vier Borsten, die Vorderecken der Fühlerbucht kurz und spitz, die letztere flach. Das erste Fühlerglied kurz, das zweite doppelt so lang, die drei übrigen kürzer, unter sich

22*

172   Dr. O. Taschenberg.

gleichlang. Das Auge ist flach gewölbt, die Schläfen abgerundet, mit der
grössten Breite hinter dem Auge. Die Borsten in ihrer Anzahl in meinem
Exemplare nicht genau bestimmbar, weil theilweise abgebrochen; es scheinen
drei vorhanden zu sein. Das Hinterhaupt tritt wenig zurück und ist gerade.
Vor dem Auge steht ein grosser Chitinfleck, die schmalen Schläfenschienen
verbreitern sich nach hinten etwas und bilden jederseits am Hinterhaupte
einen grossen ungefähr dreieckigen Fleck.

    Der Prothorax ist trapezförmig, mit geraden stark divergenten Seiten
und etwas vortretenden Hinterecken. Die Seitenschienen sind breit. Der
Metathorax hat eine ungefähr viereckige Form, schwach gewölbte, in der vorderen Hälfte etwas eingeschnürte Seiten, abgerundete, mit einer Borste besetzte
Hinterecken und einen in der Mitte winkligen Hinterrand, welcher zwei mediane kurze und je vier lange seitliche Borsten trägt. Die breite Seitenschiene
hört an der eingeschnürten Stelle nicht auf, sondern bildet hier eine Falte
nach innen.

    An den Beinen haben Femur und Tibia an beiden Seiten ziemlich
breite Chitinschienen.

    Das Abdomen ist langgestreckt, ziemlich parallelseitig, die Segmentecken
treten nicht sehr vor und lassen den Seitenrand nur eingeschnitten erscheinen.
Das erste Segment ist bedeutend kürzer als die folgenden und hat divergente
Seiten. Das siebente und vereinigte achte und neunte Segment haben abgerundete, die übrigen gerade Seiten. Das Hinterleibsende ist ausgerandet und
bildet seitlich von dieser Einsenkung je ein kurzes stumpfes Spitzchen. Die
Seitenschienen sind mit Ausnahme derer des siebenten Segments ziemlich
breit, ragen mit dem abgerundeten Vorderende ein wenig über die Sutur nach
vorn und haben einen ausgeschweiften Innenrand. Soweit das einzige mir
vorliegende Exemplar die Flecke erkennen lässt, sind dieselben median,
viereckig, auf dem zweiten bis vierten Segmente schmal, auf dem fünften bis
siebenten etwas breiter, und fehlen auf dem ersten und letzten ganz. Aussen
an den Ecken finden sich zwei mediane Borsten; die der ersteren sind an
den beiden Endsegmenten sehr lang und gebogen.

    Die Grundfarbe ist schmutzig gelblichweiss, die Abdominalflecke sind
hellbraun, die Schienen kastanienbraun.

Länge	2,44 mm.	Breite
Kopf	0,56 „	0,43 mm.
Thorax	0,44 „	0,45 „
Abdomen	1,44 „	0,59 „
3. Femur	0,42 „	
3. Tibia	0,32 „	

L. ischnocephalus m. ♂ (Taf. VI. Fig. 8).

Der Kopf ist sehr lang und schmal, ziemlich parallelseitig und erinnert in seiner Form einigermaassen an die Kopfbedeckung der alten preussischen Grenadiere. Die Antennen theilen denselben in zwei gleich grosse Hälften. Der Vorderkopf ist thorartig gewölbt und vorn mit acht langen Borsten besetzt, auf welche jederseits weiter nach hinten noch zwei kürzere folgen. Die Stirnschiene ist ziemlich parallelseitig, vor der Fühlerbucht mit rundlicher Verbreiterung; für die acht langen Borsten von Canälen unterbrochen.

Die Vorderecke der Fühlerbucht ist abgestumpft, tritt gar nicht hervor. Diese ist mässig tief und ihre Hinterecke tritt etwas vor. Die Antennen sind lang. Das erste Glied so lang wie die übrigen zusammen, cylindrisch; das zweite nicht halb so lang, oben schräg abgeschnitten, das wenig kürzere dritte mit spitzem Fortsatze, die Endglieder ziemlich gleich untereinander. Alle Glieder sind an den Seiten von Chitinleisten eingefasst. Das Auge tritt kaum hervor. Die Schläfen sind schwach gewölbt, fast parallel, mit drei Borsten besetzt, das Hinterhaupt ist tief concav. Die Schläfenschienen sind am Innenrande wellig; vor dem Auge steht ein kleiner, runder Chitinfleck.

Prothorax rechteckig, mit geraden Seiten, an den Hinterecken eine Borste. Metathorax breiter und länger, mit schwach gewölbten, divergirenden, nicht eingeschnürten Seiten; an den abgerundeten Hinterecken stehen fünf lange Borsten; der Hinterrand ist gerade. Die Seitenschiene hört etwas vor dem Vorderrande auf. Am dritten Beinpaare sind die Schienen ungefähr ebenso lang, am zweiten sogar etwas länger als die dicken Schenkel.

Das Abdomen ist langgestreckt, in der Mitte am breitesten; die Segmentecken treten wenig hervor. Das neunte Segment ist bedeutend schmäler und kürzer als das achte, hat schwach convergente Seiten, mit einer kurzen Chitinschiene, und einen abgestutzten, in der Mitte flach eingeschnittenen

Hinterrand, der einige kurze Borstchen trägt. Die Seitenschienen sind schmal, am Innenrande ein wenig ausgeschweift, am ersten Segmente sind sie viel breiter, mit gerader Innenseite. Die Flecke sind auf den sechs ersten Segmenten durch eine schmale Naht in der Mitte getheilt, auf dem siebenten und achten quer, das neunte erscheint hell. Aussen an den Ecken finden sich keine Borsten.

Die Grundfarbe ist schmutzigweiss, der Thorax, die Beine, die Abdominalflecke sind hellbraun, die Schienen dunkler.

	Länge			Breite	
	♂ 2,71	mm.			
Kopf	0,65	„		0,38	mm.
Thorax	0,44	„		0,40	„
Abdomen	1,62	„		0,56	„
3. Femur	0,28	„			
3. Tibia	0,26	„			

In zwei männlichen Exemplaren von *Talegallus Lathami,* im Hamburger Museum.

Der von Rudow von dem gleichen Wohnthiere beschriebene *L. crassus* R. (Zeitschr. f. ges. Naturwiss. XXXVI, 1871, p. 127) ist nach Beschreibung und Handzeichnung des Autors entschieden nicht identisch mit unserer Art.

L. quadrinus N. ♂ (Taf. VI. Fig. 2).

Giebel, Ins. epiz. p. 222.

Vorderkopf hochgewölbt, mit zweimal sieben Borsten besetzt. Die Stirnschiene sehr schmal, parallelseitig, erweitert sich vor der Fühlerbucht zu grossen, rundlichen Chitinflecken. Vorderecken der Fühlerbucht sehr kurz; diese weit und tief. Das dicke, an der Basis etwas verengte Grundglied ist kürzer als die beiden folgenden zusammen, das zweite um $1/3$ kürzere ist nach oben zu etwas verschmälert, das etwas kürzere dritte umgekehrt am distalen Ende ein wenig verbreitert, mit einem zugespitzten Fortsatze versehen, von den Endgliedern ist das fünfte das längere. Das Auge wölbt sich halbkuglig vor. Die Schläfen sind stark abgerundet, mit drei Borsten besetzt, das Hinterhaupt tritt zurück und ist concav. Die Schläfenschiene ist sehr schmal und beginnt mit geringer Verbreiterung hinter dem Auge; vor demselben steht ein halbkreisförmiger Chitinfleck. Die Hinterhauptsschiene verbreitert sich an jeder Seite zu grossen Flecken.

Der Prothorax hat abgerundete Seiten, deren grösste Breite vor der Mitte liegt. Der Metathorax fast doppelt so lang, die Seiten etwas eingeschnürt, dann wenig gewölbt und schwach divergent, der Hinterrand flach convex. An den abgerundeten Hinterecken steht eine Borste, vier ausserordentlich lange nahe dabei am Hinterrande.

Abdomen langgestreckt, hinter der Mitte wenig verbreitert; Segmentecken treten nicht vor. Erstes Segment nur halb so lang wie die folgenden, das achte hat hinter der Mitte eine flache Randeinbuchtung, das kürzere neunte zweilappig mit tiefem dreieckigen Ausschnitte und mit einer Anzahl Borsten besetzt. Die Seitenschienen sind schmal, am Innenrande etwas ausgeschweift, an den Suturen ein wenig verlängert. Jedes Segment trägt zwei mediane Borsten. Die Borsten an den Ecken der letzten beiden Segmente besonders lang und gebogen.

Die Flecke sind, sofern das schlecht erhaltene Spiritusexemplar, welches mir vorliegt, die Verhältnisse richtig erkennen lässt, auf allen Segmenten quer, in der Mitte ungetheilt.

Die Grundfarbe ist schmutziggelb, die Schienen sind braun.

	Länge	♂	2,58	mm.	Breite		
Kopf	0,61	„			0,47	mm.
Thorax	0,51	„			0,44	„
Abdomen	1,46	„			0,54	„
3. Femur	0,53	„				
(3. Tibia abgebrochen.)						

Auf *Crax carunculata*, in einem männlichen Exemplare, in der Hallischen Sammlung.

L. concolor Rud. (Zeitschr. f. ges. Naturwiss. XXXVI, 1871, p. 126; Beiträge p. 33) von demselben Wohnthiere darf nach der unvollkommenen Handzeichnung des Autors als identisch mit voriger Art erklärt werden.

L. Meyeri m ♀ (Taf. VI. Fig. 1).

Der Kopf ist länger als breit. Der Vorderkopf hoch gewölbt, mit schmalen, an der Fühlerbucht zu breiteren, rundlichen Fortsätzen umgebogenen Chitinschienen. Die Anzahl der Borsten nach dem vorliegenden Exemplare nicht sicher anzugeben. Die Vorderecken der Fühlerbucht treten conisch vor. Diese selbst ist

176   Dr. O. Taschenberg.

ziemlich flach. Die Antennen haben ein dickes Grundglied, das zweite Glied
ist doppelt so lang, die drei übrigen sind kürzer, untereinander ziemlich gleich.
Das Auge wölbt sich deutlich vor. Die Schläfen sind stark gerundet, mit
drei Borstchen besetzt. Das gerade Hinterhaupt tritt gar nicht zurück. Vor
dem Auge steht ein grosser, rundlicher Chitinfleck, an welchen sich fast unmittelbar die breite, am Innenrande zweimal gebuchtete Schläfenschiene anschliesst.

Der Prothorax ist trapezförmig, mit geraden, stark divergenten Seiten
und abgerundeten Hinterecken. Der Metathorax ist wenig breiter, aber länger.
Die Seiten ein wenig eingeschnürt, flach gewölbt, der Hinterrand in der Mitte
winklig, mit vier Borsten jederseits nahe den abgerundeten Hinterecken. Die
breiten Seitenschienen endigen an der Einschnürung mit einer grossen, fleckenartigen Erweiterung. Aehnlich verhalten sich diejenigen des Prothorax nahe
den Hinterecken. An der Sternalseite steht ein medianer Fleck von der Form
einer Pfeilspitze.

Das Abdomen ist langgestreckt, hinter der Mitte wenig verbreitert,
die Seiten gerade, an den nicht vortretenden Segmentecken eingekerbt. Das
erste Segment ist etwas kürzer als die folgenden, das sechste und siebente
etwas länger als die vorhergehenden. Das vereinigte achte und neunte Segment
ist schmäler, hat schwach gewölbte Seiten und am Hinterrande einen flachen,
aber breiten Ausschnitt. Die Seitenschienen sind an der Ventralseite viel
breiter als dorsal. Die Segmente haben ungetheilte Querflecke, zwischen denen
die Nähte hell erscheinen. An der Ventralseite tragen Segment 3—7 schmale
viereckige Medianflecke, von denen die des sechsten und siebenten Segments
zusammenfliessen. Ausser an den Ecken trägt jedes Segment zwei mediane
und je eine seitliche Borste; ausserdem die beiden letzten Segmente nahe den
Hinterecken ein Paar Borsten auf einer farblosen, runden Stelle.

Die Grundfarbe ist schmutzigweiss, Flecke und Schienen heller und
dunkler braun.

	Länge		Breite	
	♀ 2,65 mm.			
Kopf	0,65	„	0,50	mm.
Thorax	0,51	„	0,52	„
Abdomen	1,49	„	0,65	„

Ein weibliches Exemplar dieser Art wurde auf *Talegallus fuscirostris*
von Herrn Dr. Meyer gesammelt, welchem zu Ehren ich diese Art benenne.

Es ist nicht unmöglich, dass der schon vorher erwähnte *L. crassus* Rud. zu dieser Art gehört.

L. helvolus N. (Taf. VI. Fig. 3).

Giebel, Ins. epiz. p. 229. taf. XVI. f. 10 u. 11.

Vorderkopf parabolisch gerundet, mit zweimal sechs Borsten. Stirnschiene schmal, in der Mitte etwas verbreitert, an der Fühlerbucht ein wenig nach innen umgebogen. Vorderecken der letzteren beim Männchen stumpf, beim Weibchen sehr kurz und spitz. Fühlerbucht beim Männchen etwas tiefer als beim Weibchen. Die Antennen des ersteren haben ein langes, dickes Grundglied, das zweite ist nicht halb so lang, das dritte hat einen zugespitzten Fortsatz und von den beiden Endgliedern ist das fünfte das längere. An den weiblichen Fühlern sind die beiden ersten Glieder und die drei übrigen je untereinander an Länge gleich.

Das Auge ist deutlich vorgewölbt und trägt eine feine Borste. Zwei solche stehen an den abgerundeten Schläfen; das gerade Hinterhaupt tritt nicht zurück. Die Schläfenschiene ist sehr schmal; vor dem Auge steht ein kleiner Chitinfleck.

Der Prothorax hat abgerundete Seiten und an den Hinterecken eine Borste. Der Metathorax ist trapezisch, kaum eingeschnürt, mit schwach gewölbten Seiten. Am geraden Hinterrande stehen jederseits nahe den abgerundeten Ecken fünf Borsten. Die Beine zeichnen sich durch breite Schenkel aus.

Das Abdomen ist langgestreckt, beim Männchen ziemlich gleich breit, beim Weibchen hinter der Mitte etwas verbreitert, an den vortretenden Segmentecken gesägt. Bei beiden Geschlechtern sind die zwei letzten Segmente vereinigt, mit convergenten Seiten und abgestutztem Hinterrande, der beim Männchen etwas mehr ausgeschweift ist als beim Weibchen. Die Seitenschienen sind sehr schmal und greifen vorn an den Suturen etwas über. Ausser den Borsten an den Ecken stehen auf jedem Segmente zwei mediane und jederseits eine seitliche. Die Flecke scheinen, soweit das schlechte Material, welches mir vorliegt, ein Urtheil erlaubt, quer, in der Mitte ungetheilt zu sein.

Die Färbung ist ziemlich blass (ob im frischen Zustande auch?)

Länge	♂ 2,19 mm,	♀
Kopf	0,58 „	0,63 mm.
Thorax	0,38 „	0,38 „
Abdomen	1,23 „	1,15 „
3. Femur	0,32 „	0,29 „
3. Tibia	0,25 „	0,23 „
Breite:		
Kopf	0,46 „	0,50 „
Thorax	0,45 „	0,45 „
Abdomen	0,61 „	0,66 „

Auf *Scolopax rusticola*, in der Sammlung des Hallischen Museums.

b) Circumfasciati fronte acuto.

L. oxycephalus m. (Taf. VI. Fig. 7).

Der Vorderkopf ist lang kegelförmig, vorn beim Weibchen etwas spitzer als beim Männchen; zu jeder Seite von dem zugespitzten vordersten Stirntheile stehen vier Borsten, zu welchen auf der Fläche noch vier andere kommen; an den Seiten des Vorderkopfes stehen je noch zwei Borstchen. Die Stirnschiene verbreitert sich von den Fühlern an bis zu der Rundung der vor den Mandibeln gelegenen Vertiefung; an dieser Stelle verschmälert sie sich plötzlich, um in der Mitte der Stirn wieder breiter zu werden. Nur beim Männchen ist die Vorderecke der Fühlerbucht als kleines Spitzchen bemerkbar, beim Weibchen fällt sie ganz hinweg und in beiden Geschlechtern ist eine Fühlerbucht kaum angedeutet. Die Antennen sind beim Männchen sehr lang; das cylindrische, an der Basis etwas verengte Grundglied ist so lang, wie die beiden folgenden zusammen; das zweite ist um ein Drittel kürzer, das dritte halb so lang wie dieses, mit einem ungefärbten zugespitzten Fortsatze versehen, von den beiden Endgliedern ist das fünfte das längere. Auch die weiblichen Antennen sind ziemlich lang; sie haben dünne Glieder, von denen das zweite das längste, das vierte das kürzeste ist. Das Auge tritt wenig hervor. Die Schläfen sind beim Männchen gerade und parallelseitig, beim Weibchen etwas abgerundet, bei beiden mit drei kurzen Borstchen besetzt. Die Schläfenschiene ist am Innenrande dreimal eingebuchtet; der

Chitinfleck vor dem Auge erscheint beim Weibchen wie ein schmaler Streifen, beim Männchen ist er etwas breiter. Das Hinterhaupt ist tief concav.

Der Prothorax ist ziemlich quadratisch, hat gerade Seiten und abgerundete Hinterecken, welche eine Borste tragen. Der Metathorax ist trapezförmig, hat etwas vorspringende Vorderecken, gerade, nicht eingeschnürte und stark divergirende Seiten, einen geraden Hinterrand; an den abgerundeten Hinterecken stehen vier Borsten. Die Seitenschienen sind parallelseitig und hören im vorderen Drittel etwas vom Rande entfernt ohne Verbreiterung auf.

Die Beine haben ziemlich dicke Schenkel, welche nicht viel länger als die Schienen sind.

Das Abdomen ist langgestreckt, schmal, hinter der Mitte am breitesten. Das neunte Segment ist schmal, hat beim Männchen gerade convergente Seiten und einen ausgeschnittenen Hinterrand, beim Weibchen ist es zweispitzig mit tiefem Einschnitte. Die Seitenschienen sind parallelseitig, schmal, hören an den Suturen auf, sind aber hier auf der Dorsalfläche mit einem dreieckigen kurzen Anhange versehen. Jedes Segment trägt nahe dem Rande je eine Borste, ausser denjenigen an den Ecken. Beim Männchen haben alle Segmente mit Ausnahme des letzten Querflecke, zwischen denen die Nähte breit hell erscheinen. Beim Weibchen sind auf den sieben ersten Segmenten viereckige Randflecke vorhanden, die in der Mitte durch eine schmale Naht getrennt bleiben, auf dem achten Segmente steht ein ungetheilter Querfleck und das Endsegment ist einfarbig.

Die Grundfarbe ist schmutzig gelblichweiss, die Schienen sind dunkelbraun, die Abdominalflecke wie der Thorax und die Beine gelblich.

	♂		♀	
Länge	2,69	mm.	2,84	mm.
Kopf	0,59	„	0,61	„
Thorax	0,45	„	0,46	„
Abdomen	1,65	„	1,77	„
3. Femur	0,27	„	0,28	„
3. Tibia	0,20	„	0,20	„
Breite:				
Kopf	0,32	„	0,36	„
Thorax	0,38	„	0,36	„
Abdomen	0,49	„	0,54	„

Diese Art wurde von Herrn Dr. Meyer auf *Megapodius Freycineti* und *Reinwardti* gesammelt; ich erhielt sie von dem ersten dieser Wirthe durch Herrn Dr. Rey.

L. sinuatus m. (Taf. VI. Fig. 6, 6a).

Von den mit einer spitzen Stirn versehenen Formen zeichnet sich diese dadurch aus, dass die Zuspitzung erst am vordersten Theile des Kopfes eintritt, während der übrige Vorderkopf abgerundet erscheint. Derselbe trägt zweimal sechs Borsten. Die Stirnschiene ist in der Mitte verbreitert, vor den Fühlern biegt sie sich etwas nach innen um. Beim Weibchen ist übrigens die Stirnspitze ein wenig länger als beim Männchen. Die Vorderecke der Fühlerbucht ist beim letzteren länger und etwas gebogen, beim Weibchen kurz, aber spitz. Die Fühlerbucht bei ersterem tiefer. Die Antennen des Männchens haben ein cylindrisches Grundglied, welches so lang ist wie alle anderen zusammen und in der ersten Hälfte einen zapfenartigen Fortsatz trägt, das zweite ist weniger als halb so lang, das dritte noch kürzer mit spitzem Eckfortsatze, und die beiden Endglieder sind gleichlang. An den fadenförmigen weiblichen Antennen ist das zweite Glied das längste, das vierte das kürzeste. Das Auge tritt beim Männchen weniger hervor als beim Weibchen und liegt bei ersterem in einer Einbuchtung des Schläfenrandes; es trägt eine Borste. Beim Weibchen fehlt die Einbuchtung. Die Schläfen sind abgerundet, mit einer langen Borste und mehreren Dornspitzchen besetzt. Das Hinterhaupt ist schwach convex, durch eine flache Einbuchtung von den Schläfenecken getrennt und wenig dagegen zurücktretend. Die Schläfenschienen sind beim Männchen breiter als beim Weibchen, vor dem Auge steht ein grosser, runder, jederseits vom Hinterhaupte ein dreieckiger Chitinfleck. Es ist auf dem Hinterkopfe eine kurze, vorn zugespitzte Signatur vorhanden.

Der Prothorax ist trapezförmig, mit geraden, nicht sehr divergirenden Seiten und etwas vortretenden Hinterecken. Die Seitenschienen verbreitern sich an den letzteren fleckenartig. Der Metathorax ist wenig breiter und wenig länger; die schwach gewölbten Seiten sind im vorderen Drittel ein wenig eingeschnürt, die abgerundeten Hinterecken sind mit einer feinen kurzen Borste besetzt. Der Hinterrand ist in der Mitte winklig und trägt auf einer elliptischen hellen Stelle jederseits nahe den Ecken drei Borsten.

Die Beine sind lang, die Schenkel cylindrisch und länger als die Schienen.

Das Abdomen ist langgestreckt, hinter der Mitte nur wenig verbreitert, die Segmentecken treten fast gar nicht vor. Das erste Segment ist beim Weibchen bedeutend kürzer als die folgenden, welche überhaupt länger sind als beim Männchen. Das neunte ist bei beiden Geschlechtern vom achten nur durch eine flache Randeinkerbung und darin stehende lange Borsten abgegrenzt; es hat schwach gewölbte Seiten und ist beim Männchen halbkreisförmig, beim Weibchen flacher am Hinterrande ausgebuchtet. Die Seitenschienen sind beim Weibchen breit und parallelseitig und überragen mit dem vordersten ungefärbten Ende ein wenig die Sutur. Beim Männchen sind sie noch etwas breiter, kürzer, hören an den Suturen auf und sind am Innenrande ausgebuchtet. Sie finden sich, wenn auch viel schmäler, bei beiden Geschlechtern auch auf dem Endsegmente. Beim Männchen haben die Segmente schmale und helle Querflecke, welche in der Mitte dunkler gefärbt sind. Auch beim Weibchen sind Querflecke vorhanden, dieselben sind an und für sich dunkler, in der Mitte wie beim Männchen noch dunkler gefärbt und am Vorder- und Hinterrande ein wenig ausgeschweift. Ausser an den Ecken trägt jedes Segment jederseits eine kurze Borste nahe der Seitenschiene, auf dem achten Segmente erlangt dieselbe eine bedeutende Länge. Auf dem ersten Segmente finden sich auch zwei mediane Borsten. Beim Weibchen ist jederseits dicht an der Seitenschiene ein langgestreckter schmaler Genitalfleck vorhanden.

Die Grundfarbe ist schmutzig gelbweiss, die Flecke hellbraun, die Schienen kastanienbraun.

	♂	♀
Länge	2,61 mm.	2,78 mm.
Kopf	0,66 „	0,71 „
Thorax	0,45 „	0,45 „
Abdomen	1,50 „	1,62 „
3. Femur	0,45 „	
3. Tibia	0,31 „	

Breite:

Kopf { an den Vorderecken der Fühlerbucht 0,53 mm } ♀ 0,49 mm.
{ an den Schläfen 0,45 mm }

	♂	♀
Thorax	0,46 „	0,49 „
Abdomen	0,53 „	0,62 „

Mit der vorigen Art zusammen von Herrn Dr. Meyer auf *Megapodius Freycineti* und *Reinwardti*, auf ersterem auch von Herrn Dr. Rey gesammelt.

Eurymetopus nov. gen.

Unter diesem Namen fasse ich zwei Formen zu einer besonderen Gattung zusammen, welche bisher zu *Lipeurus* gezählt wurden: nämlich *taurus* N. und *latus* Piag.[1]) Ausserdem gehört dahin auch die von Rudow als *Oncophorus Schillingi* beschriebene Art. Als charakteristisch für diese Formen ist anzusehen: der *docophorus*-artige Habitus: ein an der Stirn breiter, gerade abgestuzter, an den Schläfen breit abgerundeter Kopf, mit langen, spitzen Vorderecken der Fühlerbucht; ein kurzer, breiter, in der vorderen Hälfte nicht eingeschnürter Metathorax, dessen Seitenschiene nicht vor den Vorderecken aufhört. Von den Beinen ragen die Hüften nicht über den Seitenrand des Thorax vor, die Schenkel sind breit. Das Abdomen ist breit eiförmig. Die Antennen sind geschlechtlich differenzirt. Das Hinterleibsende ist abgerundet, in der Mitte beim Weibchen etwas tiefer ausgerandet als beim Männchen.

Die drei Arten lassen sich nach folgenden Merkmalen erkennen.

a. Abdomen langgestreckt und breit, regelmässig gerundet, so dass es vor und hinter der Mitte gleichbreit erscheint; jedes Segment mit drei Reihen von Borsten und einem schmalen, langgezogenen Randflecke. Metathorax mit abgerundeten, im letzten Drittel eingeschnürten Seiten. Schienen viel länger als die Schenkel, am Ende mit einem Wärzchen; die beiden Tarsalglieder stark entwickelt, das zweite wie bei den Liotheiden mit einem Haftlappen. Erstes Fühlerglied beim Männchen mässig lang, drittes mit vorgezogener Ecke.
latus Piag. (*Lip. latus*).

aa. Abdomen breit eiförmig, nicht sehr lang; jedes Segment mit einer Reihe Borsten; Randflecke fehlen.

b. Sehr grosse und sehr dunkel gefärbte Art. An den männlichen Fühlern ist das erste Glied kurz, das zweite enorm lang, das dritte ebenfalls lang, oben schräg abgeschnitten. . . . . *taurus* N.

bb. Kleine, viel heller gefärbte Art. An den männlichen Fühlern ist das erste Glied lang und dick, an der Basis mit einem zahnförmigen Fortsatze, das zweite normal, das dritte mit einem hakenförmigen Fortsatze. *Schillingi* Rud.

[1]) Diese Art wird vielleicht später in eine besondere Gattung gestellt werden müssen.

E. taurus N. (Taf. V. Fig. 8, 8a).

Philopterus brevis Duf., Ann. d. l. Soc. Ent. France IV. (1835) p. 671. Pl. fig. 3.
Docophoroides brevis Giglioli, Quat. Rev. of mier. Soc. IV. (1864) p. 18. Pl. I.
Lipeurus taurus N., Giebel, Ins. epiz. p. 234; Piaget, p. 332. Pl. XXXI. 4. 3.

Der Kopf ist breiter als lang: der Clypeus deutlich abgesetzt, kurz
und breit, vorn abgestutzt, doch flach convex mit abgerundeten Ecken, an
denen zwei Borsten stehen (die eine, von Piaget nicht erwähnt, etwas ventral).
An den Seiten des Clypeus und an der Sutur steht je noch eine und eine
vierte nahe der Vorderecke der Fühlerbucht. Die Seiten des Clypeus haben
eine bis an die Vorderecken reichende Chitinschiene. Die Signatur ist gross,
reicht nicht bis zum Vorderrande, welcher hell erscheint, und ist fünfeckig,
beim Männchen hinten in eine lange Spitze ausgezogen, beim Weibchen wie
der Vorderrand geradlinig. Die Seiten des Vorderkopfes sind gerade, stark
divergirend und enden in der langen, an der abgerundeten Spitze etwas herabgebogenen Vorderecke der Fühlerbucht, welch letztere mässig tief ist. Die
Antennen sind beim Männchen sehr lang: das cylindrische Grundglied ragt
etwas aus der Fühlerbucht hervor, das zweite ist ausserordentlich lang, in der
Mitte ein wenig ausgeschweift, ungefärbt, das dritte ist um ein Drittel kürzer,
dem zweiten unter einem stumpfen Winkel angefügt, dunkler, oben schräg
abgeschnitten, so dass die äussere Ecke zahnartig vorragt; die Endglieder
sind kurz, untereinander gleich. Beim Weibchen sind die Antennen viel
kürzer: das erste Glied überragt wenig die trabekelartigen Vorderecken der
Bucht, das zweite ist etwa ebenso lang, von den letzten ist das dritte das
längste. Das helle Auge wölbt sich halbkuglig vor. Die Schläfen sind stark
gewölbt, mit zwei Reihen langer Borsten besetzt, von denen die eine am
Rande, die andere etwas einwärts auf der Dorsalfläche steht; die Insertions-
stellen erscheinen als helle Pusteln. Das Hinterhaupt ist gerade und tritt
etwas zurück. Die Schläfenschienen sind sehr schmal, beginnen mit einem
kleinen dunkeln Flecke hinter dem Auge, ein etwas grösserer steht vor demselben; die Hinterhauptsschiene ist ebenfalls schmal und entsendet die beiden
Verbindungsschienen nach den Mundtheilen. Die Stirnschiene biegt sich an
der Sutur des Clypeus um und legt sich mit diesen schmalen Fortsätzen an
die Signatur desselben an, entsendet aber ausserdem noch einen anderen

Fortsatz nach den kräftigen Mandibeln. Auf der Basis des Hinterkopfes
steht eine kurze dreieckige Signatur.

Der Prothorax ist breit und kurz, mit geraden, schwach divergirenden
Seiten und abgerundeten, mit drei Borsten besetzten Hinterecken. Die Seitenschienen sind breit, an den Vorder- und Hinterecken etwas umgebogen. Die
ganze Fläche des Prothorax ist mit Ausnahme einer medianen hellen Längsnaht braun gefärbt. Der Metathorax ist breiter, hat abgerundete Seiten,
welche etwas hinter der Mitte ihre grösste Breite erreichen. Die Hinterecken
sind beinahe rechtwinklig [1]), der Hinterrand in der Mitte abgerundet winklig
und hier mit zwei Borsten besetzt. Die Seiten tragen in der zweiten Hälfte
jederseits neun Borsten, deren Ansatzstellen als helle Pusteln erscheinen und
sich allmählich vom Rande nach einwärts entfernen. Der Metathorax ist in
gleicher Weise wie der Prothorax braun gefärbt und durch eine helle Naht
getheilt. An der Sternalseite finden sich zwischen den Hüften des ersten und
zweiten Beinpaares und denen des zweiten und dritten quere Chitinschienen,
von denen sich die letzteren nahe der Mittellinie zu längsgerichteten Fortsätzen umbiegen. Solche finden sich auch an der ersteren, sind aber nicht
damit im Zusammenhange. Zwischen den Hüften des ersten Beinpaares in
der Mittellinie ein Chitinstreif.

Die Beine sind kurz und plump, dunkelbraun; die Schenkel breit, an
der Dorsalseite gewölbt und mit vier Dornen besetzt, ventral fast gerade. Die
Schienen etwas kürzer, breit, dorsal mit zwei langen, dünnen Borsten, ventral
mit einer Reihe kurzer Börstchen bürstenartig besetzt.

Das Abdomen ist breit eiförmig, an den Seiten durch die etwas vortretenden Segmentecken gesägt. Das erste Segment ist etwas länger als die
folgenden, das siebente länger als die vorhergehenden, das achte mit dem
neunten vereinigt. Das Endsegment ist breit, abgerundet, in der Mitte des
Hinterrandes ausgeschweift, beim Weibchen ein wenig tiefer als beim Männchen. Der Copulationsapparat ist kurz und breit und endigt mit einer abgerundeten Pfeilspitze. Die Seitenschienen sind breit. Die Flecke, beim
Männchen quer, nehmen fast das ganze Segment ein und sind zum Theil noch
durch dunklere Querlinien verstärkt. Beim Weibchen bleiben die Querflecke

----

[1]. Bei einem jugendlichen Männchen sind dieselben zahnartig nach hinten verlängert.

durch eine mittle Naht getheilt. Auf jedem Segmente steht eine Reihe von
Borsten (bei einem jugendlichen Individuum sind es deren acht). Das Endsegment trägt beim Männchen seitlich von der Ausrandung eine Reihe Borsten.
Bei einem jugendlichen Männchen finde ich an der Ventralseite die Beborstung
etwas anders: median ist die Anzahl der Borsten geringer, dagegen stehen
jederseits nahe dem Rande eine Reihe. Piaget beschreibt an der Ventralseite des Männchens auf den sechs ersten Segmenten ovale Flecke näher dem
Rande als der Mitte. Dieselben vermag ich nicht aufzufinden.

Die Färbung ist ein sehr dunkles Braun, welches an den Schienen in
Schwarz übergeht.

		♂		♀	
Länge		4,38	mm,	4,13	mm.
Kopf		1,25	„	1,25	„
Thorax		1,00	„	0,69	„
Abdomen		2,13	„	2,19	„
3. Femur	0,53	„	0,50	„
3. Tibia	0,44	„	0,43	„
Breite:					
Kopf		1,56	„	1,52	„
Thorax		1,47	„	1,32	„
Abdomen	1,62	„	1,75	„

Auf *Diomedea exulans* von Herrn Dr. Meyer in mehreren Exemplaren
gesammelt; ich fand bei Herrn Schlüter ein jugendliches Männchen auf
einem trockenen Balge von *Diomedea nigripes*. Diese Art gehört mit *L. ferox*,
welcher gleichfalls auf dem Albatross lebt, zu den grössten Federlingen.

Die Differenzen, welche sich zwischen meiner Beschreibung und derjenigen Piaget's besonders in Bezug auf die Anzahl der Borsten herausgestellt haben, sind darauf zurückzuführen, dass ich bei den beschriebenen
Exemplaren durch Anwendung von Kalilauge eine grössere Durchsichtigkeit
erzielt hatte.

Bemerkungen zu **Oncophorus Schillingi** Rud.

(Zeitschrift f. ges. Naturwiss. XXXV, 1870, p. 175.)

Rudow begründet für diese Art die neue Gattung *Oncophorus*, welche
im Allgemeinen einen *docophorus*-artigen Bau besitzt, auf die Fühlerbildung

im männlichen Geschlechte. Er sagt davon: „Fühler verschieden, beim Weibchen einfach fadenförmig, beim Männchen ist das zweite Glied nach aussen verlängert und trägt die anderen Glieder auf seiner Mitte, die drei letzten sind kleiner. Ausserdem befindet sich am Grunde des ersten dicken Gliedes eine hakenförmige Verlängerung nach aussen, welche mit der Biegung des zweiten Gliedes parallel steht."

Es liegt mir von diesem Thiere ein Exemplar (♂) in einem mikroskopischen Präparate aus der Hamburger Sammlung vor, welches sich leider nicht in dem Erhaltungszustande befindet, dass ich es ausführlich beschreiben und abbilden könnte, das mir aber doch zu folgenden Bemerkungen Veranlassung giebt. Unser Thier gehört entschieden nicht in den Formenkreis, welchen Piaget als Gattung *Oncophorus* zusammenfasst, sondern steht in vielfacher Beziehung dem *Eurymetopus taurus* so nahe, dass ich keinen Anstand nehme, beide in einem Genus zu vereinigen. Leider bin ich gerade in Bezug auf die männlichen Antennen in der unangenehmen Lage, nicht volle Gewissheit über deren Bildung erlangen zu können. Das fragliche Individuum nämlich besitzt deren nur eine und diese ist im Präparate ein wenig schräg gegen die Körperfläche gestellt, so dass man die einzelnen Glieder nicht in der Ebene sehen kann. Auf der anderen Seite wage ich aber mit diesem Unicum keine Präparationsversuche und kann in Folge dessen nur angeben, was ich daran erkenne, indem ich jedoch bemerke, dass ich dabei schwerlich in einen Irrthum verfallen sein werde.

Das erste dicke Fühlerglied besitzt entschieden keine „hakenförmige Verlängerung"; was Rudow als solche beschreibt, ist, wie mich namentlich seine Handzeichnung aufs Unzweideutigste kennen lehrt, ein etwas gebogener Chitinstreif hinter der Fühlerbucht am Anfange des Schläfenrandes. Ferner ist auch das zweite Glied entschieden nicht „nach aussen verlängert und trägt die drei anderen Glieder auf seiner Mitte", sondern dasselbe hat ganz die gewöhnliche Form, wie bei vielen Männchen von *Lipeurus* und *Goniodes*, es ist noch ziemlich dick, aber kürzer als das erste; das dritte dagegen trägt in der bekannten Weise einen Fortsatz; dieser ist lang, etwas hakenförmig gebogen, und ist von Rudow als dem zweiten Gliede zugehörig beschrieben worden. Die beiden Endglieder haben die gewöhnliche Bildung. Wir haben also in den männlichen Fühlern nicht im Mindesten eine besonders auffallende

Entwickelung vor uns: dieselben erinnern vielmehr an diejenigen verschiedener *Lipeurus* und *Goniodes*, u. A. auch dadurch, dass das dicke Grundglied an der Basis einen höckerartigen Fortsatz besitzt, ähnlich, aber nur viel kleiner und stumpfer, wie wir ihn bei *L. ferox* kennen gelernt haben. Die Fühler-bildung kann demnach in keiner Weise zur Begründung einer neuen Gattung berechtigen. Wenn Piaget die Rudow'sche Gattung *Oncophorus* acceptirt hat, so ist dieselbe bei ihm für einen ganz anderen Formenkreis verwendet, der sehr wohl eine Abtrennung von *Nirmus* bedurfte, aber auch unter Piaget's Autorschaft den Gattungsnamen führen muss. Rudow's *Oncophorus* steht in vielfacher Beziehung unserem *Eurymetopus taurus* sehr nahe, mit welchem er ja auch ein nahe verwandtes Wohnthier heimsucht (*Procellaria mollis*). Er hat einen am Vorderrande breiten Clypeus, genau dieselben trabekelartig ver-längerten Vorderecken der Fühlerbucht, dieselben breiten abgerundeten Schläfen. Das Hinterhaupt ist gar nicht davon abgesetzt, sondern ist etwas convex, die Schläfenrundung fortsetzend. Die beiden Thorakalsegmente sind ähnlich wie bei *taurus*; der Prothorax hat mehr abgerundete Seiten mit grösster Breite in der Mitte; der Metathorax tritt in der Mitte mit einem abgerundeten Winkel vor und trägt von dieser Stelle an bis zu den Hinterecken eine Reihe Borsten ganz wie bei *taurus*. Mit diesem stimmen auch die Beine überein, deren Hüften unter dem Thorax verborgen, deren Schenkel dick, deren Schienen kurz sind. Endlich erinnert das Abdomen in allen Einzelheiten an *taurus*. Es ist breit eiförmig, die Segmentecken treten deutlich vor, die Seitenschienen mit den sich daran anschliessenden Querflecken sind ganz ähnlich wie bei *taurus*, das mit dem achten verschmolzene neunte Segment ist genau so ge-bildet wie bei diesem. Der Copulationsapparat ist anders und einfacher ent-wickelt: die Beborstung eine geringere; die Färbung minder dunkel. Das erste Abdominalsegment ist abweichend; es hat nämlich abgerundete Seiten und Hinterecken.

	Länge		Breite	
	♂ 1,73 mm.			
Kopf	0,51	„	0,51	mm.
Thorax	0,34	„	0,50	„
Abdomen	0,88	„	0,64	„

Bothriometopus nov. gen.

Der Clypeus nimmt fast den ganzen Vorderkopf ein, hat keine Seitenschienen und vorn einen tiefen Ausschnitt, ähnlich wie bei *Akidoproctus*. Die
Antennen sind geschlechtlich differenzirt, am meisten an diejenigen mancher
Goniodes erinnernd. Die Beine sind sehr lang, die Hüften vollständig unterhalb des Thorax gelegen. Das Abdomen endigt in beiden Geschlechtern
zweispitzig.

B. macrocnemis N. (Taf. VI. Fig. 11, 11a, 11b).

Lipeurus macrocnemis N., Giebel, Ins. epiz. p. 231.

L. simillimus Gbl., l. c. p. 230.

Der Kopf ist ungefähr ebenso lang wie breit, der Vorderkopf im Verhältniss zum Hinterkopfe klein, fast ganz vom Clypeus eingenommen. Dieser
ist halbkreisförmig abgerundet, in der Mitte des Vorderrandes mit einem tiefen
viereckigen Ausschnitte versehen, fast ganz farblos, zu den Seiten des letzteren
findet sich je ein länglicher hellbrauner Fleck, an welchen sich nach hinten
ein ähnlicher dunkler Chitinfleck anschliesst; der Boden der Stirngrube ist
ebenfalls braun gesäumt. Am Vorderrande des Clypeus stehen jederseits von
der Grube vier lange Borsten, eine fünfte kurz vor der Sutur; ausserdem
trägt die Fläche des Clypeus in den braunen Flecken jederseits noch sieben
straffe Borsten. Die Vorderecken der Fühlerbucht sind kurz und ziemlich
stumpf, mit einer Borste besetzt; auf sie beschränkt sich die kurze Stirnschiene, welche durch einen Fortsatz in unmittelbarem Zusammenhange mit
den Wurzeln der Mandibeln steht. An dieser Stelle vereinigen sich damit
die vom Hinterhaupte aufsteigenden, anfangs parallelen, dann etwas divergenten
Verbindungsschienen. Eine Fühlerbucht ist nicht vorhanden, der Kopfrand,
unter welchem die Antennen inseriren, ist beim Männchen schwach concav,
beim Weibchen gerade. Die männlichen Fühler sind lang, ähnlich denen von
Goniodes maior Piag. gebildet. Das dicke Grundglied ist so lang wie die
übrigen zusammen und mit einem von breiter Basis aus sich zuspitzenden
grossen Höcker versehen; das zweite nicht halb so lange Glied hat ebenfalls
einen Höcker, der aber kleiner und stumpf, mit Borsten besetzt ist; das kurze
dritte Glied bildet einen langen fingerförmigen Fortsatz; von den schlanken

Endgliedern ist das fünfte etwas länger. Beim Weibchen sind die Antennen
kurz, die beiden ersten Glieder gleichlang, von den wenig verschiedenen drei
übrigen ist das vierte am kürzesten. Hinter den Fühlern ist der Kopfrand
beim Männchen tief eingebuchtet und darin liegt das wenig vorgewölbte mit
einer langen Borste besetzte Auge. Beim Weibchen fehlt diese Bucht und
das viel stärker vortretende Auge liegt unmittelbar hinter dem Fühler. Die
Schläfen sind gleichmässig abgerundet, beim Männchen bilden sie eine etwas
vortretende Ecke; sie sind mit sechs Borsten besetzt, von denen die vierte
länger als die übrigen ist. Das Hinterhaupt ist schmal, convex, und tritt
weit zurück. Das Hinterhaupt entbehrt der Schiene; davor steht eine lange,
dreieckige, spitze Signatur. Die Schläfenschiene ist sehr schmal, hinter dem
Auge nach innen umgebogen; an dieser Stelle steht ein schwärzlicher, un-
regelmässiger Fleck. Die Dorsalfläche des Hinterkopfes trägt drei Paare
kurzer Borsten.

Der Prothorax ist trapezförmig, mit geraden, wenig divergenten Seiten
und abgestumpften Hinterecken. Die breiten Seitenschienen biegen an den
Vorder- und Hinterecken etwas nach einwärts um. Der Metathorax ist bedeutend breiter, aber nicht länger, hat gleichmässig abgerundete Seiten und
einen in der Mitte winkligen Hinterrand. An den Hinterecken und in der
Mitte der Seiten stehen je drei lange Borsten auf einer hellen Stelle. Die
Seitenschienen senden an den Vorderecken einen langen Fortsatz nach innen,
hören dann sehr bald auf, wodurch die Seiten an dieser Stelle einen hellen
Fleck tragen, und entsenden bei ihrem Wiederbeginn abermals einen Fortsatz
nach innen. Das Mittelfeld der beiden Thoraxringe bleibt hell. An der
Sternalseite des Metathorax steht eine Reihe (etwa 16) straffer Borsten. Die
Schienen zwischen den Hüften des ersten und zweiten Beinpaares sind breit
und biegen in der Nähe der Mittellinie nach hinten in die Längsrichtung um
und haben auch nach vorn einen kleinen Fortsatz.

Die Beine sind sehr lang, die Hüften ragen nicht vor, die Schenkel
sind dick, an der Basis, namentlich am dritten Beinpaare, stark verengt, die
Schienen schlank, parallelseitig, an den Hinterbeinen länger als die Schenkel,
an den übrigen Beinen mit denselben etwa gleichlang. Die Schenkel sind in
der ersten Hälfte farblos, an der Dorsalseite mit breiter Chitinschiene, an
dieser und der ventralen Seite mit ein Paar Dornen besetzt.

Die Schienen haben an der Dorsalseite zwei sehr lange Borsten, an der Ventralseite eine Anzahl Dornen, und sind an ersterer ganz, an letzterer zur Hälfte mit einer Chitinschiene versehen. Die Klauen sind lang und dünn.

Das Abdomen ist langgestreckt, beim Männchen viel schmäler als beim Weibchen. Das erste Segment ist doppelt so lang wie die folgenden, mit convexen Seiten; diejenigen der übrigen Segmente sind ziemlich geradlinig. Das achte Segment ist beim Männchen nur durch eine Randeinschnürung vom neunten getrennt, beim Weibchen ist es selbstständig und hat gerade, convergente Seiten. Das neunte Segment ist beim Männchen länger als beim Weibchen, hat schwach convexe Seiten und endigt mit zwei langen, ein wenig einander entgegengebogenen Spitzen, welche einen sehr weiten Ausschnitt begrenzen. Beim Weibchen sind die Spitzen nicht so lang und nicht einwärts gebogen, ebenfalls einen tiefen Ausschnitt begrenzend. Die Segmentecken sind abgerundet, treten beim Weibchen gar nicht, beim Männchen an den mittleren Segmenten etwas vor. Die parallelseitigen Seitenschienen hören beim Männchen an den Suturen auf, während sie beim Weibchen nach innen umbiegen. Die Flecke bleiben bei letzterem durch einen breiten, beim Männchen durch einen viel schmäleren und auf den letzten Segmenten noch schmäler werdenden mittleren hellen Zwischenraum getrennt. Sie sind viereckig, auf dem ersten Segmente nach der Mitte zu verschmälert; auf dem achten beim Weibchen durch eine schmale Querbrücke verbunden. Das Endsegment ist einfarbig. Beim Männchen spaltet sich auf dem zweiten bis fünften Segmente an der Hinterseite ein schmaler, streifenartiger Fleck selbstständig ab. Beim Weibchen finden sich auf der Ventralseite der sieben ersten Segmente viereckige, ziemlich quadratische Flecke, welche vom Rande ebenso weit wie von der Mittellinie entfernt sind. Ausser an den Ecken stehen auf jedem Segmente zwei mediane und je eine seitliche Borste. Die letzteren erreichen auf dem siebenten Segmente eine besondere Länge und sind doppelt. Beim Männchen tragen die Seiten des neunten, beim Weibchen die des achten eine Reihe Borsten.

Die Grundfarbe ist schmutzigweiss, die Flecke sind braun, die des Abdomens in der Umgebung der Stigmen heller, die Schienen sind dunkler, zum Theil ins Schwärzliche ziehend.

Länge	♂ 4,85 mm,	♀ 5,53 mm.
Kopf	1,13 „	1,19 „
Thorax	0,78 „	0,81 „
Abdomen	2,94 „	3,53 „
3. Femur	0,88 „	0,83 „
3. Tibia	0,93 „	0,93 „
Breite:		
Kopf	1,16 „	1,26 „
Thorax	1,25 „	1,31 „
Abdomen	1,36 „	1,93 „

Auf *Palamedea cornuta*, in der Sammlung des zoologischen Museums zu Halle und in meiner Sammlung.

Der von Giebel als besondere Art beschriebene *L. simillimus* von *Palamedea chavaria* ist mit *macrocnemis* identisch. Die von Giebel aufgeführten Merkmale sind theils ebenso bei *macrocnemis* zu finden, theils überhaupt unrichtig angegeben. Der Höcker des zweiten Antennengliedes (♂) ist bei *macrocnemis* genau ebenso entwickelt, die Schienen sind nicht noch länger als bei jener Art, wo Giebel ihre Länge schon übertreibt. Wahrscheinlich vergleicht er blos den über den Thorax vorragenden Theil des Schenkels mit der Schiene. Die Getheiltheit der Abdominalflecke beim ♂ in zwei hintereinander gelegene ist ebenso bei *macrocnemis* zu finden. Und was die seitlich nebeneinander liegenden Abdominalflecke bei *simillimus* ♀ anlangt, worin Giebel einen Unterschied erkennt, so ist dies ein Zeichen der Jugend, wo man überall das gleiche Verhalten beobachten kann. Die Flecke legen sich, wie schon früher erwähnt, getrennt an und verschmelzen später.

----- --- -- -----

Ornithobius Denny.

Monogr. Anopl. Brit. p. 183.

Metopeuron Rud., Zeitschrift f. ges. Naturwiss. XXXVI, 1870, p. 139.

Diese Gattung ist von Denny für einige Federlinge gegründet worden, welche auf Schwänen leben. Es sind *cygni* D. (*Cygnus olor*), *goniopleurus* D. (*Cygnus canadensis*) und *atromarginatus* D. (*C. canadensis*). Die specifische

Verschiedenheit derselben ist noch nicht sicher festgestellt, zum Mindesten
scheint *atromarginatus* keine selbstständige Art zu sein; ich vermuthe darin
eine Jugendform von *goniopleurus*. Giebel hat *O. cygni* mit dem Namen
bucephalus belegt und stellt denselben zu *Lipeurus*, die wohlberechtigte Abtrennung von letzterer Gattung nicht anerkennend. Giebel bringt noch eine
andere Art in diesen Formenkreis, welche als *L. hexophthalmus* N. von
Nyctea nivea beschrieben ist, und Rudow benennt eine neue Art von
Chenalopex aegyptiacus als *O. rostratus*.

Piaget erhält die Gattung *Ornithobius* aufrecht, kennt aber nur die
eine Art *bucephalus* aus eigener Anschauung und hält es für irrthümlich,
hexophthalmus in diese Verwandtschaft zu bringen, eine Form, welche vielmehr zu *Oncophorus* Rud. gehöre.

Endlich ist noch zu erwähnen, dass Rudow unter dem neuen Genus
Metopeuron eine Art als *punctatum* von *Cygnus musicus* beschreibt. Die
letztere ist, wie ich mich nach der Zeichnung Rudow's und nach einem
jugendlichen Männchen der Hamburger Sammlung überzeugen konnte, identisch
mit *bucephalus*, mithin die Gattung *Metopeuron* synonym zu *Ornithobius*.[1]

Was *O. rostratus* anlangt, so gehört diese Art zu *Akidoproctus* Piag.
Dagegen wird *hexophthalmus* von Piaget mit Unrecht zu *Oncophorus* gestellt;
derselbe gehört zu *Ornithobius*.

Es liegen mir ferner aus der Sammlung der Berliner Thierarzeneischule
einige zu *Ornithobius* gehörige Individuen vor, von denen die einen als
Ornithobius minor Schill. von *Cygnus musicus*, die anderen als *O. atromarginatus* D. von *Cygnus Berwickii* etiquettirt sind. Beide Formen sind durch
die Conservirung in schwachem Spiritus völlig farblos, die ersteren sicher,
vielleicht auch die anderen noch nicht ausgebildet, beide sicher zu einer Art
gehörig, in welcher wahrscheinlich *goniopleurus* D. wieder zu erkennen ist.
Mit dieser ist auch *hexophthalmus* verwandt, von welchem wir eine Beschreibung geben.

Die Charaktere der Gattung *Ornithobius* sind folgende. Der Kopf ist
breit, ziemlich viereckig, erinnert am meisten unter den übrigen Philopteriden

---

[1] Ueber die andere von Rudow zu *Metopeuron* gestellte Art *larre* von einer *Diomedea*
vergl. die Bemerkungen bei *Lipeurus ferox* p. 149.

an *Trichodectes*. Der Clypeus nimmt fast den ganzen Vorderkopf ein und ist vorn in der Mitte durchbrochen, seitlich davon zangenartig gestaltet. Es ist also in ähnlicher Weise wie bei *Bothriometopus* ein Einschnitt vorhanden, derselbe ist aber nicht so tief und seine Vorderecken sind zangenförmig einander entgegengebogen, so dass sie den Einschnitt vorn fast ganz schliessen oder sich sogar *(bucephalus)* ganz aneinander legen.[1] Die Schläfenschiene bildet hinter dem Auge eine Falte. Die Antennen sind sehr weit nach vorn eingelenkt ohne eigentliche Fühlergrube. Dieselben sind geschlechtlich diffe- renzirt in der Weise, dass beim Männchen die beiden ersten, namentlich das Grundglied, durch ihre Länge vor den anderen ausgezeichnet sind, und das dritte oben schräg abgeschnitten und etwas verbreitert, aber ohne eigentlichen Fortsatz ist. Die Hüften sind unter dem Thorax verborgen. Das Abdomen besitzt doppelte Chitinschienen der Segmente, von denen die inneren an den Suturen schräge Fortsätze nach innen entsenden. Das Hinterleibsende bildet beim Männchen eine kurze Spitze, beim Weibchen ist es abgerundet oder abgestutzt.

Diese Gattung steht in der Kopfbildung am nächsten bei *Bothriometopus*.

O. hexophthalmus N. (Taf. VII. Fig. 2, 2a, 2b).

Liseurus hexophthalmus Giebel, Ius. epiz. p. 245.
(Oncophorus hexophthalmus Piaget. p. 223.)

Der Kopf ist breit, ziemlich viereckig, der Vorderkopf viel kürzer als der Hinterkopf, flach gewölbt, in der Mitte des Vorderrandes durchbrochen von einer schmalen Lücke, welche in einen dreieckigen Ausschnitt führt; die Ränder desselben sind zangenförmig einander entgegen gebogen. Der Boden des Ausschnittes ist convex. Auf der Fläche des Clypeus stehen zwei rund- liche Chitinflecke, entsprechend den bei *Bothriometopus* beschriebenen. Am Vorderkopfe jederseits acht Borsten, die letzte davon auf der Ecke vor den Fühlern. Dieselbe ist stumpf und ragt wenig vor; sie ist von der Stirn- schiene eingenommen, welche durch einen fleckenartigen dunkeln Fortsatz mit der Wurzel der Mandibeln in Verbindung steht, also auch wie bei voriger

---

[1] Piaget hat sich dadurch zu der Annahme verleiten lassen, als ob die Stirn ganz- randig sei.

Gattung, mit welcher auch die geringe Andeutung einer Fühlerbucht gemeinsam ist. Die männlichen Antennen sind lang: das erste Glied ziemlich so lang wie die folgenden zusammen, das zweite um ein Drittel kürzer, das dritte noch etwas kürzer, am oberen Ende verdickt und schräg abgeschnitten, von den beiden Endgliedern ist das fünfte länger, oben abgerundet. Die weiblichen Fühler sind kürzer; das erste und zweite gleichlang, von den übrigen ist das dritte das längste und nur wenig kürzer als die ersten. Das Auge wölbt sich halbkuglig vor und ist mit einer Borste besetzt. Die Schläfen sind gleichmässig abgerundet und tragen je sechs Borsten. Das Hinterhaupt flach concav. Die Schläfenschienen sind sehr schmal und bilden hinter den Augen eine Falte, welche besonders dunkel gefärbt ist: an den Seiten des Hinterhauptes je ein dunkler Chitinfleck; die Verbindungsschienen nach den Mandibeln sind schmal und parallel. Die Unterlippe fehlt. Die Spitzen der Mandibeln sind schwarz. Die fleckenartigen dunkeln Chitinpartien der Stirnschiene, der Schläfenschiene an der Falte und des Hinterhaupts haben die Veranlassung zu dem sehr unpassenden Artnamen gegeben.

Der Prothorax hat Rechtecksform, gerade Seiten und etwas abgestumpfte Hinterecken. Der Metathorax ist wenig länger, aber bedeutend breiter, mit abgerundeten Seiten, deren grösste Breite in der Mitte liegt; hier stehen zwei Borsten, zwei andere an den etwas winkligen Hinterecken; der Hinterrand in der Mitte winklig. Von den Beinen bleiben die Hüften unter dem Thorax verborgen; die Schenkel sind dick und kräftig, die Schienen ein wenig länger. Die Klauen ziemlich dick. Femur und Tibia haben eine Chitinschiene an der Dorsalseite.

Das Abdomen ist langgestreckt, mit der grössten Breite beim Männchen vor der Mitte, beim Weibchen in der Mitte. Die Seiten sind an den abgerundeten Segmentecken gekerbt, und zwar beim Männchen tiefer als beim Weibchen. Die Segmente haben untereinander gleiche Länge, nur das neunte ist in beiden Geschlechtern auffallend kurz und schmal, es hat abgerundete Seiten und beim Weibchen einen abgestumpften Hinterrand, während derselbe beim Männchen eine kurze, stumpfe Spitze bildet. Die äusseren Seitenschienen sind sehr schmal, die inneren etwas breiter, sie sind an den Nähten nicht unterbrochen und entsenden hier schräg nach innen und hinten einen oblongen farblosen Fortsatz. Der Zwischenraum zwischen den beiden Seitenschienen wird von einem braunen, viereckigen Flecke eingenommen, welcher die Gegend der Sutur frei lässt und sich nach innen über die innere Seitenschiene hinweg am vorderen und hinteren Ende in je einen schmalen, den Nähten der Segmente parallel verlaufenden Streifen fortsetzt. Beim Weibchen werden die letzteren auf dem sechsten und siebenten Segmente durch einen kurzen Längsstreifen zu einem Rechtecke ergänzt. Auf dem achten Segmente fehlen die queren Streifen, beim Weibchen finden sich zwei Längsstreifen; das Endsegment ist in beiden Geschlechtern einfarbig braun.

Ueber die Beborstung erlauben die mir vorliegenden Exemplare keinen klaren Einblick zu gewinnen; es scheinen einige mediane Borsten auf jedem Segmente vorhanden zu sein, ausser den gewöhnlichen Borsten an den Ecken. Ferner stehen am Hinterrande des siebenten Segments jederseits von der Mittellinie mehrere Borsten und ebenso an den Seiten des achten. Dasselbe trägt an der Ventralseite beim Männchen eine grosse Menge unregelmässig gestellter kleiner Borstchen, beim Weibchen findet sich jederseits von der Geschlechtsöffnung eine etwas gebogene Reihe solcher. Der Copulationsapparat hat zangenförmig gebogene seitliche Anhänge, ganz ähnlich wie bei *O. bucephalus*.

Die Grundfarbe ist schmutzig-gelblichweiss, die Flecke sind braun.

	♂		♀	
Länge	4,05 mm,		4,00 mm.	
Kopf	0,88	„	0,84	„
Thorax	0,75	„	0,65	„
Abdomen	2,42	„	2,51	„
3. Femur	0,44	„	0,42	„
3. Tibia	0,50	„	0,48	„
Breite:				
Kopf	0,84	„	0,81	„
Thorax	0,86	„	0,85	„
Abdomen am 3. Segmente	1,05	„	1,28	„
„ „ 7. „	0,71	„		

Diese Art wurde von Nitzsch auf *Nyctea nivea* gesammelt und befindet sich in den drei typischen Exemplaren im Hallischen Museum. Sie steht dem *O. goniopleurus* D. sehr nahe, und es ist nicht unwahrscheinlich, dass auch unsere Art einen Schwan bewohnt und nur zufällig auf der Schneeeule angetroffen wurde.

Akidoproctus Piag.

Diese Gattung ist von Piaget aufgestellt und durch den Ausschnitt des Vorderkopfes, eine zweite Seitenschiene des Abdomens und die conische Form der beiden letzten Segmente desselben charakterisirt worden.

Der Kopf erinnert in der Form sehr an den von *Ornithobius;* er ist breit, ein Clypeus nicht abgesetzt, die Stirn tief ausgeschnitten, ähnlich wie bei *Bothriometopus.* Die Fühlerbucht liegt weit nach vorn, wenig ausgeprägt, Vorderecken kaum vortretend, zuweilen abgerundet. Die Fühler sind in beiden Geschlechtern gleich, kurz, fadenförmig, die Glieder in der Dicke vom ersten zum letzten allmählich abnehmend. Das Auge ist vorgewölbt. Die Schläfen sind abgerundet, das Hinterhaupt concav. Die Schläfenschiene bildet hinter dem Auge keine Falte, sondern eine fleckartige Verbreiterung; die Verbindungs-schienen vom Hinterhaupte nach den Mundtheilen sind vorhanden, die Stirn-schiene geht um den Vorderkopf herum und kleidet auch den Ausschnitt des-selben aus; vor den Antennen giebt sie einen Fortsatz nach den Mandibeln ab, welcher sich zu einem rundlichen Chitinflecke verbreitet.

Der Prothorax hat die Form eines Rechtecks, vorn etwas eingezogen. Der Metathorax breiter, an den Seiten abgerundet, der Hinterrand in der Mitte winklig. Die Beine sind ähnlich wie bei voriger Gattung; die Schienen länger als die Schenkel.

Das Abdomen ist langgestreckt, oval oder verkehrt eiförmig. Die Segmente sind durch breite Nähte getrennt, ebenso die Abdominalflecke in der Mitte durch eine Längsnaht getheilt, wo sie überhaupt vorhanden sind. Nach innen von der Seitenschiene verläuft eine zweite parallel dazu, welche an den Nähten nicht unterbrochen ist und meist schräge Fortsätze nach hinten entsendet. Die sieben ersten Segmente haben beim Männchen ungleiche, beim Weibchen ziemlich gleiche Länge; die beiden letzten sind sehr viel schmäler und bilden einen kleinen Kegel, welcher am Ende etwas abgestutzt oder ab-gerundet beim Männchen, abgerundet oder zugespitzt beim Weibchen ist.

Piaget beschreibt in dieser Gattung folgende Arten: *A. marginatus* Piag. ♀ *(Larus spinicauda); bifasciatus* Piag. ♀ *(Dromas ardeola); maximus* Piag. *(Dendrocygna arborea, vagans, guttata, Plotus* sp.) Wie schon erwähnt,

gehört hierher auch *stenopygos* N. und *rostratus* Rud. (*Ornithobius rostratus*
Rud., Beitrag p. 46; Zeitschrift f. ges. Naturwiss. XXXVI, 1870, p. 141).
Dieser letztere ist höchst wahrscheinlich sogar identisch mit *A. marginatus*
Piag. Es liegen mir leider nur unreife Exemplare vor, an denen die viereckigen Flecke des Abdomens kaum bemerkbar sind, und welche auch sonst
blasser erscheinen als erwachsene Individuen. Ich habe ein solches Exemplar (♀) aus dem Hamburger Museum auf Taf. VII. Fig. 3 abgebildet, und
erwähne nur die sehr geringfügigen Differenzen, welche mir beim Vergleiche
der Piaget'schen Beschreibung entgegentreten.

Ich finde die Schläfen nicht nackt, sondern mit vier kurzen Dornspitzchen versehen, auch am Vorderkopfe einige Borsten mehr, als Piaget
angiebt; eine davon steht im Ausschnitte selbst. Auf den Abdominalsegmenten
stehen zwei mediane Borsten. Was vollständig mit *marginatus* übereinstimmt,
ist die auffallende Zehnzahl der Segmente. Vielleicht deutet dieselbe auf ein
Jugendstadium hin. Ich vermuthe dies um so mehr, als bei dieser einzigen
Art die innere Seitenschiene des Abdomens nicht ausgebildet ist; es ist
möglich, dass sich der zwischen der gewöhnlichen Schiene und den Flecken
gelegene helle Längsstreif zu einer solchen entwickelt.

Die Länge beträgt bei dem einen der mir vorliegenden Weibchen
2,59 mm.

Kopf	0,69 „	breit 0,65 mm.	
Thorax	0,43 „	„ 0,62 „	
Abdomen	1,47 „	„ 0,81 „	

Die Exemplare wurden von Rudow auf *Chaenalopex aegyptiacus* gesammelt.

A. stenopygos N. (Taf. VII. Fig. 4).

Lipeurus stenopygos N., Zeitschr. f. ges. Naturwiss. XXVIII (1866) p. 386.
Nirmus stenopys Burm., Handbuch d. Entomol. II, p. 428.
Nirmus stenopygos Gbl., Ins. epiz. p. 179, taf. VIII, f. 6, 7.

Von dieser auf *Anas rufina* gefundenen Art liegen mir zwei männliche
und ein kopfloses weibliches Exemplar aus der Hallischen Sammlung vor.
Ich bin geneigt, dieselben für identisch mit *A. maximus* Piag. zu halten und
vermuthe, dass auch *A. bifasciatus* Piag. nicht davon verschieden ist. Was

stenopygos von allen anderen verwandten Arten unterscheidet, ist der Mangel
von Abdominalflecken; doch scheint mir derselbe lediglich auf unausgebildete
Individuen hinzuweisen, vielleicht hat auch der langjährige Aufenthalt in
Spiritus dazu beigetragen, die früher vorhandenen oder wenigstens angedeuteten
Flecke zu verwischen. Ein anderer Umstand dürfte weiter auf einen Jugend-
zustand hinweisen. Die innere Schiene des Abdomens ist beim Männchen nur
auf den vier ersten Segmenten ununterbrochen, auf den folgenden hört sie vor
den Suturen auf und vereinigt sich mit den äusseren Schienen. In Folge
dessen findet auch nicht das statt, was Piaget bei *A. maximus* beschreibt:
„la bande interne pousse à l'intérieur deux appendices transverses qui se re-
joignent à l'extrémité", sondern es geht am oberen Ende der Schiene ein
querer Fortsatz nach innen, welcher sich am Ende umbiegt, aber die innere
Schiene des vorhergehenden Segments nicht erreicht. Ich vermuthe, dass
diese Vereinigung des umgebogenen Fortsatzes mit der letzteren allmählich
eintritt, und dass dann auch eine an den Nähten ununterbrochene Innenschiene
an den Seiten des Abdomens entlang zieht. Auch die Verdickung an den
Suturen der beiden ersten Segmente, wie sie Piaget für *A. maximus* beschreibt und abbildet, erscheint allmählich unter dieser Form. Ursprünglich
geht ein kleiner Fortsatz, wie er beim Weibchen dauernd besteht, nach hinten
von der inneren Seitenschiene ab, nicht sehr schräg, sondern fast der letzteren
anliegend. Derselbe kommt dann am Ende mit der Innenschiene in Berührung
und verschmilzt mit ihr. Jetzt erscheint an den Suturen ein ösenartiger Anhang, aus welchem schliesslich die gleichförmige Verdickung wird. Ich habe
diese Anschauung gewonnen aus dem Vergleiche der mir als *stenopygos* vorliegenden Männchen mit einem solchen, welches Herr Dr. Meyer auf *Dendro-
cygnus vagans* gesammelt hat und welches ich unbedingt für *A. maximus* Piag.
in Anspruch nehmen muss, obgleich sich auch hier nicht Alles so wie in
Piaget's Beschreibung und Abbildung verhält. Auf den beiden ersten Segmenten ist die Verdickung der Innenschienen an den Suturen ganz so, wie
sie Piaget zeichnet, doch deutet eine hellere Stelle in der Mitte die ursprüngliche Oesenform noch an. Auf den folgenden Segmenten ist es ebenfalls noch nicht zur Vereinigung der einzelnen zu einer gemeinsamen Innenschiene gekommen und der quere Fortsatz erreicht mit dem umgebogenen
Ende die vorhergehende innere Schiene noch nicht, also ebenso wie bei

stenopygos. Die Flecke sind vorhanden und durch eine Längsnaht in der Mitte getheilt, ganz wie bei *marimus*, nur dass auf dem vierten bis sechsten Segmente am Hinterrande jedes Fleckes ein schmaler Streif selbstständig erscheint, wahrscheinlich wird derselbe auf einem weiteren Stadium damit verschmelzen. Bei *stenopygos* ♂ ist endlich noch abweichend von *marimus* ein kleiner Ausschnitt in der Mitte des Hinterrandes, während derselbe bei letzterem abgerundet ist. Dass auch dieses Verhalten auf ein Jugendstadium hinweist, geht aus den Worten Piaget's hervor: „Il est à remarquer que chez les mâles non encore développés le 9° segment est ouvert, profondément échancré".

Nach alledem bin ich geneigt, *A. stenopygos* für *marimus* zu halten, muss es freilich einem eingehenderen Vergleiche zahlreicherer Individuen und Altersstadien zu entscheiden überlassen, ob meine Vermuthungen richtig sind.

Das zu *stenopygos* gehörige Weibchen kann ich nicht von *A. bifasciatus* Piag. unterscheiden und darum sprach ich oben die Vermuthung aus, dass auch diese Art zu *marimus* zu ziehen sei.

Dass die bisher nur in wenigen Exemplaren bekannten *Akidoproctus* der Enten und Schwäne sich sehr nahe stehen müssen, geht auch daraus hervor, dass Piaget eine Form von *Anas radjah* zu *A. bifasciatus* stellt mit Hervorhebung geringfügiger Unterschiede, welche vielleicht nach Auffindung des Männchens zur Aufstellung einer neuen Art berechtigen könnten.

Schliesslich gebe ich noch die Maasse von *stenopygos* an.

	♂		♀
Länge	3,65 mm.		
Kopf	0,50 „		
Thorax	0,60 „		0,63 mm.
Abdomen	2,25 „		2,53 „
3. Femur	0,25 „		
3. Tibia	0,31 „		
Breite:			
Kopf	0,64 „		
Thorax	0,66 „		0,69 „
Abdomen	0,84 „		0,94 „

Trichodectes N.

Die „Harlinge" sind gegenüber den übrigen zu der Familie der *Philopteridae* gehörigen, ihres Aufenthaltsortes wegen als „Federlinge" bezeichneten Formen durch die drei-gliedrigen Fühler und ein-klauigen Füsse charakterisirt, und zeichnen sich meist durch starke Behaarung des gesammten Körpers aus.

Der Kopf ist vorn entweder abgerundet oder gerade abgestutzt oder flach ausgerandet oder endlich mit einem mehr oder weniger tiefen Ausschnitte versehen. Die Fühlerbucht ist stets deutlich, zum Mindesten an der Ventralseite concav, wenn sie auch dorsal ziemlich gerade erscheinen kann, wie bei *Tr. penicillatus* P. Die Vorderecke springt mehr oder weniger weit als kegelförmiger Fortsatz vor. Die Fühler stehen meist nahe der Mitte des Kopfes, seltener weit nach vorn gerückt; sie sind bei manchen Arten in der Weise geschlechtlich differenzirt, dass das erste Glied beim Männchen stark verdickt ist (*Tr. inaequalis, crenelatus, pallidus* u. A.).

Das Auge tritt deutlich vor, kann sogar halbkuglig erscheinen, wie bei *Tr. forficula*.

Die Schläfen sind stets mehr oder weniger abgerundet (die einzige Ausnahme würde *Tr. breviceps* Rud. bilden, wo Rudow die Schläfenecken scharfspitzig schildert, wenn diese Angabe nicht völlig unrichtig wäre).

Die Hinterhauptsbasis tritt bald gegen die Schläfen etwas zurück und ist schwach concav, bald liegt sie mit diesen in gleicher Linie und erscheint gerade oder sie springt sogar etwas convex vor.

Die Seiten der beiden Thoraxsegmente sind gerade oder gewölbt, die Hinterränder meist gerade oder schwach convex. Der Prothorax ist gewöhnlich etwas kürzer als der Metathorax und mit einer einzigen Ausnahme, wo er breiter ist (*Tr. pilosus* ♂), schmäler als derselbe, häufig ist er vorn etwas halsartig eingeschnürt.

Die Beine zeichnen sich durch ihre reiche Behaarung aus, haben eine dicke Hüfte, schlanke Schenkel und Schienen, welch' letztere fast immer etwas länger sind (umgekehrt ist es bei *pallidus* P.), einen sehr entwickelten, zweigliedrigen Tarsus und eine einzige dünne, etwas gebogene Klaue.

Der nach den Arten und dem Geschlechte verschieden gestaltete Hinterleib besteht aus neun Segmenten, von denen die beiden letzten meist ohne sichtbare Naht mit einander verschmolzen sind. Er ist bald sehr schlank und langgestreckt, bald breiter und kürzer. Die Segmente nehmen von vorn nach hinten etwas an Länge zu, sind am Rande nur durch Einkerbungen von einander abgesetzt, ohne vorspringende Ecken. Die Suturen sind sehr deutlich. Die chitinigen Seitenschienen sind schmal und nicht überall nach vorn und hinten etwas umgebogen. Auf den Flächen tragen die Segmente sehr gewöhnlich rothbraune Querflecke, die eine rechteckige oder trapezförmige Gestalt haben und sich bei den verschiedenen Arten verschieden weit von der Mitte nach den Seiten ausdehnen. Die Seiten, sowie Rücken- und Bauchfläche sind verschieden reich beborstet; gewöhnlich stehen eine oder auch mehrere regelmässige Reihen von Borstchen am Hinterrande der Querflecke, wozu dann noch unregelmässig zerstreute kommen. Bei manchen Arten sind die Borstchen ausserordentlich klein. Die männliche Hinterleibsspitze ist gewöhnlich abgerundet oder geht in eine Spitze aus *(pallidus)* oder trägt am abgestumpften Hinterrande eine kleine Zange *(forficula)* oder ist zweispitzig, zuweilen mit tiefem medianen Einschnitte *(crenelatus);* am eigenthümlichsten erscheint sie bei *appendiculatus* P., wo sie mit zwei keulenförmigen Anhängen versehen ist. Beim Weibchen ist das Endsegment stets zweilappig; die beiden Lappen je nach der Tiefe des Einschnittes verschieden gestaltet.

Eine Eigenthümlichkeit dieser Gattung sind die an den Seiten, selten mehr an der Ventralfläche des achten Segments beim Weibchen eingelenkten gebogenen Anhänge ("Raife" von Giebel genannt), die vielleicht bei der Copulation eine Rolle spielen.

Die Grundfarbe der Haarlinge ist schmutzig-weiss oder -gelb, worauf sich die verdickten Chitintheile durch ein dunkleres, die Querflecke durch ein helleres Braun sehr deutlich abheben. Die Längenverhältnisse schwanken zwischen 0,8 *(exilis* ♂*)* und 2,4 mm *(pinguis, penicillatus).*

Die Arten dieser Gattung sind bisher nur auf Säugethieren und zwar namentlich auf Carnivoren und Huftthieren gefunden worden. Piaget erwähnt, dass er ein einziges Mal zwei Stück von *Tr. longicornis* ♀ auf einem Vogel, *Lamprotornis aeneus,* gefunden habe. Mir liegen aus dem Hamburger Museum mehrere Exemplare einer spec. nov. von *Leptoptilus crumenifer* vor, doch sind dieselben vermuthlich nur durch Zufall auf diesem Wohnthiere angetroffen worden, während der eigentliche Wirth ein Hufthier sein dürfte.

Nitzsch, welcher die Gattung *Trichodectes* 1818 begründete, führt 10 Arten auf, von denen er nur eine (*dubius* von *Mustela vulgaris*) nicht genauer untersucht hat. Die übrigen sind: *Tr. crassus* (*Meles vulgaris*), *latus* (*Canis familiaris*), *subrostratus* (*Felis catus*), *retusus* (*Mustela foina*), *exilis* (*Lutra vulgaris*), *sphaerocephalus* (*Ovis aries*), *climax* (*Capra hircus*), *scalaris* (*Bos taurus*), *longicornis* (*Cervus elaphus*). Burmeister führt in seinem Handbuche der Entomologie ausser diesen noch *Tr. pinguis* (*Ursus arctos*) auf. Dazu werden 1842 von Denny noch drei weitere Arten gesellt: *Tr. vulpis* (*Canis vulpes*), *similis* (*Cervus elaphus*) und *equi* (*Equus caballus* et *asinus*), letztere schon von Linné aufgeführt. Ehrenberg macht 1828 einen *Tr. diacanthus* (*Hyrax syriacus*) namhaft, Gurlt nennt 1843 einen *Trichodectes* von der Ziege *caprae* und Gervais beschreibt 1844 *Tr. limbatus* (*Capra aegagrus domest.*) und *cornutus* (*Antilope dorcas*). Giebel giebt zuerst 1861 die Beschreibung der von Nitzsch in der Sammlung des Hallischen zoologischen Museums aufgestellten Formen und führt hierbei eine neue Art von *Hystrix dorsata* als *Tr. setosus* auf; statt *Tr. dubius* setzt er den von Nitzsch selbst später in seinen Collectaneen gebrauchten Namen *pusillus* ein. In seinen Insecta epizoa (1874) führt er für *Tr. vulpis* D. den Namen *micropus* und für *equi* D. den Namen *pilosus* ein. 1866 hat Rudow eine Anzahl neuer Formen sehr skizzenhaft beschrieben: *Tr. mexicanus* (*Cercolabes mexicanus*), *breviceps* (*Auchenia lama*), *longiceps* (*Antilope arabica*), *mambricus* (*Hircus mambricus*), *crassipes* (*Hircus angora*), *solidus* (*Capra hircus* von Guinea). 1870 wurde die Zahl der bekannten Arten durch Graham Penton um eine vermehrt, die als *Tr. tigris* sehr ungenügend charakterisirt ist. Endlich sind durch Piaget eine Anzahl neuer Arten, sowie die übrigen bisher bekannten, sofern sie ihm in Exemplaren vorlagen, genau beschrieben worden. Die neuen Arten sind folgende: *Tr. inaequalis* (*Herpestes ichneumon*), *parumpilosus* (*Equus caballus*) mit var. *ocellata* (*Equus Burchelli*) und var. *tarsata* (*Eq. caball. Javanus*), *tibialis* (*Cervus dama*) = *longicornis* D., non N., *forficula* (*Cervus porcinus*), *crenelatus* (*Cervus albifrons*), *appendiculatus* (*Antilope subgutturosa*), *pallidus* (*Nasua fusca*), *penicillatus* (*Macropus penicillatus*).

Im Nachstehenden beschreibe ich die bisher ungenügend charakterisirten Arten, zumeist nach den Typen von Nitzsch und Rudow, wobei ich sehr bedaure, dass in den meisten Fällen nur Weibchen zur Untersuchung vorliegen. Für sämmtliche näher bekannte Formen [1] dieser Gattung kann folgende Bestimmungstabelle gelten, in welcher mit Piaget zwei Gruppen nach der Bildung der Stirn unterschieden sind. Dieselbe ist entweder abgerundet oder wenigstens abgestumpft, oder ausgerandet resp. mit einem tiefen Ausschnitte versehen.

a. Kopf an der Stirn abgerundet oder gerade abgestutzt, stets ganzrandig.

b. Chitinschienen sind in der Mitte der Stirn unterbrochen, wodurch diese Stelle heller erscheint; sie bilden acht fleckenartige braune Fortsätze nach innen. Metathorax so breit wie der Kopf. Antennen in beiden Geschlechtern verschieden. . . . . *vulpis* D.

bb. Chitinschienen an der Stirn nicht unterbrochen.

c. Der Kopf hat seine grösste Breite an den Augen; die Schläfen sind schmäler. Abdomen ohne Querflecke. . . . . *pinguis* Burm.

cc. Kopf an den Schläfen am breitesten.

d. Hinterleib ohne Querflecke.

e. Klein; Antennen kurz, ohne geschlechtliche Differenzirung. Die vom Hinterhaupte nach den Mundtheilen verlaufenden Chitinleisten (*landes occipitales* Piag.) sind einfach. . . . . *exilis* N.

ee. Grösser und breiter; Antennen länger, in beiden Geschlechtern verschieden. Die erwähnten Chitinleisten gegabelt . . . . *latus* N.

dd. Hinterleib mit Querflecken.

f. Kopf an der Stirn hoch gewölbt, nach vorn etwas verschmälert. Abdomen an den Seiten behaart und auf dem Rücken mit einer Borstenreihe vor dem Hinterrande jedes Segmentes; sonst keine zerstreuten Borsten. *scalaris* N.

ff. Kopf einfach abgerundet oder abgestutzt.

g. Abdomen mit mehreren regelmässigen Borstenreihen auf jedem Segmente, an den Seiten vor den Segmentecken mit je einem Haarbüschel. Antennen vor der Mitte des Kopfes eingelenkt. . . . . *penicillatus* Piag.

gg. Abdomen nur mit einer regelmässigen Borstenreihe auf jedem Segmente.

h. Behaarung sehr spärlich. Die Querflecke der drei letzten Abdominalsegmente fliessen zusammen. Prothorax schmäler als der Metathorax. *breviceps* R.

---

[1] Es ist in unserer Tabelle *Tr. discanthus* Harb. weggelassen, da diese Art zu ungenügend bekannt ist.

h.h. Behaarung bedeutender; die Querflecke bleiben auf allen Segmenten getrennt.

  i. Prothorax breiter als der Metathorax. Abdomen sehr stark behaart. Die zackigen Querflecke nehmen nur die Mitte der Segmente ein. *pilosus* Piag.

 ii. Prothorax schmäler als der Metathorax.

  k. Kopf breiter als lang, vorn breit abgestutzt. Seiten der Abdominalsegmente behaart. . . . . *peregrinus* m.

kk. Kopf so breit wie lang oder länger als breit.

  l. Antennen und Schienen sehr lang und schlank. . . . . . *longicornis* N.

 ll. Antennen und Schienen von gewöhnlicher Länge.

  m. Querflecke der Abdominalsegmente trapezförmig. Antennen in beiden Geschlechtern gleich. . . . . *parumpilosus* Piag.

mm. Querflecke ungefähr rechteckig, Fühler geschlechtlich differenzirt.

                                sphaerocephalus N.

aa. Kopf an der Stirn ausgerandet oder mit tiefem Ausschnitte versehen. Stirnschiene unterbrochen.

  n. Die Segmentecken treten winklig hervor.

  o. Die Segmente an den Seiten nicht durch Einschnitte abgesetzt. Abdomen mit gerundeten Seiten.

  p. Hinterhauptsbasis ohne Chitinschiene, mit halsartiger Verschmälerung dem Thorax aufsitzend. Prothorax an den Seiten einfach. . . *mexicanus* R.

pp. Hinterhauptsbasis mit Chitinschiene, in gewöhnlicher Weise an den Thorax angrenzend. Prothorax an den Seiten mit je einem kurzen cylindrischen Fortsatze versehen. . . . . *setosus* G.

oo. Die Segmente an den Seiten durch tiefe Einschnitte von einander getrennt. Abdomen mit geraden fast parallelen Seiten.

  q. Kopf länger als breit. Fühler geschlechtlich differenzirt. Stirn mit dreieckigem Ausschnitte. . . . . *cornutus* Gerv.

qq. Kopf so breit wie lang. Stirn flach ausgerandet. . . . . . *Meyeri* m.

nn. Die Segmentecken sind abgerundet und treten nicht vor.

  r. Kopf nach vorn verlängert und an der Stirn auffallend verschmälert.

  s. Letztes Abdominalsegment beim ♂ abgerundet. Stirnausschnitt flach.

                                subrostratus N.

ss. Letztes Abdominalsegment beim ♂ tief eingeschnitten. Stirnausschnitt sehr tief.

                                ercnclatus Piag.

rr. Kopf nicht nach vorn verlängert, mehr oder weniger viereckig.

  t. Abdomen ohne distinkte Querflecke.

u. Kopf an den weit vortretenden, fast eckigen Schläfen am breitesten. Die vom Hinterhaupte nach den Mundtheilen verlaufenden Chitinleisten gegabelt.

crassus N.

uu. Kopf am breitesten an den Vorderecken der Fühlerbucht. Schläfen abgerundet. Abdomen in der Mitte etwas gefärbt, aber ohne gesonderte Querflecke. Die erwähnten Chitinleisten einfach parallel. . . *pallidus* Piag.

tt. Abdomen mit distinkten Querflecken.

v. Stirn breit und ganz flach ausgerandet. Antennen ohne geschlechtliche Differenzirung. Letztes Abdominalsegment beim ♂ mit zwei behaarten kissenartigen Hervorragungen. . . . . *climax* N.

vv. Stirn schmäler, tiefer ausgeschnitten.

w. Abdomen ohne Borstenreihen auf den Segmenten. Letztes Segment beim ♂ mit einer kleinen Zange endigend. . . . . *forficula* Piag.

ww. Abdomen mit Borstenreihen.

x. Letztes Abdominalsegment beim ♂ mit zwei langen, unbeweglichen Anhängen versehen. . . . . *appendiculatus* Piag.

xx. Letztes Abdominalsegment beim ♂ abgerundet.

y. Antennen in beiden Geschlechtern verschieden; das erste Glied beim ♂ sehr lang und dick, keulenförmig. . . . . *inaequalis* Piag.

yy. Antennen in beiden Geschlechtern gleich.

z. Kleine Art, mit einfacher Borstenreihe auf jedem Hinterleibssegmente.

retusus N.

zz. Grössere Art; ausser einer Borstenreihe noch zahlreiche zerstreute Borstchen auf jedem Segmente. . . . . *tibialis* Piag.

Tr. pinguis N. i. litt. ♀. (Taf. VII. Fig. 5).

Burmeister, Handbuch d. Entomol. II, p. 435; Giebel, Zeitschr. f. ges. Naturwiss. XVIII, p. 86; Ins. epiz. p. 53, taf. III, f. 1.

Kopf bedeutend breiter als lang, an den Augen am breitesten; an der Stirn breit abgestumpft, mit acht Borsten jederseits. Die Vorderecken der Fühlerbucht treten deutlich vor, sind aber nicht sehr spitz. Die Fühlerbucht ist ziemlich tief. Die Fühlerglieder plump, untereinander fast gleichlang,[1] mit einzelnen Borsten besetzt. Das Auge springt deutlich vor. Die Schläfen verlaufen geradlinig convergirend nach hinten und sind mit einer Anzahl

---

[1] Wahrscheinlich besteht auch bei dieser Art, wie bei den verwandten, eine geschlechtliche Differenzirung der Antennen.

kurzer Borsten besetzt. Die Occipitalecken sind abgerundet, die schwach convexe Basis tritt dagegen etwas zurück. Die Seitenschienen laufen regelmässig um den Kopf herum und bilden vor und hinter den Fühlern je einen rundlichen, dunkleren Fleck. Von der Basis des Hinterhaupts aus gehen ventral schmale Chitinleisten schwach divergirend nach vorn und vereinigen sich mit breiteren, welche die Mundtheile umgeben.

Prothorax breit, mit abgerundeten Seiten, die nach vorn etwas mehr abfallen als nach hinten. Metathorax wenig breiter, an den Seiten nur wenig vom Prothorax abgesetzt, mit gleichmässig gewölbten Seiten. Der Hinterrand ist geradlinig; davor steht eine Reihe Borsten. Der Seitenrand trägt, ebenso wie am Prothorax, zwei kurze Dornspitzchen.

Die Beine sind kräftig und kurz. Schenkel und Schienen ungefähr gleichlang, letztere nach dem distalen Ende hin verbreitert; beide aussen mit einzelnen Borsten besetzt, die Schiene ausserdem innen mit starken Stacheln. Die Klauen sind lang und sanft gebogen.

Das Abdomen ist eiförmig, im ersten Dritttheile am breitesten, nach hinten etwas verschmälert. Die schmalen Seitenschienen geben an den Suturen einen einfachen, etwas schräg nach vorn gerichteten Fortsatz ab. Die Segmente sind am Rande durch deutliche Einkerbungen von einander abgesetzt; nicht minder deutlich sind auf der Fläche die schwach convexen Suturen. Die Seiten der Segmente sind fast gerade, nur die der letzten etwas gewölbt. Vor den Suturen stehen auf jedem Segmente 16 Borsten in gerader Linie; am Rande befinden sich vor den Segmentecken deren zwei. Die Stigmata liegen dicht am Rande, etwas vor der Mitte jedes Segments. Das Endsegment des weiblichen Hinterleibes schmäler als das vorhergehende, mit gewölbten, nach hinten stark convergirenden Seiten. Der schmale Hinterrand mit tiefem, medianen Einschnitte und einigen kurzen Borsten jederseits davon. Die Anhänge des achten Segments sind an der Basis verdickt und überragen das Endsegment. An der Ventralseite geht von der Basis jedes Anhanges eine bogenförmige Chitinleiste nach der Vulva hin und zu den Seiten der letzteren steht je eine schräge Reihe von Borsten.

Ein Männchen befindet sich nicht unter den vier nicht besonders gut erhaltenen Exemplaren der Hallischen Sammlung, obgleich Giebel auch von diesem Geschlechte spricht.

Länge	2,44 mm.	Breite	
Kopf	0,56 „	0,81 mm.	
Thorax	0,38 „	0,63 „	
Abdomen	1,50 „	0,13 „	
3. Femur	0,25 „		
3. Tibia	0,23 „		

Diese Art ist auf *Ursus arctos* gesammelt und gehört in die nähere Verwandtschaft von *latus* und *crassus*. Von ersterer Art unterscheidet sie sich u. A. durch die an den Augen gelegene grösste Breite des Kopfes, von letzterer durch den abgestumpften, nicht ausgeschnittenen Vorderrand des Kopfes.

Giebel sagt in seiner ersten Beschreibung (Zeitschr. f. ges. Naturwiss. XVIII, p. 87): „Obwohl alle Exemplare weibliche sind, finde ich doch bei keinem die Klammerhaken am Hinterleibsende." Dieselben sind indess bei drei Exemplaren sehr deutlich, fehlen dagegen bei dem noch im Jugendalter stehenden vierten, welches Giebel bei seiner zweiten Beschreibung (Ins. epiz.) für ein Männchen gehalten zu haben scheint.

Tr. retusus N. und *pusillus* N. von verschiedenen *Mustela*-Arten *(martes, foina, vulgaris, erminea)* sind identisch, wie schon Piaget mit Recht hervorhebt. Die von Giebel angegebenen „sehr erheblichen" Unterschiede beruhen auf Altersverschiedenheiten, wenn auch die Exemplare vom Wiesel etwas kleiner sind. Die medianen Flecke des Abdomens finden sich bei beiden im erwachsenen Zustande und fehlen beiden in der Jugend, wie dies überall der Fall ist. Ausserdem sind die Exemplare der Hallischen Sammlung viel zu schlecht erhalten, um sie zur Aufstellung zweier Arten für ausreichend erachten zu können.

Tr. vulpis D. (Taf. VII. Fig. 11, 11a, 11b).

Monograph. Anoplur. Britt. p. 189, 91, XVII, f. 5.
Tr. micropus Gbl., Ins. epiz. p. 54.

Diese Art ist bisher allein von Denny nach Exemplaren vom Fuchs beschrieben und sehr schlecht abgebildet worden. Eine Anzahl von Exemplaren, welche sich in der kgl. Thierarzeneischule zu Berlin befinden und laut Etiquette auf *Procyon lotor* gesammelt sind, ergeben sich bei den sehr charakteristischen Merkmalen dieser Art als hierher gehörig, tragen auch in der

genannten Sammlung den Denny'schen Namen, wahrscheinlich nach der Bestimmung von Gurlt. Ich verdanke es der Freundlichkeit des Herrn Geheimrath Roloff, dass ich von dieser Art eine Beschreibung und Abbildung
liefern kann. Sie gehört in die nächste Verwandtschaft der übrigen auf
Raubthieren lebenden Formen.

Kopf breiter als lang, mit der grössten Breite an den Schläfen, vorn
flach gerundet, mit einer Anzahl kurzer Härchen besetzt; beim ♂ mit spitzen,
beim ♀ mit stumpfen Vorderecken der ziemlich tiefen Fühlerbucht. Die Antennen haben beim ♀ ziemlich gleiche, dicke Glieder, beim ♂ ist das Grundglied bedeutend dicker und länger, als die beiden anderen, von denen das
letzte am oberen Ende an der Innenseite zwei Zähnchen trägt. Das obere
Ende ist in beiden Geschlechtern abgestutzt und hier mit einer Anzahl starker
farbloser Borsten besetzt. Ausserdem stehen an allen Gliedern feinere Haare
sowohl an den Rändern wie auf den Flächen. Das Auge tritt etwas conisch
hervor. Die Schläfen sind stumpfwinklig, abgerundet, mit drei feineren und
einer stärkeren Borste besetzt; die Hinterhauptsecken gerundet, die Basis des
Hinterhaupts schwach convex, in der Mitte mit den Ecken in gleicher Linie
gelegen. Die den Kopf an den Rändern umziehende Chitinschiene ist schmal
und lässt die Mitte der Stirn frei, wodurch diese Stelle heller erscheint. Sie
bildet nach innen jederseits drei fleckenartige Fortsätze, von denen zwei vor
dem Fühler, der dritte dicht hinter demselben liegt. Die beiden vordersten
Flecke umgeben die helle Stelle der Stirn. Zwei ebensolche finden sich an
der Seite der Hinterhauptsbasis.

Der Prothorax ist sehr breit und kurz und hat ungefähr die Form
eines Rechtecks; die Ecken sind abgerundet, die hinteren etwas vorgezogen.
An letzteren und vor den Vorderecken steht je eine kurze Borste. Der Metathorax ist bedeutend breiter als der Prothorax, ungefähr so breit wie der
Kopf an den Schläfen; die Seiten ragen hornartig hervor, sind mit drei langen,
davor mit einer viel kürzeren Borste besetzt, der Hinterrand ist stark concav.

Die Beine sind kurz und kräftig; die Schienen am distalen Ende etwas
verbreitert.

Das Abdomen ist eiförmig, beim ♂ kürzer, mehr gerundet, hinten zugespitzt, beim ♀ länger, nach hinten kaum verschmälert. Die Segmente sind
an den Rändern durch sehr schwache Einkerbungen getrennt, die Ecken nicht

vortretend, mit 1—2 kurzen Borsten versehen. Die schmalen Chitinschienen gehen an den Suturen in einen sehr kurzen rundlichen Fortsatz nach innen über. Die Stigmata liegen ganz dicht an den Seitenrändern, vor der Mitte der Segmente. Das Endsegment beim ♂ völlig abgerundet, an der Spitze mit einer Anzahl kurzer Borsten besetzt, beim ♀ bedeutend schmäler als die unter sich ziemlich gleich breiten vorhergehenden Segmente, in der Mitte der Seitenränder etwas eingezogen und am Hinterrande in der Mitte mit einem sehr seichten Ausschnitte versehen; jederseits davon drei längere Borsten. Die Raife überragen das Hinterleibsende nicht. Vor den Suturen stehen auf dem Rücken zwei mediane und jederseits zwei seitliche Borsten.

Die Grundfarbe ist schmutzig-gelblichweiss, die Chitinflecke auf dem Kopfe röthlichbraun. Von Flecken lassen die mir vorliegenden alten Spiritus-Exemplare nichts mehr erkennen.

	♂		♀	
Länge	1,08	mm,	1,32	mm.
Kopf	0,32	„	0,34	„
Thorax	0,15	„	0,14	„
Abdomen	0,61	„	0,84	„
Breite:				
Kopf	0,45	„	0,46	„
Prothorax	0,31	„	0,35	„
Metathorax	0,41	„	0,48	„
Abdomen	0,64	„	0,73	„

Tr. setosus Gbl. (Taf. VII. Fig. 6).

Zeitschr. f. ges. Naturwiss. XXVII, p. 86; Ins. epiz. p. 56.

Diese Art ist bisher nur von Giebel beschrieben worden und führt ihren Namen nicht gerade mit Recht, weil sie im Vergleich mit anderen Arten unserer Gattung wenig beborstet ist.

Der Kopf ist herzförmig, vorn seicht ausgerandet. Die Seiten des Vorderkopfes sind sehr schwach gewölbt, mit einigen ziemlich langen Borsten besetzt (die an den mir vorliegenden Exemplaren zum grössten Theil abgebrochen, daher in ihrer Anzahl nicht genau bestimmbar sind). Die Vorderecken der Fühlerbucht ragen als stumpfe Kegel hervor und machen diese Stelle zum breitesten des Kopfes; sie sind übrigens etwas nach unten gerichtet, so

dass sie vom ersten Fühlergliede theilweise verdeckt werden. Die Fühlerbucht ist weniger tief als weit. Die Fühler selbst haben drei ziemlich gleichlange Glieder, das letzte ist etwas länger; sie sind mit einzelnen kurzen
Borsten besetzt. Die Seiten des Hinterkopfes sind gleichmässig gewölbt, mit
wenigen kurzen Borsten besetzt. Das Auge springt halbkuglig vor. Die
gegen die Schläfen zurücktretende Hinterhauptsbasis ist gerade. Die Seitenschienen des Kopfes sind schmal und fehlen an der Stirneinsenkung. Etwas
vor der Fühlerbucht entsenden sie einen kurzen abgerundeten Fortsatz nach
innen. Von dem Hinterhaupte gehen zwei divergirende, an den Enden etwas
gebogene Chitinleisten nach diesen Fortsätzen hin und von den Mundtheilen
aus sind zwei Chitinleisten nach den Seiten der Stirneinsenkung gerichtet.
Auf der Fläche des Kopfes stehen eine Anzahl zerstreuter Borsten.

Thorax kürzer als der Kopf. Prothorax vorn halsartig verschmälert,
mit geraden Seiten und etwas convexem Hinterrande. Hinter der Mitte erhebt
sich an den Seiten ein kurzer, cylindrischer Fortsatz, welcher dieser Art
eigenthümlich ist. Die Seiten des etwas breiteren Metathorax treten mit einer
stumpf abgerundeten Spitze vor und tragen drei Borsten. Der convexe Hinterrand ist mit einer Reihe kurzer Borsten besetzt.

Die Beine haben dicke Schenkel und ebenso lange, am distalen Ende
etwas verbreiterte Schienen; die schlanke Klaue ist schwach gebogen.

Hinterleib lang eiförmig. Die Segmentecken treten namentlich an den
vier ersten Segmenten deutlich vor und lassen diesen Theil des Seitenrandes
schwach sägezähnig erscheinen. An den drei letzten, von denen das achte
und neunte mit einander verschmolzen sind, sind die Ecken abgerundet.

Die Seitenschienen sind schmal, ganz besonders an den letzten Segmenten. Die beiden Hinterleibsspitzen sind abgerundet und werden von den
langen Raifen erreicht. Die Seiten der Segmente tragen einzelne Borsten,
ebenso die Ecken mehrere dicht nebeneinander stehende. Vor dem Hinterrande jedes Segments steht auf der Fläche eine die ganze Breite einnehmende
Reihe kurzer Borsten.

Die Färbung des gesammten Thieres ist braun, die Seitenschienen
sind etwas dunkler, besondere Querbinden scheinen auf dem Abdomen zu
fehlen. Der Hinterrand des letzten Segments ist hell. Leider liegen mir nur
Weibchen vor.

Länge	2,26 mm.	Breite
Kopf	0,63 „	0,66 mm.
Thorax	0,38 „	0,54 „
Abdomen	1,25 „	0,83 „
3. Femur	0.25 „	
3. Tibia	0,30 „	

Auf *Erethizon dorsatum* von Nitzsch zuerst aufgefunden und von Giebel ziemlich ungenau beschrieben.

Tr. mexicanus Rud. (Taf. VII. Fig. 8).

Zeitschr. f. ges. Naturwiss. 1866, XXVII, p. 109. Taf. V, f. 1.

Diese Art gehört in die nähere Verwandtschaft der vorigen und ist sehr charakteristisch, von Rudow aber so unrichtig beschrieben und abgebildet, dass man eine ganz andere Vorstellung davon erhält. Es war mir daher sehr angenehm, zwei Exemplare, die leider nur einem Geschlechte (♂) angehören, aus der Hamburger Sammlung vergleichen zu können.

Die Gestalt ist schlank und schmal, der Kopf im Verhältniss zum übrigen Körper sehr gross. Er hat eine hexagonale Gestalt; die Seiten des Vorderkopfes sind gerade und convergiren sehr stark nach vorn. Die Mitte der Stirn wird von einer sehr flachen Einsenkung eingenommen. An jeder Seite stehen eine Anzahl, etwa acht, sehr feine Härchen. Die Fühlerbucht ist flach, ihre Ecken völlig abgerundet. Die Fühler haben dicke, cylindrische Glieder, von denen das dritte das längste, das zweite das kürzeste ist. Die Behaarung derselben ist kurz und spärlich. Der Hinterkopf ist nicht viel breiter als der Vorderkopf an der Fühlerbucht, welch' letztere in der Mitte des gesammten Kopfes liegt. Die abgerundeten Schläfen treten etwas nach hinten vor. Die schmale und gerade Hinterhauptsbasis ist halsartig davon abgesetzt. Auf der Fläche des Kopfes stehen sehr vereinzelte Borstchen. Die Chitinschiene fehlt an der Stirneinsenkung und an der Hinterhauptsbasis, sowie in der Fühlerbucht; sie ist auch im Uebrigen sehr schmal, nur an den Seiten des Vorderkopfes ist sie im ersten Dreiviertel ihrer Länge bedeutend verbreitert und dunkler; sie endet in dieser Form ganz plötzlich mit einer Abstumpfung. An den Seiten der Hinterhauptsbasis ist sie ebenfalls mit einer dunkelbraunen Verdickung versehen. Von den Mundtheilen verlaufen schmale

27 *

Chitinleisten sowohl convergirend nach vorn, wo sie sich mit den Seitenschienen vereinigen, als divergirend nach hinten, wo sie nach aussen von den
Verdickungen der Schläfenschienen enden. Beide Paare stehen mit einander
in Verbindung durch winklige, neben den Mundtheilen gelegene Stücke, welche
sich mit der Spitze des Winkels da an die Seitenschienen des Vorderkopfes
anlegen, wo deren Verbreiterung endigt. Die Mundtheile selbst treten durch
dunkelbraune Färbung deutlich hervor.

Der Prothorax ist sechseckig; vom geradlinigen Vorderrande gehen
die Seiten anfangs unter starker Divergenz nach hinten, um dann unter einem
stumpfen Winkel umzubiegen und einander fast parallel zum geraden Hinterrande zu verlaufen. Der Metathorax ist ebenfalls sechseckig, in der Mitte
breiter als der Prothorax: seine Seiten gehen von hier, wo sie unter einem
abgerundeten spitzen Winkel zusammentreffen, gleichmässig nach vorn und
hinten. In der Mitte des Seitenrandes steht eine Borste, eine Reihe solcher
vor dem in der Mitte etwas concaven Hinterrande. Auch der Prothorax trägt
an dieser Stelle einige kurze Borsten.

Die Beine sind kräftig, die Schienen wenig länger als die Schenkel,
beide namentlich am Innen- und Aussenrande beborstet, während auf den
Flächen nur einzelne zerstreute Haare stehen. Die Klaue ist schlank und
wenig gebogen.

Das schmale Abdomen nimmt vom ersten bis zum siebenten Segmente
an Breite zu, ist aber auch hier kaum so breit wie der Kopf an den Schläfen.
Die Segmentecken treten ungewöhnlich deutlich hervor und geben dem Seitenrande ein gesägtes Ansehen. Sie tragen an den ersten fünf Segmenten zwei
sehr kurze, an den folgenden lange Borsten. Die Chitinschienen der Seiten
nehmen von vorn nach hinten an Schmalheit zu und fehlen an den beiden
letzten Segmenten ganz. Diese sind viel weniger breit als die vorhergehenden,
und ihre Seiten convergiren stark nach hinten. Die Suturen sind zwischen
allen Segmenten deutlich; davor steht eine Reihe von Borsten, von denen die
äussersten auf den beiden letzten Segmenten länger als die übrigen sind.
Das Endsegment hat in der Mitte einen Ausschnitt.

Die Grundfarbe ist auf dem Abdomen schmutzigweiss, auf Kopf,
Thorax und Beinen gelblich. Die Chitinschienen sind braun. Querflecke
fehlen ganz

Länge	♂ 1,68	mm.	Breite	
Kopf	0,53	„	0,51	mm.
Thorax	0,29	„	0,45	„
Abdomen	0,86	„	0,50	„
3. Femur	0,19	„		
3. Tibia	0,21	„		

Rudow hat diese Art auf *Cercolabes mexicanus* gefunden. In seiner Zeichnung ist eigentlich Alles falsch, namentlich sind die Schläfen viel zu breit, die Thoraxringe durchaus unrichtig, das Abdomen erscheint in der Mitte am breitesten. Rudow beschreibt auch das Weibchen und bildet dessen Hinterleibsspitze ab; leider liegen mir von diesem Geschlechte keine Exemplare vor.

Tr. climax N.

hat nach Giebel eine Besonderheit darin, dass die Raife „deutlich zweigliedrig" sind, eine Angabe, die Piaget mit Recht in Zweifel zieht: „ce qui me fait douter de l'indication donnée par G., c'est que sur des exemplaires de la variété indica de la chèvre tous les parasites ayant les appendices très-écartés, la moindre trace d'une articulation aurait dû être visible." Ich habe dieselben Exemplare, welche Giebel untersucht hat, vor mir und habe sie auf die sehr unwahrscheinliche Angabe dieses Autors hin verglichen und nicht die geringste Spur einer Zweigliedrigkeit gefunden. Diese Art weicht also in Bezug auf die Raife durchaus nicht von dem für *Trichodectes* ganz allgemein giltigen Typus ab.

Durch die Freundlichkeit des Herrn Professor Nitsche an der Forstakademie in Tharand erhielt ich einige Exemplare eines zu *climax* gehörigen *Trichodectes*, welche auf der Gemse gesammelt sind.

Rudow hat noch mehrere andere *Trichodectes* von Ziegen beschrieben, von denen ich einige zu vergleichen Gelegenheit hatte.

Tr. solidus R. (Zeitschr. f. ges. Naturwiss. 1866, XXVII, p. 112, Taf. VII, f. 2) ist identisch mit *Tr. climax*. Die Exemplare (im Hamburger Museum befindlich) wurden auf einer Ziege von Guinea gesammelt. Ein einzelnes Exemplar von einer Angoraziege gehört gleichfalls hierher. Es ist dies aber nicht die von Rudow als *crassipes* beschriebene Art. Letztere liegt mir ebenfalls in einer Anzahl von Exemplaren vor, so dass ich mich überzeugen konnte von ihrer Identität mit *Tr. penicillatus* Piag. Wenn man die Rudow'sche und Piaget'sche Zeichnung vergleicht, könnte man dies allerdings für unmöglich halten; denn die Zeichnung des ersteren (l. c. Taf. VII. f. 1) ist ebenso ungenau, wie die Beschreibung nichtssagend.

Tr. penicillatus ist sehr leicht kenntlich durch die Form des Thorax, die Breite des Abdomens, die starke Behaarung des gesammten Körpers u. s. w. Piaget sammelte diese schöne Art auf *Macropus penicillatus*, Rudow auf der Angoraziege. Es muss dahingestellt bleiben, welches dieser Wohnthiere für gewöhnlich zum Aufenthalte von unseren Harlingen gewählt wird.

Die von Rudow als *Tr. mambricus*[1]) von *Hircus mambricus* beschriebene Form habe ich leider nicht vergleichen können; vermuthlich haben wir es auch hier nur mit *Tr. climax* zu thun, was schon dadurch nahe gelegt wird, dass das Wohnthier nur eine Rasse unserer Hausziege ist.

Wahrscheinlich gehört auch *Tr. limbatus* Gerv. (Aptéres p. 313, Pl. 48, f. 4) von der Angoraziege und sicher *Tr. caprae* Gurlt (Magazin f. Thierheilk. IX, 1843, p. 3, Taf. I, f. 2) zu *climax*.

Auf der Etiquette, welche an dem mit dem Ziegenharlinge versehenen Gläschen in der Sammlung der Berliner Thierarzeneischule klebt, ist der ursprüngliche Artname *caprae* ausgestrichen und durch *climax* ersetzt, und zwar, wie es scheint, von Gurlt's Hand selbst geschrieben.

Was die *Trichodectes* der Equiden anlangt, so beschrieb zuerst Denny einen *Tr. equi*, welchen Namen Giebel in *pilosus* umwandelte. Denselben nimmt auch Piaget an und beschreibt noch eine zweite Art als *parumpilosus*, die er mit Recht mit *equi* D. identificirt. Ein Vergleich der Nitzsch'schen Typen hat mich gelehrt, dass auch *pilosus* G. = *parumpilosus* Piag. ist; wir müssen daher zu beiden Arten Piaget als Autor citiren. Uebrigens scheint *pilosus* P. viel seltener als *parumpilosus* zu sein, von welch'

---

[1]) Giebel (Ins. epiz. p. 57) macht daraus *Tr. mambricus* von *Hircus mambricus* und nennt diesen Harling „diese vierte Ziegenart".

letzterem allein mir Exemplare vorliegen. An denselben finde ich, dass der Kopf nicht ganz unbehaart ist, wie Piaget angiebt, dass auch ausser der Borstenreihe auf den Abdominalsegmenten noch einzelne Borstchen seitlich vom braunen Querflecke stehen.

Die von Piaget beschriebene var. *ocellata* seines *Tr. paramplosus*, welche namentlich durch eine helle Stelle an den Enden der Querflecke des Abdomens kenntlich ist, liegt mir in einigen Exemplaren vom Esel vor. Piaget fand die seinigen auf *E. Burchelli.*

Tr. breviceps R. (Taf. VII. Fig. 12).

Zeitschr. f. ges. Naturwiss. 1866, XXVII, p. 110, Taf. V, f. 2.

Kopf etwas breiter als lang, vorn breit gerundet, mit zahlreichen Randborsten besetzt. Vorderecken der Fühlerbucht wenig vortretend. Letztere ziemlich tief, vor der Mitte des Kopfes gelegen. Von den cylindrischen Antennengliedern ist das dritte das längste, und zwar um ein Drittel länger als die unter sich fast gleichen beiden anderen. Die Seiten des Hinterkopfes sind abgerundet, mit fünf kurzen Borsten besetzt. Das Auge tritt deutlich mit uhrglasförmiger Wölbung vor. Die abgerundeten Schläfen reichen weiter nach hinten als die gerade Hinterhauptsbasis.

Die Seitenschienen des Kopfes sind sehr schmal und entsenden einen kurzen dunkleren Fortsatz vor den Vorderecken der Fühlerbucht schräg nach innen und unten. Die von den Mundtheilen ausgehenden Chitinleisten sind schwach entwickelt; ich erkenne an den mir vorliegenden Exemplaren nur zwei convergirend zum Hinterhaupt verlaufende, und zwei andere, welche die gleiche Richtung haben, wie die inneren Fortsätze der Seitenschienen.

Thorax kürzer als der Kopf. Der Prothorax hat schwach gewölbte Seiten, einen geraden Hinterrand und vor den abgerundeten Hinterecken eine kurze Seitenborste. Der Metathorax ist breiter, hat stark gewölbte Seiten mit mehreren Borsten und einen geraden Hinterrand.

Die Beine sind ziemlich kurz und kräftig; die Schenkel an der Innen- und Aussenseite gewölbt, die ebenso langen Schienen am distalen Ende stark erweitert, die Klauen dünn und schwach gebogen. Die Beine sind nur an den Seitenrändern mit feinen Borsten besetzt.

Abdomen eiförmig; am dritten und vierten Segmente am breitesten, von da an nur sehr allmählich und wenig nach hinten verschmälert. Die Segmente sind an den Seiten durch Einschnitte getrennt, die an den drei ersten sehr schwach sind. Das achte und neunte Segment sind mit einander verschmolzen. Die Seitenschienen sehr schmal. Die hellbraunen, nicht bis zu den Seiten reichenden Querflecke nehmen vom ersten Segmente an nach hinten an Breite zu; vom sechsten an vereinigen sie sich völlig zu einem grossen Flecke. Das letzte Segment endet mit zwei abgerundeten beborsteten Spitzen und ist in der Mitte nur seicht eingeschnitten. Die Raife sind ziemlich scharf zugespitzt. Vor dem Hinterrande jedes Segmentes steht eine Reihe kurzer Borstchen, etwas längere finden sich an den Seiten.

Die Grundfarbe ist schmutziggelb. Es liegen nur Weibchen vor.

Länge	1,84 mm.	Breite	
Kopf	0,40 „	0,50 mm.
Thorax	0,25 „	0,39 „
Abdomen	1,19 „	0,76 „
3. Femur	0,16 „	
3. Tibia	0,16 „	

Auf *Auchenia lama* zuerst von Rudow aufgefunden, jedoch in oberflächlicher Weise beschrieben und abgebildet. Rudow beschreibt beide Geschlechter, jedoch, wie ich vermuthe, mit gerade umgekehrter Deutung. Da er die Segmentanhänge beim ♀ überhaupt nicht kennt, so liegt die Annahme nahe, dass die beiden Spitzen, in welche der abgebildete Hinterleib beim ♂ ausgehen soll, die Raife sind, mithin die Geschlechter verwechselt wurden. — Es liegen mir von dieser Art ausser den Exemplaren des Hamburger Museums noch zwei andere, leider auch Weibchen, aus der Sammlung der Berliner Thierarzeneischule vor.

Tr. longicornis N. (Taf. VII. Fig. 7).

Germar's Mag. Entom. 1818, III, p. 296; Giebel, Zeitschr. f. ges. Naturwiss. 1861, XVII, p. 85; Ins. epiz. p. 60, Taf. III. f. 8.

Diese auf *Cervus elaphus* lebende Art ist mit der gleichnamigen bei Denny nicht identisch, welch' letzterer seine Form auf *Cervus dama* fand.

Sie entspricht vielmehr dem *Tr. similis* D. Die von Denny auf dem Damminhirsche beobachtete Art hat Piaget als *tibialis* beschrieben. Zu dieser dürfte auch die von Redi abgebildete Form gehören (*Pediculus cervi*, Experiment. tab. XXII. fig. inf.)

Da Piaget die Art des Edelhirsches nicht aus eigener Anschauung gekannt hat, so lasse ich eine Beschreibung nach den Nitzsch'schen Typen folgen, die allerdings nicht gut erhalten sind.

Körper langgestreckt. Der Kopf so lang wie breit, vorn und seitlich gerundet. Die Stirn ist in der Mitte etwas abgestutzt, mit vielen kurzen Borstchen besetzt, zwischen denen einzelne längere hervorragen. Die Vorderecken der mässig tiefen Fühlerbucht kurz kegelförmig. Die Fühler im weiblichen Geschlechte lang, das Grundglied kurz und dick, die unter sich etwa gleichen beiden anderen Glieder schmäler und von doppelter Länge. Alle Glieder stark behaart. Das Auge springt deutlich hervor. Die Schläfen sind völlig abgerundet und gehen ohne Weiteres in die fast geradlinige Hinterhauptsbasis über. Die Seiten und Flächen des Kopfes fein behaart. Die sehr schmalen Chitinränder entsenden vor den Fühlern einen kurzen, schmalen Fortsatz nach innen und haben unmittelbar hinter der Fühlerbucht eine kleine, dunkle Verdickung. Von den Mundtheilen gehen nach dem Hinterrande des Kopfes zwei schmale, parallele Chitinleisten, und nach der Stirn hin zwei stark nach vorn divergirende. Die beiden Brustringe haben abgerundete Seiten und Ecken; der Metathorax ist etwas breiter als der Prothorax. Die Hinterränder sind gerade; davor und an den Seiten stehen kurze Borsten. Die Beine sind lang und schlank; die Schienen wenig länger als die Schenkel, fein beborstet.

Ein drittes Tarsusglied, auf dessen Entdeckung Giebel ein besonderes Gewicht legt, ist, wie zu erwarten war, nicht vorhanden.

Hinterleib lang eiförmig; die Segmente an den fein beborsteten Seiten durch Einkerbungen deutlich von einander abgesetzt. Das erste und namentlich das letzte Glied etwas schmäler als die übrigen. Dieses am Hinterrande zweispitzig, auf den Spitzen mit einigen längeren Borsten besetzt. Die Raife sanft gebogen, am Ende fein zugespitzt. Die hellbraunen Querflecke nehmen nur die Mitte der Segmente ein. Am Hinterrande derselben steht eine Reihe sehr kurzer Borstchen, wie solche auch noch unregelmässig zerstreut vor-

kommen. Die Seitenschienen sehr schmal. Die Grundfarbe scheint schmutzig
gelblichweiss zu sein.

Leider liegen mir nur Weibchen vor. Giebel erwähnt, dass das
Endsegment in beiden Geschlechtern stumpf zweispitzig ist. Wenn er überhaupt männliche Exemplare vor sich gehabt hat (Verwechslungen der Geschlechter kommen bei ihm verschiedentlich vor), dann sind dieselben verloren
gegangen; in der Hallischen Sammlung befinden sich nur Weibchen.

Länge	1,89 mm.		Breite
Kopf	0,44 „		0,45 mm.
Thorax	0,26 „	{ Prothorax 0,32 „	
		{ Metathorax 0,39 „	
Abdomen	1,19 „		0,65 „
3. Femur	0,20 „		
3. Tibia	0,24 „		

Tr. peregrinus m. (Taf. VII. Fig. 10).

Kopf breiter als lang, an den Vorderecken der Fühlerbucht am breitesten; der Form nach ungefähr viereckig. Die Stirn ist stark abgestutzt.
Die kegelförmigen Vorderecken der ziemlich tiefen Fühlerbucht ragen weit
hervor. An den Fühlern, welche dicht mit kleinen Borsten besetzt sind, ist
das Grundglied das kleinste, von den beiden anderen das zweite nur wenig
länger als das dritte. Letzteres trägt auf dem abgestumpften Ende eine Anzahl dicht nebeneinander stehender Borsten. Die Augen treten deutlich vor.
Die Schläfen sind schön gerundet; die breite Hinterhauptsbasis ganz gerade.
Der Kopf ist sowohl an den Rändern wie auf den Flächen, namentlich auf
der Dorsalseite, mit zahlreichen kurzen Borsten bedeckt, die an der Stirn
von einzelnen längeren überragt werden. Die Chitinschienen gehen ganz um
den Kopf herum und sind an der Stirn etwas breiter. Vor der Fühlerbucht
geht dorsal je eine Chitinleiste, mit einer flach bogenförmigen Biegung in der
Gegend der Mundtheile, an die Seiten des Hinterhauptes. An der Ventralseite sind zahlreichere Chitinleisten, von denen zwei von den Mundtheilen
gerade nach hinten, zwei andere convergirend nach der Stirn hin verlaufen;
beide Paare sind mit einander verbunden durch solche, welche bogenförmig
die Mundtheile an den Seiten umgeben.

Der Prothorax ist trapezförmig mit abgerundeten Hinterecken und an den Seiten, wie vor dem geraden Hinterrande, mit feinen Borsten besetzt. Der etwas breitere Metathorax hat die Form eines Sechseckes, dessen Seiten abgerundet kegelförmig vortreten. Auf ihrer Spitze steht eine längere Borste, im Uebrigen sind die Seiten, sowie der gerade Hinterrand mit zahlreichen kürzeren Borsten besetzt.

Die Beine sind schlank und zierlich; die Schienen so lang wie die Schenkel, am distalen Ende verbreitert, die beiden Tarsusglieder lang, die Klaue schwach gebogen. Die ganzen Beine tragen zahlreiche Borstchen.

Das Abdomen bildet ein Oval. Die Segmente sind an den Seiten durch Einschnitte deutlich getrennt, die Ecken treten nicht hervor, die Chitinschienen sind dunkelbraun. Die Stigmen liegen ungefähr in der Mitte. Auf der Fläche tragen die Segmente trapezförmige hellbraune Querflecke, welche an Ausdehnung von vorn nach hinten etwas zunehmen. Das Endsegment ist zweispitzig, in der Mitte mit einem dreieckigen Ausschnitte. Die Raife reichen nicht bis ganz an das Ende. Am Hinterrande jedes Querfleckes steht eine Reihe zahlreicher kleiner Borsten, seitlich noch einige zerstreute, die Ränder der Segmente sind ganz mit kurzen Borsten versehen, an den Segmentecken stehen je zwei längere. Die Grundfarbe des Hinterleibes und der Beine ist schmutzigweiss, des Kopfes und Thorax gelblich.

Auch von dieser Art liegen mir leider nur Weibchen vor.

	Länge			Breite	
	1,69 mm.				
Kopf	0,43 „			0,51 mm.	
Thorax	0,20 „	Prothorax	0,34 „		
		Metathorax	0,43 „		
Abdomen	1,06 „			0,70 „	
3. Femur	0,19 „				
3. Tibia	0,20 „				

Die mir von Herrn A. Poppe in Bremen gütigst mitgetheilten Exemplare sind im zoologischen Garten zu Hamburg auf einem Kropfstorche (*Mycteria crumenifera*) gesammelt. Vermuthlich sind sie von irgend einem Hufthiere zufällig auf den genannten Wirth gelangt, worauf sich auch meine Artbezeichnung bezieht; andernfalls wäre dies der einzige Vogel, welcher nach unseren bisherigen Kenntnissen einen Harling beherbergt.

Tr. cornutus Gerv. (Taf. VII. Fig. 9, 9a, 9b).

Aptères III, p. 315. Pl. 49, f. 10.

Tr. longiceps Rud , Zeitschr. f. ges. Naturwiss. 1866, XXVII, p. 110. Taf. VI. f. 1; Giebel, Ins. epiz. p. 62.

Nach Vergleichung eines Pärchens der von Rudow als *longiceps* beschriebenen Art glaube ich die Identität derselben mit *cornutus* Gerv. als erwiesen ansehen zu können. Zu diesem Resultate ist bereits Giebel gelangt, wenn auch mehr durch einen Zufall, als durch berechtigte Combination. Man muss vielmehr Piaget Recht geben, welcher gerade wegen der Unterschiede der beiden Abbildungen an einer Identität zweifelt. Immerhin kann man die Abbildung Rudow's im Vergleich mit denjenigen der übrigen von ihm neu beschriebenen *Trichodectes*-Arten noch als recht befriedigend bezeichnen.

Die Körperform ist schmal und langgestreckt. Der Kopf länger als breit, vorn mit einem dreieckigen Ausschnitte. Die Seiten des Vorderkopfes sind etwas gewölbt, mit zahlreichen sehr feinen Härchen besetzt. Die Vorderecke der Fühlerbucht tritt deutlich hervor. Die Fühler haben beim Männchen ein sehr dickes, keulenförmiges Grundglied, welches die beiden anderen zusammen ein wenig an Länge übertrifft. Diese sind nach innen gebogen, das dritte aussen convex, das etwas kürzere zweite mit geraden Seiten. Beim Weibchen sind die Fühler lang und dünn, das dritte Glied am längsten. Das Auge tritt wenig hervor. Die Seiten des Hinterkopfes sind schwach divergent, die Schläfen abgerundet; Hinterhauptsbasis convex, durch eine Einkerbung von ersteren getrennt und ebenso weit wie diese nach hinten reichend. Die Seitenschienen des Kopfes sind schmal, vor den Fühlern mit einem kurzen, länglichen Fortsatze von dunklerer Färbung. Von den Mundtheilen verlaufen sowohl nach vorn wie nach hinten zwei parallele Chitinleisten. An den Schläfen und auf der Fläche des Kopfes stehen einzelne kurze und feine Borstchen.

Der Thorax besteht scheinbar aus einem Stücke; er hat die Form eines Wappens, mit vortretenden Vorder- und Hinterecken, schwach eingebuchteten Seiten und convexem Hinterrande. Die Seiten tragen einzelne feine Borsten, während der ganze Hinterrand mit solchen besetzt ist. Der Vorderrand wird vom Hinterhaupte bedeckt. Zwischen den beiden hinteren Beinpaaren finden sich starke, braune Chitin-Querleisten.

Die Beine sind gracil, die Schienen etwas länger als die Schenkel.

Der schlanke Hinterleib ist ziemlich parallelseitig, die Segmente sind durch Einkerbungen sehr deutlich von einander abgesetzt. Sie haben schmale braune Seitenschienen, welche sich an den Vorderecken etwas nach innen umbiegen. Ein hellbrauner Querfleck nimmt fast das ganze Segment ein, indem nur die Nähte etwas heller erscheinen. Am Hinterrande des Fleckes steht eine Reihe sehr kurzer Borstchen. Beim Männchen ist das Endglied des Hinterleibes abgerundet und mit zahlreichen feinen Borsten besetzt. Das Chitingerüst des Penis reicht bis zum Hinterrande des vierten Segments hinauf; es besteht aus zwei hintereinander liegenden Abschnitten, deren vorderer von zwei langen, parallelen Chitinleisten gebildet wird, während der hintere aus zwei gegeneinander gebogenen Chitinstücken besteht, wozu noch zwei ebenso gebogene, aber kürzere, nach aussen davon gelegene Stücke kommen, die sich am distalen Ende nicht schliessen. Das weibliche Abdomen endet mit zwei Spitzen, deren jede einige feine Borsten trägt; dazwischen ist der Hinterrand ausgeschnitten. Die Raife sind nach innen gekrümmt, reichen bis ans Ende des Hinterleibes und sind an der Innenseite fein beborstet.

Die Grundfarbe des Körpers ist ein schmutziges Gelb.

	♂		♀	
Länge	2,04	mm,	1.93	mm.
Kopf	0,51	„	0,53	„
Thorax	0,25	„	0,20	„
Abdomen	1,28	„	1,20	„
3. Femur	0,13	„		
3. Tibia	0,16	„		

Breite:

Kopf	0,44	„ (an den Vorderecken der Fühlerbucht; an den Schläfen 0,38).	0,44 „	(0,40).
Thorax	0,36	„	0,39	„
Abdomen	0,53	„	0,50	„

Gervais fand seine Exemplare auf *Antilope dorcas*, Rudow auf *Antilope arabica*. Die beiden von Piaget von Antilopen beschriebenen Arten *Tr. crenulatus* von *A. albifrons* und *Tr. appendiculatus* von *A. subgutturosa*

haben mit unserer Art die langgestreckte Körperform und den tiefen Stirnausschnitt gemeinsam.

Tr. Meyeri m. (♀) (Taf. VII. Fig. 13).

Unter diesem Namen will ich einen Harling aus der Sammlung des
Dresdner zoologischen Museums beschreiben, über dessen Wirth ich leider
keine Auskunft zu geben vermag, da die zu dem Gläschen gehörige Etiquette,
ehe es in meine Hände gelangte, verloren gegangen ist. Diese Art steht
der vorigen (*cornutus*) sehr nahe und stammt möglichenfalls auch von einer
Antilopenart her.

Der Kopf ist so breit wie lang, durch die Insertion der Fühler in
etwa gleiche Hälften getheilt. Der Vorderkopf hat gerade, nur kurz vor
dem Stirnausschnitte schwach gebogene, nach vorn stark convergirende Seiten.
Die Stirn ist mit einem mässig tiefen, gerundeten Ausschnitte versehen. Die
Vorderecken der Fühlerbucht sind deutlich, aber mehr nach unten gerichtet.
Die behaarten Fühler sind lang, das zweite und dritte Glied ziemlich gleich
und doppelt so lang, wie das erste. Das Auge tritt deutlich hervor. Die
Seiten des Hinterkopfes sind schön abgerundet. Die gerade Hinterhauptsbasis
tritt nur unbedeutend gegen die Schläfen zurück. Die Seiten des Kopfes
tragen eine Anzahl Borstchen, die an den Schläfen kurz, am Vorderkopfe
wenigstens theilweise etwas länger sind. Die Chitinschienen des Kopfes sind
schmal, namentlich an den Seiten des Vorderkopfes, wo sie vor den Fühlern
mit einer fleckartigen Erweiterung endigen, in der Stirngrube aber bedeutend
verbreitert sind. Vom Hinterhaupte gehen zwei ziemlich parallele Leisten
nach den sehr kräftigen Mundtheilen. An der Ventralseite schliessen sich
andere nach vorn hin an, welche bogenförmig um die Mandibeln herumgehen
und zu den Seiten der Stirngrube endigen. In der hinteren Hälfte trägt der
Kopf auf der Dorsalseite eine Reihe kurzer Borstchen.

Prothorax trapezförmig mit geradem Hinterrande und vier kurzen
Borsten an jeder Seite. Der breitere Metathorax ist sechseckig mit stumpf
kegelförmig vortretenden Seiten, welche vier längere Borsten tragen. Eine
Reihe viel kürzerer steht vor dem geraden Hinterrande. Die Beine sind
ziemlich lang, an den Seitenrändern stark behaart, namentlich die Schiene an
der Innenseite. Klaue lang und schwach gebogen.

Der langgestreckte Hinterleib hat ziemlich parallele Seiten. Die Segmente sind an denselben durch tiefe Einschnitte sehr deutlich von einander getrennt; die Segmentecken ziemlich rechtwinklig. Die Chitinschienen biegen nach innen kaum um. Das Endsegment ist etwas schmäler und geht in zwei stumpfe Spitzen aus, deren jede drei längere Borsten trägt. Die Raife sind am distalen Ende nicht zugespitzt, sondern schaufelförmig erweitert und an dieser Stelle mit zahlreichen Borsten besetzt. Diese Gestalt lässt sich nur dann erkennen, wenn die Raife nicht, wie gewöhnlich, dem Abdomen dicht anliegen, sondern davon abstehen. Die Segmente haben breite, rechteckige Querflecke, die in der Mitte am dunkelsten — rothbraun — sind, nach den Suturen in hellere Färbung übergehen. Vor den deutlichen Suturen steht eine Reihe sehr kurzer Borstchen. Einzelne solche finden sich auch an den Segmentseiten, an den Ecken tragen wenigstens die letzten Segmente einige längere.

Die Grundfarbe ist schmutziggelb.

Unter sehr zahlreichen Exemplaren habe ich nicht ein einziges Männchen gefunden.

Länge	1,88	mm.	Breite	
Kopf	0,48	„	0,49	mm.
Thorax	0,25	„	0,44	„
Abdomen	1,15	„	0,60	„
3. Femur	0,20	„		
3. Tibia	0,19	„		

Zusatz.

Nach Vollendung und Ablieferung meines Manuscripts habe ich in der Sammlung des Berliner entomologischen Museums einige Mallophagen aufgefunden, die ich mit gütiger Erlaubniss des Herrn Professor Dr. W. Peters behufs einer näheren Vergleichung mit nach Halle genommen habe. Darunter befinden sich auch einige, leider nicht gut erhaltene Exemplare von *Trichodectes diacanthus*, wahrscheinlich die Typen Ehrenberg's. Ich entwerfe danach folgende Beschreibung.

Trichodectes diacanthus Ehrbg.

Symbolae physicae. Mammalia (Hyrax).

Kopf breiter als lang, in der Mitte der Stirn sehr flach ausgerandet, mit etwa acht jederseits von der Mittellinie stehenden Borstchen. Beim Männchen geht die Stirn allmählich in die langen, kegelförmigen, spitzen Vorderecken der Fühlerbucht über, beim Weibchen sind diese vom übrigen Vorderkopfe deutlich abgesetzt. Wenn Giebel (Ins. epiz. p. 62) die Vermuthung ausspricht: „die beiden Dornen der Fühler, nach welchen die Art benannt ist, sind vielleicht die dornförmigen Ecken der Fühlerbucht", so dürfte er damit vollkommen das Richtige getroffen haben; denn die Antennen selbst zeigen nichts, was zu jenem Artnamen hätte Veranlassung geben können. Die Fühlerbucht ist tief, namentlich beim Männchen. Bei diesem sind die Antennen lang; das erste Glied am längsten und sehr dick, nach dem distalen Ende zu ein wenig verschmälert; die beiden anderen, etwas kürzeren Glieder sind unter sich etwa gleichlang und ein wenig nach einwärts gekrümmt. Beim Weibchen ist das erste Glied auch das dickste, aber nur so lang wie das zweite; das dritte ist das längste und zeigt vor der Spitze zwei sanfte Quereinschnürungen. Das Auge tritt deutlich vor, namentlich beim Weibchen, wo auch in Folge der geringeren Tiefe der Fühlerbucht die Schläfen eine gleichmässigere Rundung zeigen als beim Männchen. An den Schläfen stehen einzelne Borstchen. Das Hinterhaupt ist concav.

Der Prothorax hat Rechtecksform und schwach gewölbte Seiten. Der bedeutend breitere, aber ebenso lange Metathorax ist an den Seiten beim Weibchen gleichmässig gerundet, beim Männchen vor der Mitte am breitesten.

Das Abdomen ist eiförmig, beim Männchen in der Mitte, beim Weibchen etwas davor am breitesten. Der Seitenrand ist an den Segmentecken deutlich eingekerbt. Das Endsegment ist beim Männchen abgerundet, ganzrandig; beim Weibchen durch einen medianen Einschnitt abgerundet-zweispitzig. Die Anhänge am achten Segmente des Weibchens sind kurz und spitz. Die Seitenschienen der Abdominalsegmente sind schmal. Auf jedem Segmente steht eine Reihe Borsten. Der Erhaltungszustand der vorliegenden Exemplare erlaubt über die Flecke des Hinterleibes kein Urtheil.

Länge:	♂ 1,56 mm.	♀ 1,64 mm.	
Kopf	0,34 „	0,34 „	
Thorax	0,26 „	0,25 „	
Abdomen	0,96 „	1,05 „	
Breite:			
Kopf	0,44 „	0,49 „	
Thorax	0,39 „	0,39 „	
Abdomen	0,69 „	0,76 „	

Auf *Hyrax syriacus.*

226 Dr. O. Taschenberg.

Register.

Die mit einem * bezeichneten Arten sind ausführlich beschrieben; die cursiv gedruckten Synonyma.

Erklärung der Abbildungen.

Tabula I.

Tafel 1.

Fig. 1. *Goniodes mamillatus* Rud. ♂.
" 1a. Kopf des Weibchens.
" 1b. Hinterleibsende des Weibchens.
" 2. *Goniodes curvicornis* N. ♂.
" 2a. " " Weibchen.
" 3. " *latus* Piag. ♀.
" 3a. Kopf des Männchens.
" 3b. Hinterleibsende des Männchens.
" 4. *Goniodes parvulus* Tschb. ♂.
" 4a. Kopf des Weibchens.
" 4b. Hinterleibsende des Weibchens.
" 5. *Rhopaloceras aliceps* N. ♂.
" 5a. Hinterleibsende des Weibchens (*oniscus* N.)
" 5b. Die kammförmigen Chitinstacheln der Unterseite.
" 6. *Strongylocotes agonus* N.
" 7. " *complanatus* Piag. ♂.
" 8. " *coniceps* Tschb. ♂.
" 9. " *lipogonus* N.

Tab. I.

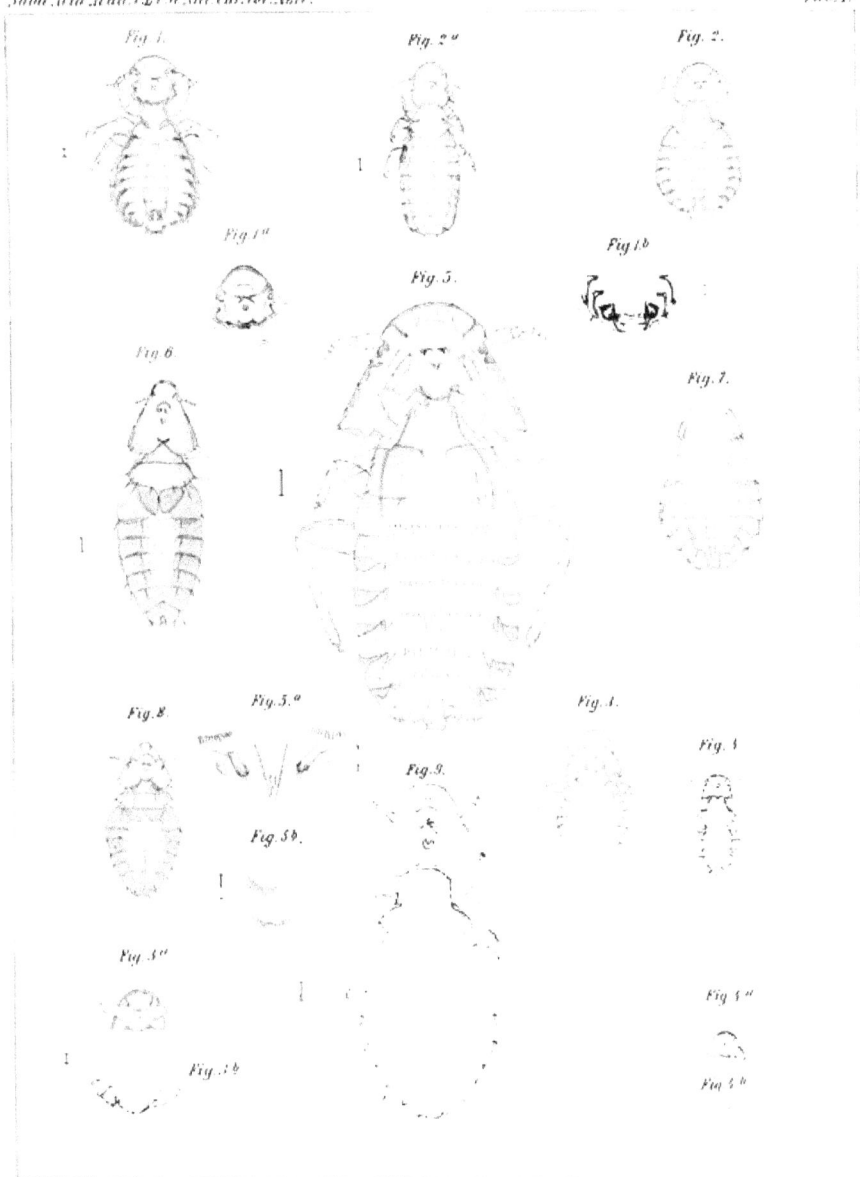

Fig. 1.
Fig. 2.ᵃ
Fig. 2.
Fig. 1.ᵃ
Fig. 1.b
Fig. 3.
Fig. 6.
Fig. 7.
Fig. 8.
Fig. 3.ᵃ
Fig. 4.
Fig. 4.
Fig. 9.
Fig. 3.b
Fig. 3.ᵃ
Fig. 4.ᵃ
Fig. 3.b
Fig. 4.b

O. Taschenberg: Die Mallophagen. Taf. 1.

Tabula II.

Tafel 2.

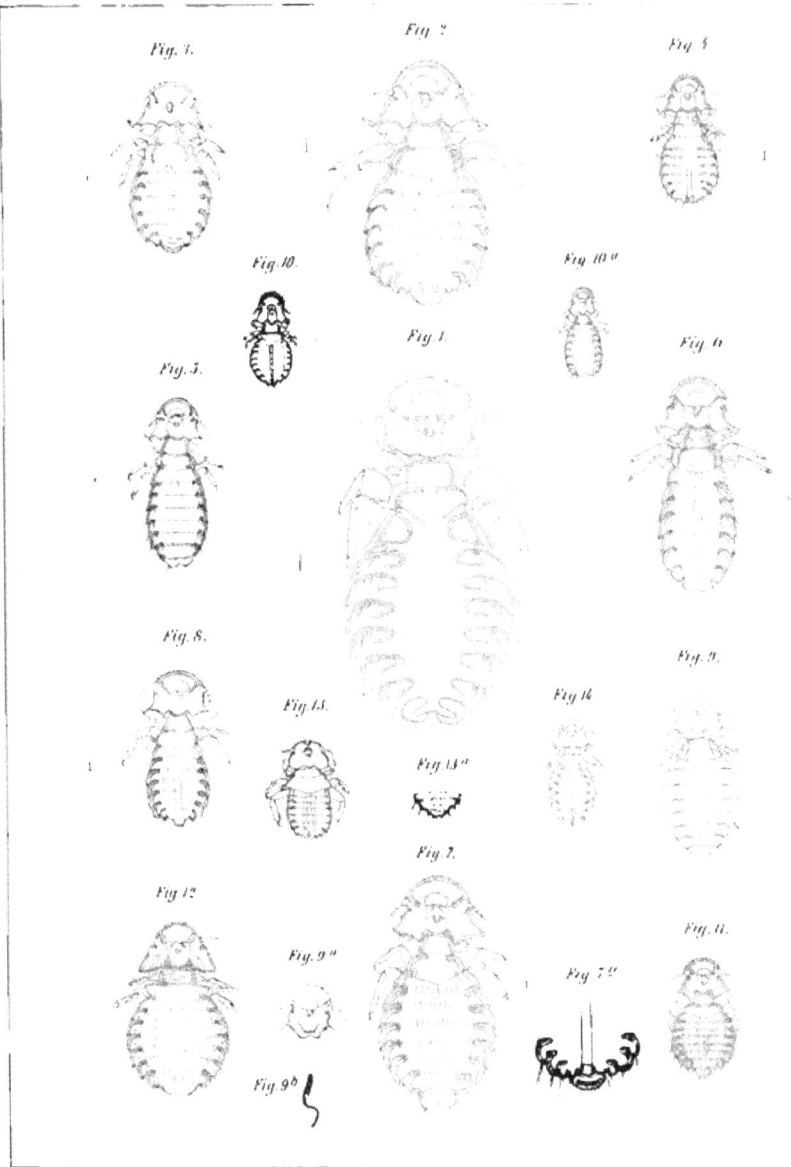

Fig. 3.

Fig. 2.

Fig. 4.

Fig. 10.

Fig. 10 a.

Fig. 1.

Fig. 5.

Fig. 6.

Fig. 8.

Fig. 9.

Fig. 13.

Fig. 14.

Fig. 13 a.

Fig. 7.

Fig. 12.

Fig. 9 a.

Fig. 11.

Fig. 7 a.

Fig. 9 b.

Tabula III.

Tafel 3.

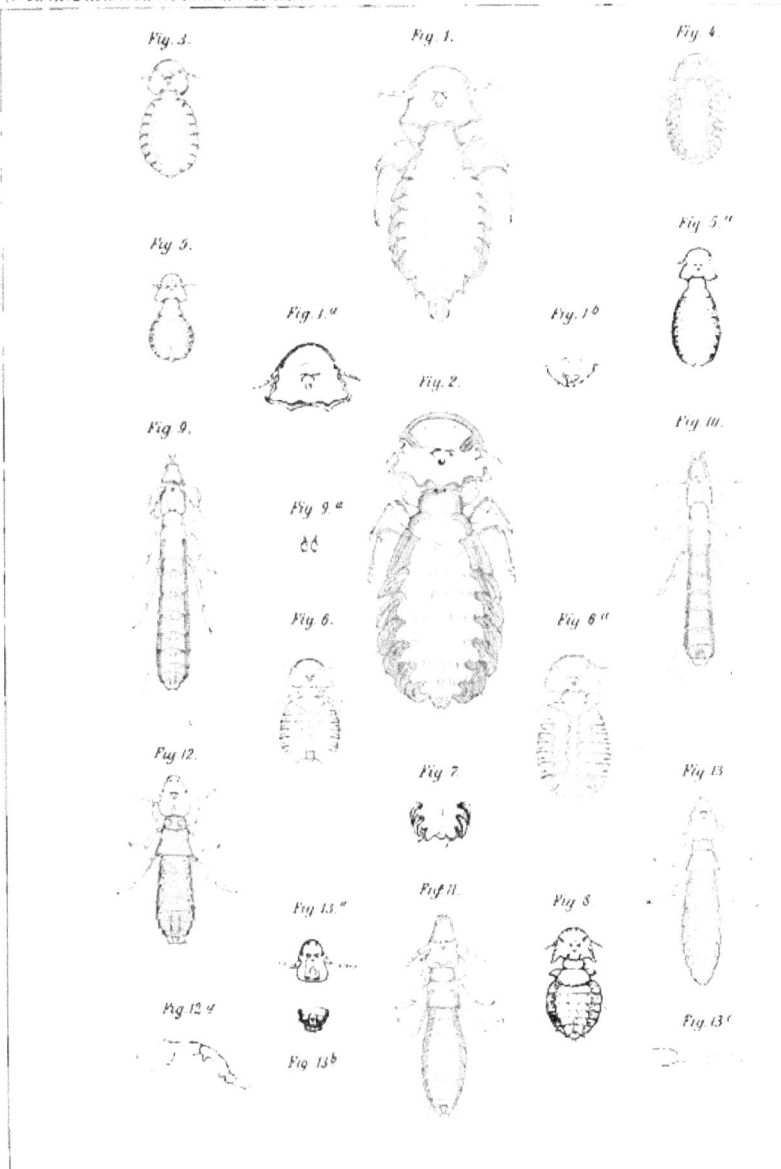

Fig. 3.   Fig. 1.   Fig. 4.

Fig. 5.   Fig. 1.ᵃ   Fig. 10.   Fig. 5.ᵃ

Fig. 2.

Fig. 9.   Fig. 10.

Fig. 9.ᵃ

Fig. 6.   Fig. 6.ᵃ

Fig. 12.   Fig. 7.   Fig. 13.

Fig. 13.ᵃ   Taf. 11.   Fig. 8.

Fig. 12.ᵃ

Fig. 13.ᵇ

Tabula IV.

Tafel 4.

Fig. 1. *Lipeurus ternatus* N. ♀.
.. 1a. Hinterleib des Männchens.
.. 1b. Genitalflecke an der Unterseite des Weibchens.
.. 1c. Kopf des Männchens.
.. 2. *Lipeurus falcicornis* Gbl. ♂.
.. 3. „ *fuliginosus* Tschb. ♀.
.. 4. „ *luluravus* N. ♂ juv.
.. 4a. Kopf des erwachsenen Männchens. (Copie nach Piaget.)
.. 5. *Lipeurus docophorus* Gbl. ♂.
.. 5a. Hinterleibsspitze des Weibchens.
.. 6. *Lipeurus forficulatus* N. ♂.
.. 6a. Kopf des Weibchens.
.. 6b. Hinterleibsspitze des Weibchens.
.. 7. *Lipeurus tetraceros* Gbl. ♂.

Tab IV

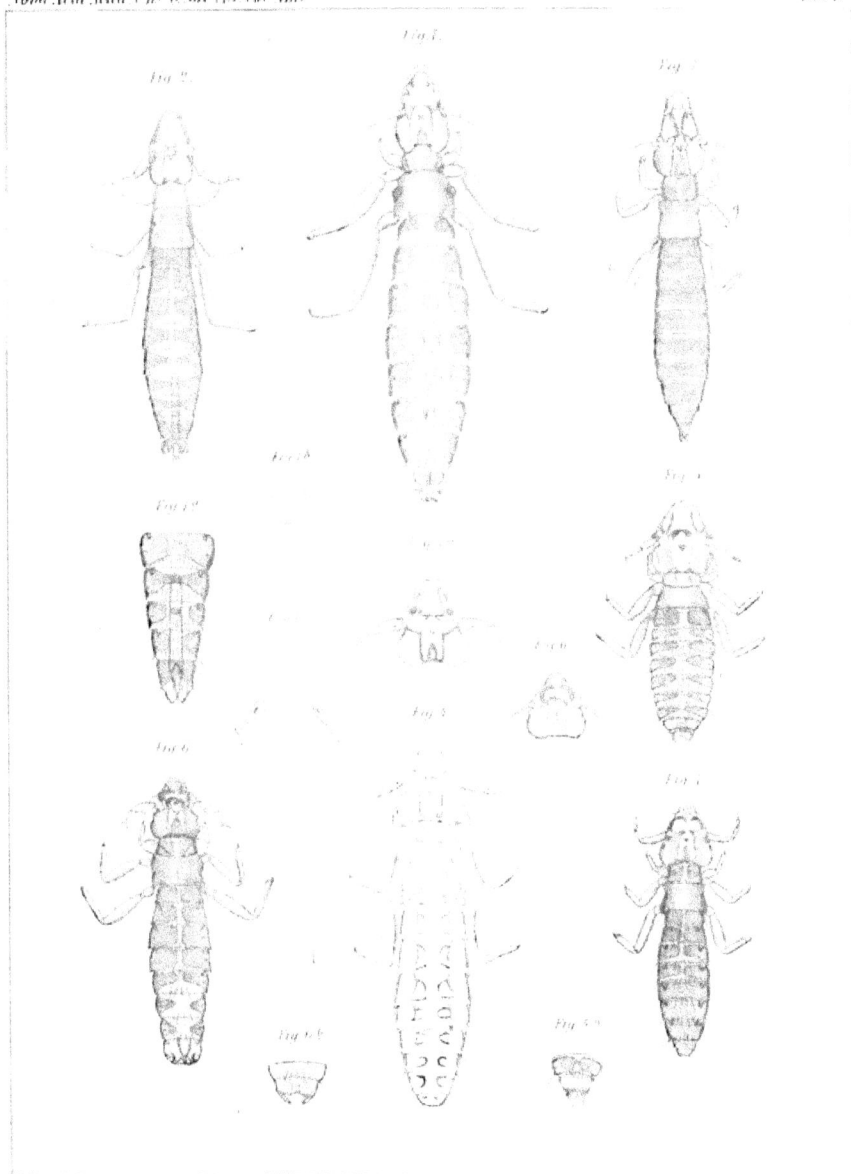

O. Taschenberg: Die Mallophagen. Taf. 4.

Tabula V.

Tafel 5.

Fig.1.

Fig.2.

Fig.3

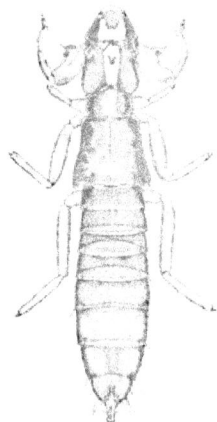

Fig.3ª

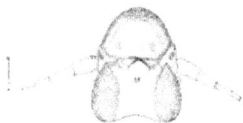

Fig.2ª

Fig.2ᵇ

Fig.3ᵇ

Fig.8.

Fig.4.

Fig.5.

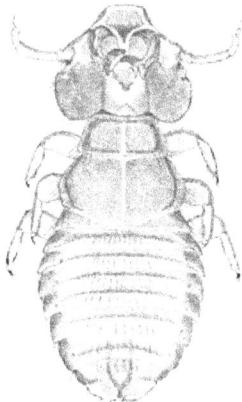

Fig.8

Fig.7.

Fig.6ª

Tabula VI.

Tafel 6.

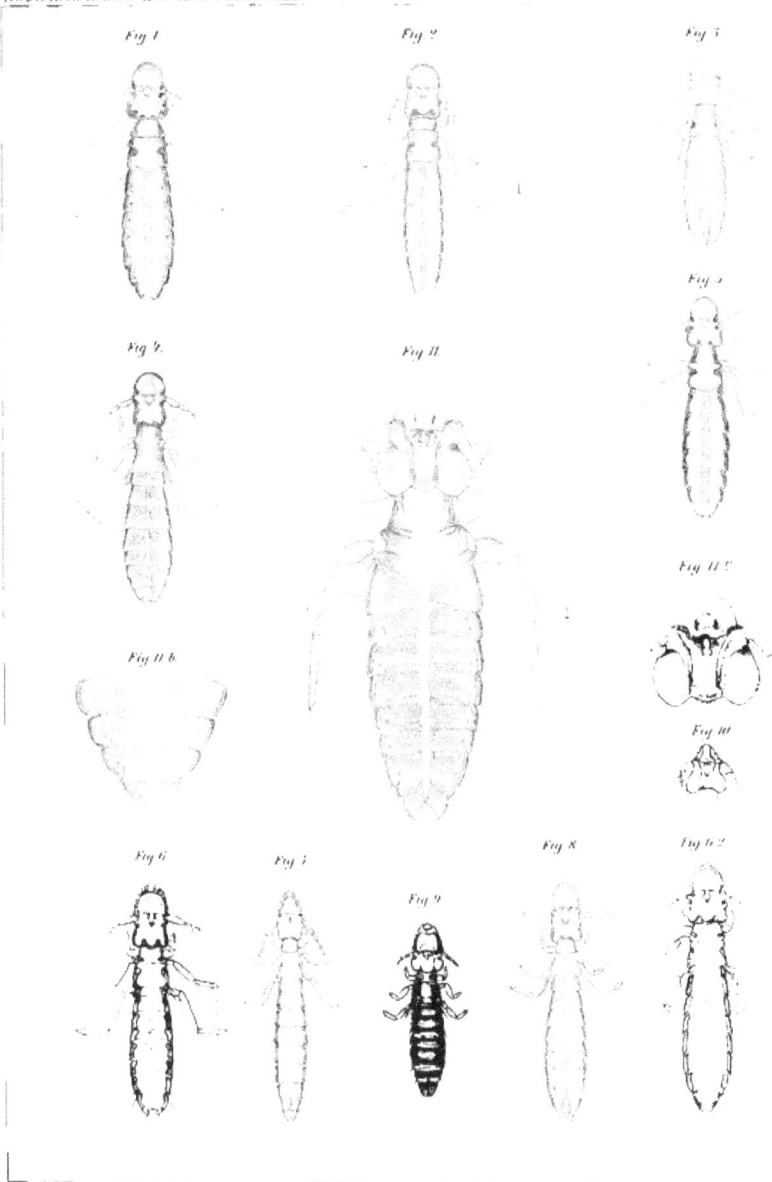

Fig 1

Fig 2

Fig 3

Fig 4

Fig 5

Fig 10

Fig 11

Fig 11 a

Fig 11 b

Fig 10

Fig 6

Fig 7

Fig 8

Fig 8 a

Fig 9

Tabula VII.

Tafel 7.

Fig. 1. *Lipeurus crenatus* Gbl. ♀.

„ 2. *Ornithobius bucophthalmus* N. ♀.

„ 2a. Kopf des Männchens.

„ 2b. Hinterleibsspitze des Männchens.

„ 3. *Akidoproctus rostratus* Rud.

„ 4. „ *stenopygos* N. ♂.

„ 5. *Trichodectes pinguis* Burm. ♀.

„ 6. „ *setosus* Gbl. ♀.

„ 7. „ *longicornis* N. ♀.

„ 8. „ *mexicanus* Rud. ♂.

„ 9. „ *cornutus* Gerv. ♂.

„ 9a. Kopf des Weibchens.

„ 9b. Hinterleibsende des Weibchens.

„ 10. *Trichodectes peregrinus* Tschb. ♀.

„ 11. „ *vulpis* D. ♀.

„ 11a. Antenne des Männchens.

„ 11b. Bein desselben Thieres.

„ 12. *Trichodectes laticeps* Rud.

„ 13. „ *Meyeri* Tschb.

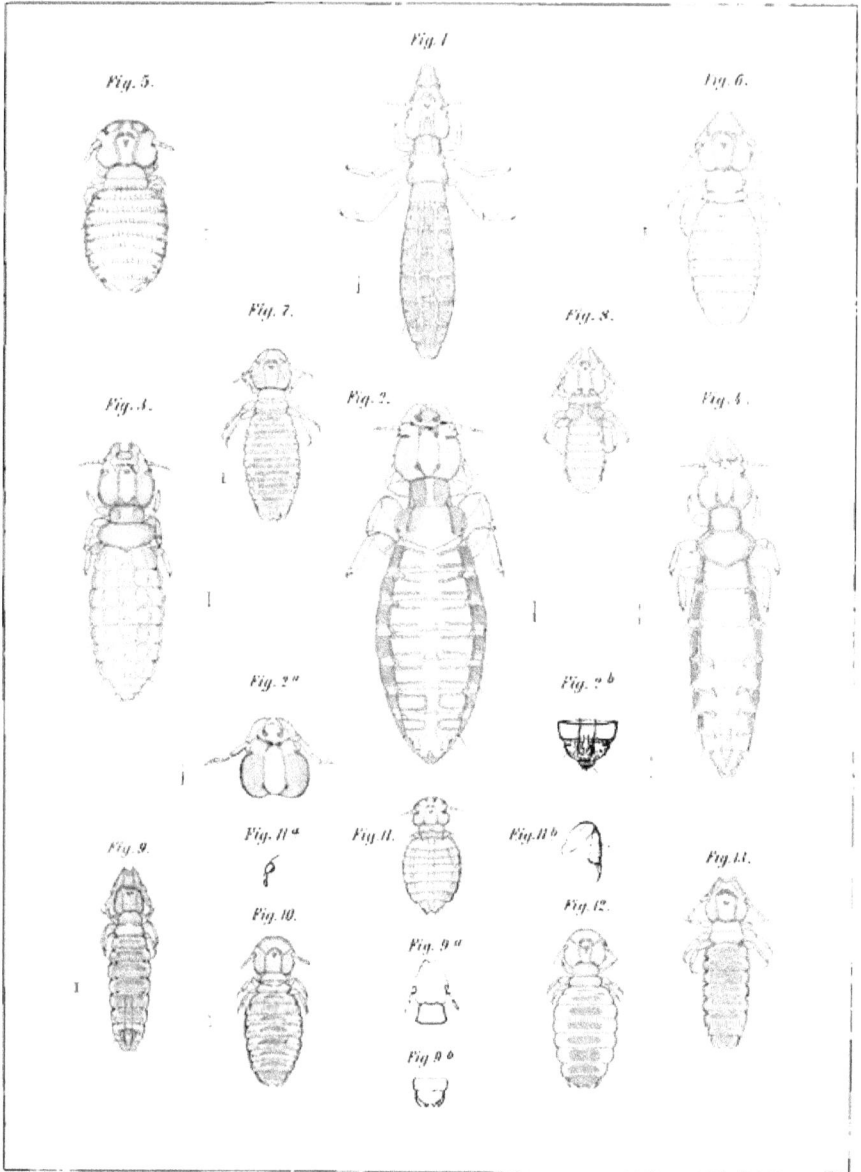

Fig. 1.

Fig. 5.   Fig. 6.

Fig. 7.   Fig. 8.

Fig. 3.   Fig. 2.   Fig. 4.

Fig. 2ᵃ.   Fig. 2ᵇ.

Fig. 9.   Fig. 11ᵃ.   Fig. 11.   Fig. 11ᵇ.   Fig. 13.

Fig. 10.   Fig. 12.

Fig. 9ᵃ.

Fig. 9ᵇ.

O. Taschenberg: Die Mallophagen. Taf. 7.